北京高校人工智能通识教材
人工智能专业教材丛书
国家新闻出版改革发展项目库入库项目
高等院校信息类新专业规划教材

人工智能导论

（文科版）

郭　军　张　闯　乔媛媛　主编

北京邮电大学出版社
www.buptpress.com

内 容 简 介

　　《人工智能导论》(文科版)是针对文科类专业教学需求专门编写的教材。在理工版,即《人工智能导论》(第 2 版)的基础上,《人工智能导论》(文科版)本着通俗性、趣味性、前沿性和系统性的原则,内容更通俗易懂。本书是北京市属公办本科高校人工智能通识课以及北京邮电大学文科专业人工智能导论课程的配套教材,主要内容包括:认识人工智能、人工智能的社会角色、人工智能与认知科学、自然语言处理、计算机视觉、智能音频信息处理、人工智能前沿领域、机器学习与深度学习、人工智能开发框架与平台。希望本书能作为广大文科类学生学习人工智能基础知识的教材,也能成为普通读者喜爱的人工智能科普读物。

图书在版编目（CIP）数据

　　人工智能导论：文科版 / 郭军，张闯，乔媛媛主编.
北京 ：北京邮电大学出版社，2025.（2025 重印）.
ISBN 978-7-5635-7407-0

　　Ⅰ. TP18

　　中国国家版本馆 CIP 数据核字第 202451CJ57 号

策划编辑：姚　顺　　**责任编辑：**姚　顺　廖国军　　**责任校对：**张会良　　**封面设计：**七星博纳

出版发行：北京邮电大学出版社
社　　　址：北京市海淀区西土城路 10 号
邮政编码：100876
发 行 部：电话：010-62282185　传真：010-62283578
E-mail：publish@bupt.edu.cn
经　　　销：各地新华书店
印　　　刷：保定市中画美凯印刷有限公司
开　　　本：787 mm×1 092 mm　1/16
印　　　张：13.5
字　　　数：357 千字
版　　　次：2025 年 1 月第 1 版
印　　　次：2025 年 1 月第 1 次印刷　2025 年 1 月第 2 次印刷

ISBN 978-7-5635-7407-0　　　　　　　　　　　　　　　　　　　　　　**定价：38.80 元**

· 如有印装质量问题,请与北京邮电大学出版社发行部联系 ·

人工智能专业教材丛书

编 委 会

总 主 编：郭　军

副总主编：杨　洁　苏　菲　刘　亮

编　　委：张　闯　尹建芹　李树荣　杨　阳

　　　　　朱孔林　张　斌　刘瑞芳　周修庄

　　　　　陈　斌　蔡　宁　徐蔚然　肖　波

　　　　　肖　立　乔媛媛

总 策 划：姚　顺

秘 书 长：刘纳新

　　随着人工智能在人类经济社会中发挥日益重要和关键的作用,人工智能人才培养的需求也日益强烈和紧迫。2018 年教育部制定了《高等学校人工智能创新行动计划》,从不同的专业角度对人工智能人才培养进行全面布局。各大高校陆续开设了一系列与人工智能技术相关的课程。2020 年,北京邮电大学人工智能学院成立伊始便支持我们(本书作者)开设面向学院全体大一新生的必修课程——人工智能导论,开创了人工智能通识教育的先河。

　　2021 年,我们出版了《人工智能导论》。该书根据大一新生的基础和特点,以"导认识""导兴趣""导原理""导重点"为目标,为高中基础的大一新生量身定制学习人工智能的先行知识体系。通过该书,学生能够树立对人工智能的正确认识,并在此基础上,找准学习方向和重点,激发学习兴趣,打下专业基础。

　　2024 年 5 月,我们根据多年授课经验撰写了《人工智能通识教育课程体系北邮方案》,旨在培养人工智能人才,使学生建立正确的人工智能价值观念,认识"人工智能+"的社会意义与影响,构建人工智能时代的计算思维、模型思维、数据思维和人本思维。2024 年 7 月,北京市教育委员会发布《关于深化高校专业课程改革提高大学生人工智能素养能力的意见》,明确要求深化人工智能通识教育改革,支持高校以辅修专业、微专业、双学位等形式鼓励学生开展人工智能跨学科专业学习,培养社会急需的拔尖创新人才。《人工智能通识教育课程体系北邮方案》为北京市属高校人工智能通识课程体系建设提供了重要借鉴。

　　2024 年秋季学期,全国多所高校开始开设人工智能通识课。北京市属公办本科高校更是在全国率先实现人工智能通识课全覆盖,产生了近 5 万名大一新生同上一门人工智能导论课的壮观景象。在这创举中,受北京市教委委托,我们荣幸地承担了该门课程主要内容的建设任务。本着通俗性、趣味性、前沿性和系统性的原则,我们模块化地编写了 23 讲课件,并录制了每一讲的慕课视频。通过系统组合,这 23 讲课程可以分别支撑理工类、文管类和艺体类三套人工智能导论课的主要内容。

　　基于上述工作,我们首先编写出版了《人工智能导论》(第 2 版),以满足理工类专业的教学需求。而本书,即《人工智能导论》(文科版)则是针对文科类专业教学需求专门编写的教材,不仅更加浅显易懂,而且具有更多的首创内容。希望本书能作为广大文科类学生学习人工智能基础知识的教材,也能成为普通读者喜爱的人工智能科普读物。

　　本书共有 9 章,主要内容如下:

　　第 1 章　认识人工智能。首先,结合人工智能的起源及发展简史提出并阐释其能力属性、工具属性和实用属性,以及其以数学原理为核心的圈层知识结构;其次,以智能函数为基本概念阐述人工智能的数学原理以及机器学习在其中的关键作用；最后，指出基于深度神经网络的神经计算是现阶段实现机器学习的最有效方法。

第 2 章　人工智能的社会角色。对人工智能的社会角色问题进行系统阐述。首先，从人工智能的能力属性、工具属性和实用属性出发，对其社会角色给出基本定义，在此基础上描述人类对人工智能角色作用的宏观愿景和期望；其次，深入分析正确发挥人工智能角色作用所面临的风险、威胁和挑战，继而具体介绍应对这些风险、威胁和挑战所构建和开发的法律体系、技术方法和行政措施。

第 3 章　人工智能与认知科学。回顾认知科学的起源和发展，介绍其核心理论和研究方法。在此基础上，分析人工智能如何借鉴和应用认知科学的成果，以及认知科学如何为人工智能的发展提供理论指导和实验依据。通过探讨机器学习、神经网络等人工智能技术与人类认知过程的相似性和差异性来深入理解智能的本质。

第 4 章　自然语言处理。首先，讲解自然语言处理的基本概念和技术——文本表示和相似度度量；其次，介绍文本摘要、机器翻译、知识图谱等经典任务及其关键技术；最后，重点讲解大语言模型的技术特点及其应用，通过具体应用场景介绍大模型的功能和应用方法。

第 5 章　计算机视觉。首先，回顾计算机视觉的发展简史。其次，讲解图像表示和特征提取的基本方法，介绍图像分类、图像分割、目标检测、目标跟踪以及图像重建等基本任务。在此基础上，以人脸识别和生成为例，分析计算机视觉系统中的主要技术环节和相应的模型方法。最后，对视觉大模型的系统构成和技术特点进行介绍。

第 6 章　智能音频信息处理。首先，讲解声音与音频信号处理的基本概念；其次，重点介绍智能音频信息处理的核心技术，包括音频信息识别、音频信息生成和智能人机语音交互等；最后，结合 GPT-4o 分析智能音频信息处理的系统应用价值。

第 7 章　人工智能前沿领域。以多模态智能交互、数字人和 AI for Science 为例，介绍人工智能在这些前沿领域中的技术发展和应用。讲解多模态技术如何革新人工智能系统的感知、决策和交互能力，视觉、听觉、触觉等多种感官信息如何在数字人中融合，以及基于 AI for Science 的科学研究第五范式如何推动科学发展。

第 8 章　机器学习与深度学习。首先，阐述机器学习的基本概念和基本原理，介绍机器学习中的关键要素、主要任务和典型算法；其次，讲解基于神经网络的深度学习的主要特征，以及深度学习的主要模型；最后，讨论注意力机制、Transformer 等大模型核心技术。

第 9 章　人工智能开发框架与平台。首先，介绍人工智能开发框架与平台的基本概念和主要功能；其次，重点讲解人工智能基础开源软件库、人工智能基础开源软件库和人工智能基础开发平台。以常见的机器学习开源库 SciKit-Learn 为例，讲解如何通过开源软件库接口调用完成简单的人工智能任务，以飞桨深度学习开源框架为例，讲解如何设计和训练神经网络模型。

本书由郭军、张闳和乔媛媛担任主编，主笔主要章节内容并对全书进行审校和统稿，郭亨、马占宇、周芮西、徐雅静、李思、胡佳妮、李雅、吴铭、陈科良、徐蔚然、梁孔明、陈光、肖波参与编写并主笔各自负责的章节内容。上述所有作者共同完成了北京市人工智能通识课的课件制作和慕课视频录制工作。

由于作者水平有限，加之人工智能技术发展迅速，相关知识体系和理论认知仍处于动态变化之中，因此本书中难免存在不当乃至错误之处，恳请读者批评指正。

目　录

第 1 章

认识人工智能

学习人工智能首先要对它在总体上有一个正确的认识,这便是本章的任务。我们将从名词溯源、发展简史、思想根基和理论脉络几个方面出发认识人工智能的本质和基本属性,提出并阐释人工智能的能力属性、工具属性和实用属性,分析和描述人工智能基本能力的内在逻辑关系,用圈层结构概括人工智能的知识体系。然后,本章将介绍人工智能的数学基础,阐述人工智能的数学原理以及机器学习在其中的核心作用。

1.1 何谓人工智能?

"智者灵也,能者动也。人工智能则乃人类所创造之灵动者也。其魅自神奇,其功在造化。其诱人也深焉,其助人也劲焉!"这是作者在多年前写下的一段话,尽管人工智能领域经历了深度学习和大模型所带来的重大技术变革,但这段话并没有过时,因为它道出了人工智能与人类的正确关系,那就是:人工智能是人类神奇的助手和工具,它能为人类创造强大的生产力。

学术上,人工智能这一名词诞生于 1956 年,其英文是 Artificial Intelligence,简称 AI。当时,约翰·麦卡锡(John McCarthy)、赫伯特·西蒙(Herbert Simon)、艾伦·纽厄尔(Allen Newell)、马文·明斯基(Marvin Minsky)、克劳德·香农(Claude Shannon)等聚集在美国的达特茅斯小镇,探讨如何让机器模拟人类的思维能力。他们探讨了许多相关问题,而会议达成的最重要共识就是将他们所谈论的内容用 Artificial Intelligence 命名。

历史证明,这的确是一项划时代的成果,因为这个名词概括出了机器模拟人类的思维能力这一问题的实质,那便是 Artificial Intelligence,也就是人工智能! 这一名词的提出,也标志着人工智能研究正式启航。

那么,AI 究竟是什么意思呢? 要回答这一问题,最好的方法是解读 Artificial Intelligence 这两个英文单词的原意。Artificial 很简单,就是人造的或人工的意思,关键是如何理解 Intelligence。根据词典的定义,Intelligence 是指学习、判断、理解等(人类)大脑的能力。这里的重点是能力(Ability),也就是说,Artificial Intelligence 就是人造的大脑能力。需要特别强调的是,能力是客观存在的,是可观测和可度量的,是与精神或意识完全不同的概念。也就是说,人工智能不涉及精神和意识。这一点十分重要,是人工智能沿着正确方向发展的基本保证。

汉语的"人工智能"便是 Artificial Intelligence 的直译，这个翻译本身虽然没有错误，但其含义却变得模糊了。因为"智能"的意义不像"Intelligence"那样单纯，"智能"是复合词，智是智，能是能，合在一起有智慧和能力双重意思。因此，汉语的"人工智能"的意义并不像 Artificial Intelligence 那样易于从字面上进行解读。还有一个重要问题就是：汉语的"智能"不仅有名词的意思，还有形容词的意思。这便难免会使人将关注的重点放在人工智能的程度强不强、高不高上，从而对人工智能产生错误的解读。例如，在大模型技术出现后，一些人认为人脸识别等早期技术不再是人工智能。

关于人工智能的严格定义，学术界一直在探讨和争论。但时至今日，并没有达成一个统一的意见。各派学者从不同的角度给出了形形色色的定义，表面上各不相同，本质上却大同小异。例如，理论学派将人工智能定义为如何使计算机系统能够履行那些只有依靠人类智慧才能完成的任务的理论研究，技术学派将人工智能定义为使计算机去做过去只有人才能做的智能工作的技术研究，知识学派将人工智能定义为怎样表示知识以及怎样获得知识并使用知识的科学。而跨越各个学派的一种简单观点将实现机器问题求解作为定义人工智能的核心要义。事实上，这些争议并未对人工智能的发展产生实质性的影响，这说明这些定义以及它们之间的差异并不重要。本书认为，与其纠结于人工智能的定义，不如从 AI 这一名词的本义出发，紧紧把握它的能力属性、工具属性和实用属性，这更有利于认识人工智能的实质。

1.2　人工智能发展简史

人工智能的发展历史是人类在创造人工智能的同时不断认识其特征和本质的历史。从1956 年人工智能元年以来，人工智能的发展经历了两次大的曲折，史称人工智能的两次寒冬。此后在深度学习和大模型技术的强力推动下，人工智能的整体水平和能力迅猛提升，达到了重构人类经济社会格局的高度，被称为新质生产力的核心要素。简要回顾这段历史，了解其中主流技术与理论思想的变迁，揭示发展人工智能的正确路线和正确方法，是认识和学习人工智能的第一步。

人工智能研究启航以后，早期以机器逻辑推理和数学定理证明为主要研究内容。在取得若干成功之后，全球范围的研究热潮迅速形成。乘着这一热潮，一些偏离方向不切实际的研究项目也纷纷上马。结果，到了 20 世纪 70 年代，大批项目的研究目标落空，令支持这些研究的各国政府陷入尴尬，不得不宣布终止对这些项目的资助，人工智能的发展进入了第一个寒冬。

20 世纪 80 年代，以知识工程为核心的专家系统技术异军突起，在很多重要领域得到应用。同期，日本又提出了雄心勃勃的第五代计算机研究计划，其核心便是制造具有人类感知能力和思维能力的计算机，也就是智能计算机。在这两大动力的共同作用下，人工智能的研究再次进入高潮。各国纷纷投入大量的研究力量和资金对相关项目进行开发和资助。可惜好景不长，到了 20 世纪 90 年代，由于开发的技术达不到市场预期，大量的投入得不到回报，故人们再次对人工智能技术丧失信心和兴趣，人工智能的发展进入了第二个寒冬。

虽然经过了两次寒冬的打击，但是研究人员并没有放弃。2000 年以后，以杰弗里·辛顿（Geoffrey Hinton）为代表的一批科学家历时 10 多年研究的深度学习理论和方法，通过与应用紧密结合逐渐崭露头角，在一系列重要技术竞赛中取得了令人刮目相看的性能。2012 年，在 ImageNet 图像识别大赛中，深度卷积神经网络 AlexNet 的性能达到甚至超越了人眼的识别精度,以显著优势拔得头筹。以深度神经网络为内核的 AlphaGo 在 2016 年与 2017 年分别战胜了人类围棋顶级选手李世石和柯洁,震惊了全世界。

自此之后,以深度学习为特征的新一代人工智能在图像识别、语音识别、自然语言处理、机器翻译等重要应用中不断刷新性能,人工智能技术整体上发展势头之猛、涉及领域之广、颠覆作用之大,令人猝不及防。为抢占发展先机,占领科技制高点,各国政府纷纷制定发展人工智能技术的国家战略,教育界、科技界、产业界积极响应,形成了人工智能发展的新时代洪流。

2022 年 11 月,OpenAI 发布了大语言模型 ChatGPT,标志着人工智能进入了大模型时代。大模型以人机对话的方式在多个领域提供智能服务,在与人的对话过程中,机器的"善解人意"和"无事不通"的人性化表现令人赞叹。生成的语言、程序代码、动画、图像、视频等内容流畅自然,问题回答、信息咨询、心理咨询、文案辅助、计划制定、娱乐消遣等功能灵巧实用。大模型涌现出的上下文理解和思维链推理等能力出乎意料,其所具备的完成多样化任务的功能令人感到通用人工智能已经不再遥远。

至此,人类社会对人工智能的关注已经超越了所有的技术领域,人工智能成为领跑公共舆论的最热门话题。产业界对大模型研发的投入几乎瞬间爆发,各大头部企业纷纷在不到一年的时间内发布了自己的大模型。在我国,以百度的文心一言、华为的盘古、阿里云的通义千问等为代表的一大批企业大模型展现了不俗的水平和能力。

2024 年 2 月,OpenAI 发布了视频生成大模型 Sora,使大模型具备了对三维物理世界进行精确建模的能力,从而引发了人们对利用大模型构建"世界模型"的思考,并为之努力。而这个方向的研究给人工智能带来的改变目前是难以估量的。

上述发展简史是如何体现发展人工智能的正确路线和正确方法的呢?这个问题需要从它的技术变迁中寻找答案。总体上,我们可以用两句话概括人工智能近 70 年的技术变迁:一是核心内容由逻辑演算和规则决策转变为与实用紧密结合的机器学习;二是基本方法由逻辑精准推理转变为相关性概率推断。这说明机器学习是发展人工智能的"牛鼻子",抓住它就能"牵引"人工智能的整体发展,就能为实现判别、推理、决策等能力奠定基础。同时,基于深度神经网络的概率推断方法是实现人工智能最有效的方法。

人工智能的发展历史不仅是技术发展史,也是理论思想发展史。要回顾和总结它的理论思想发展史,需要结合代表人物的贡献加以梳理。

人工智能的首要奠基人当属英国数学家和逻辑学家艾伦·麦席森·图灵(Alan Mathison Turing,1912—1954)。他提出的图灵机模型直接给出了计算机以存储器为核心的体系结构,为计算机的发明做出了决定性的贡献。图灵机模型阐述的思想是,记忆是计算的基础,只要有足够的记忆能力将所有中间结果和操作都记忆下来,任何计算都可由机器实现。计算机的发明完全证明了这一点。

图灵对人工智能更直接的贡献是:他首次提出了机器能否思维,以及是否可以实现机器智能的问题。为了判断机器智能,他给出了具体的测试方法,即图灵测试。这是一个十分重要的准则,它明确地定义了人工智能的能力属性。

简而言之,所谓图灵测试就是测试机器在与人的交互过程中,回答问题的能力是否达到了人类水平。如果测试者分辨不出问题的答案是人还是某个机器给出的,那么便判断该机器具有智能。图灵测试不涉及机器的结构和工作原理是否与人脑类似,机器是否具有主观意识等问题,只要它解答问题的能力达到了人类的水平,便判断它具有智能。这显然是将人工智能的能力属性作为第一原则的理论思想。而恰恰是这一思想为人工智能沿着正确方向不断发展提供了不竭动力。

美国麻省理工学院教授艾弗拉姆·诺姆·乔姆斯基（Avram Noam Chomsky，1928—）提出了以脑功能和语言为基础研究认知的思想，倡导从语言和认知出发，将人工智能的研究与人类智能的具体载体联系起来。他所提出的转换语法理论将自然语言处理转化为计算问题，为计算机处理自然语言奠定了基础。语言是人类思维的工具，也是人类智能最为重要的表现形式之一。因此，机器能否很好地处理自然语言是其是否具有智能的十分重要的标志。乔姆斯基对自然语言处理的研究为人工智能开辟了一个不可或缺的发展方向。大语言模型所展示出的多方面的通用能力充分说明从语言出发研究人工智能是一条十分正确的路线。不仅如此，通过将语言的概念泛化为各种有意义的符号（Token）序列，现今的大模型的理解和生成对象已经远远超越了狭义语言的界限，而将程序代码、图像、视频、基因序列、化学分子式等事物通通作为"语言"进行处理。大模型的成功深刻揭示了研究人工智能与探索广义语言规律之间紧密的内在联系。

Artificial Intelligence 这一名词的提出者之一，同为美国麻省理工学院教授的马文·明斯基（Marvin Minsky，1927—2016）是最早研究基于神经网络实现人工智能的学者之一。1951年，明斯基构建了世界上第一个神经网络模拟器，并将其称为学习机。1954年，他以"神经网络和脑模型问题"（Neural Nets and the Brain Model Problem）为题完成博士论文，获得博士学位。1969年，他发表著作《Perceptrons》，为神经网络的理论分析奠定了基础。同时，这部著作也指出了感知器网络在建模能力方面的不足，对后期人工智能的发展走向产生了重大影响。明斯基坚信人的思维过程可以用机器去模拟，而人工神经网络是其首先尝试的手段。1969年，明斯基获得图灵奖，是第一位获此殊荣的人工智能学者。如今，人工神经网络已经成为实现各类人工智能系统不可或缺的数学模型，而如何将更多的神经元组织起来以形成更强大的智能函数是现今技术创新的本质问题。

我国著名数学家吴文俊（1919—2017）是中国人工智能领域卓越的开拓者和贡献者。他在20世纪70年代提出了数学机械化的命题，他认为中国传统数学的机械化思想与现代计算机科学是相通的，于是他开始利用现代计算机技术进行几何定理证明的研究，并取得重要成果。他的方法在国际上称为"吴方法"，不仅被用于几何定理证明，还被用于开普勒定律推导牛顿定律、化学平衡问题与机器人问题的自动证明等。吴文俊的工作在人工智能早期的数学定理证明和逻辑推理等研究中独树一帜、成果卓著，这使他成为对人工智能发展做出重要贡献的中国人的杰出代表。吴文俊将人工智能与数学紧密结合的思想阐释了人工智能的数学本质，而正是人工智能的数学本质才使其能够不受伪科学和玄学的干扰而牢牢植根于科学范畴。

当代最负盛名的人工智能学者非加拿大多伦多大学教授杰弗里·辛顿（Geoffrey Hinton，1947—）莫属。他长期致力于机器学习的研究，将机器学习作为发展人工智能的主要动力。为构建高效的机器学习数学模型，他和他的团队将目光投向了深度神经网络模型。辛顿认为，相较于拥有相同数量神经元的浅层神经网络，深度神经网络具有更强的函数实现潜力。并且，拥有更多层次隐变量（神经元）及其参数的深度神经网络具有更大的潜力。而使潜力变成 AI 能力的关键是找到高效的参数学习算法。这一理论思想成为其开创深度学习研究并取得成功的基本信条，同时也决定了深度学习一直以来的技术路线。预训练大模型出现之后，人们发现了所谓的"伸缩率（Scaling Law）"，即随着模型参数的增长，模型的性能也会以某个幂律关系增长。这一关系也被人们简单地概括为"大力出奇迹"，因为模型参数越多，训练模型所需的算力越大。伸缩率的发现进一步验证了辛顿深度学习理论思想的正确性。

辛顿的另一个重要贡献是通过将概率论的方法与深度神经网络紧密结合,实现各类人工智能模型,从而将人工智能所依赖的数学手段由早期的基于符号系统的逻辑推理转变为基于随机变量的概率推断。概率论的方法不仅使大数据成为人工智能的关键要素之一,而且也使系统的性能直接伸缩于大数据的尺度。这是由于概率模型的推断精度总是取决于样本数量。基于概率论的大模型所展现的非凡能力越来越令人相信各种物理规律的概率性质。这种认识正在产生多方面的深刻影响,包括刷新人们对量子力学的认知。

大模型的突破性进展在给人类带来了惊喜的同时,也带来了担忧。许多人怀疑人工智能的发展速度是否太快,是否会脱离人类的掌控,甚至连辛顿也对此深表忧虑。于是,人工智能安全随即成为热点话题。包括中国和美国在内的许多国家纷纷在政府层面组织人工智能安全方面的研讨,联合国也在紧急制定相应的政策和条约。目前关注的焦点主要集中在人工智能的滥用方面,例如,如何避免其被用于恐怖组织和大规模杀伤,如何避免其被用于挑唆政治动荡,如何避免人工智能产生职业、地域及种族歧视等。

大模型的突破性进展还引燃了关于通用人工智能的热议。所谓通用人工智能也同样没有统一的定义。简单地说就是适用于所有任务、所有场合的人工智能。说到底,这只是一个含义和本质还没搞清的名词,而且是否应该或需要开发通用人工智能一直存在巨大的争议。大模型功能的多样性和适应性似乎让人们看到了通用人工智能的端倪,甚至有人将其直接看作通用人工智能。但大模型并不是通用人工智能,它仅仅是将人工智能向通用方向推进了一步,虽然幅度可观,但距离想象中的通用人工智能还十分遥远。

更具实质意义的是,大模型以能力为核心的发展路线进一步体现了人工智能的能力属性。大模型的成功也让人们看到,将人工智能作为辅助人类的工具更好地解决实际问题是发展人工智能的唯一正确道路。这也进一步彰显了人工智能的工具属性和实用属性。

认识人工智能的能力属性、工具属性和实用属性是正确认识人工智能的基础,有了这个基础,人们就能遵循人工智能的主流思想和技术,逐步深入、系统地学习它的知识,就能不受“伪人工智能”的影响,避免坠入“人工意识”“人工精神”“人机敌对”等幻想陷阱。

1.3　人工智能的内在逻辑及知识体系

人工智能是大脑能力的机器实现。在技术发展过程中,人们将记忆、计算、学习、判别、决策等作为基本能力加以研究和实现,并按照它们之间的内在逻辑加以贯穿,人工智能才逐步达到了今天的整体水平(见图1.1)。

记忆是实现所有智能的基础,这也是人类非常直观的经验。一个人如果丧失了记忆,便会成为痴呆症患者。如1.2节所述,图灵机模型的核心是记忆,有了充足的记忆空间,图灵机可以完成任何计算。现今的大模型也可以被看作是对超大规模训练数据的高效有机记忆体,即通过编码压缩、层次化关联、自组织映射等方法实现的抽象浓缩记忆结构。无论是大模型的预训练过程还是推理过程,内存占用和访问开销都是瓶颈问题。这也旁证了记忆在人工智能系统中的根基作用。记忆包含两个过程,即“记”的过程和“忆”的过程。前者是将外部知识保存到大脑的过程,后者是将保存在大脑中的知识提取出来的过程。记忆既有准确性问题,又有速度问题。人们希望在保证准确性的前提下,“记”和“忆”的速度越快越好。记忆又分为短期记忆和长期记忆,长期记忆也会被淡忘。记忆单元是有组织的,而不是相互孤立的。例如,联想记忆可以显著提高记忆效率。这些问题恰好也是人工智能模型要处理的基本问题，即如何有效模拟记忆的上述生物机制决定着人工智能的整体水平。

计算是一种高度抽象的智能，也是其他动物所不具备的能力。计算机是人工智能的开山之作，它不仅完美实现了机器对人类计算能力的模拟和延伸，同时也为机器模拟其他智能提供了必要和有利的条件。因为无论是学习还是判别决策，都需要进行大量和高效的计算。计算也同样有准确性问题和速度问题。通常是在保证准确性的前提下，计算速度越快越好，但也有允许牺牲一定精度而追求速度的场合。除了确定性计算之外，还有概率性计算。现阶段的概率性计算往往是基于大数据的计算，是对大数据中所蕴含的不确定性的概率建模。

历史上，在实现了计算能力之后，人们的下一个着眼点主要落到了机器推理。但是，机器推理的研究过程并不顺利，期间经历了两次人工智能的寒冬。而机器学习，特别是深度学习的突破性进展，使得学习最终成为计算之后机器所实现的关键能力。人类的学习是通过观察、阅读、听闻、体验等经验获取知识的过程；而机器学习则是将这些经验变成数据或大数据，再对人工智能模型进行训练，使模型从数据中提取知识并予以保存，以便日后利用。学习既有效果问题，又有效率问题。效果问题关注获取知识的质量及结构，效率问题关注学习的速度和进度。而学习的效果和效率正是机器学习所追求的主要目标。从与其他能力的关系上讲，学习与记忆、计算，以及判别、决策都直接相关。概括来讲，计算是学习的手段，记忆是学习的结果，而学习是判别、决策的基础。

判别能力是进行事物分类、模式识别所需的能力，是智能的典型外在表现。判别过程往往包含推理过程和预测过程，而推理和预测依赖于学习所积累的系统性知识。在机器学习的基础上，机器在不同任务中的判别能力也已经得到高度的实现。如人脸识别、语音识别、异常检测、样本分类等。

决策是以判别为前提加以实现的能力。决策时往往需要在各种判别条件下进行代价计算，以代价最小为目标进行策略选择。在人工智能系统中，决策能力一般作为末端能力加以输出，而记忆、计算、学习、判别等能力作为系统的基础能力在前端加以整合集成。随着这些基础能力的提高，机器的自动决策能力和水平也在不断取得令人惊叹的突破，如博弈程序、机器人运动、蛋白质折叠结构预测、气象预测等。

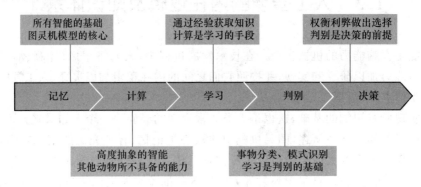

图 1.1　人工智能的内在逻辑关系

事实上，人工智能的理论发展路径也恰好遵循了上述逻辑。计算机的发明实现了记忆和计算的机器模拟，而其后便有待于学习、判别和决策方面的突破了。机器学习特别是深度学习的突破性进展带来了人工智能系统能力的显著跃升，在深度学习模型中，记忆、计算、学习、判别、决策等能力有机融合，使其整体智能得以爆发式增长。

　　从 1956 年至今,人工智能研究的里程碑成果正是循着这一逻辑不断产生,形成了次第深入、一脉相承的理论体系(见图 1.2)。

　　1957 年,被称为感知器的神经元模型问世,标志着机器学习有了基元模型。神经元模型不仅能判断输入向量与其权重向量的匹配度,权重向量还可通过误差反馈学习进行调整,这便提供了机器学习的一种基本机制。

　　1966 年,隐马尔可夫模型(HMM)问世,将包含隐变量的概率模型用于数据分布的建模。隐变量的引入赋予了模型捕捉观测数据之间相关性的潜在因素的能力,指引了机器学习模型的发展方向。

　　1974 年,反向传播学习算法(BP 算法)问世,解决了带有隐层的神经网络学习问题,建立了机器学习的一个基本数学原理,成为一直以来训练神经网络的最主要方法。

　　1977 年,期望最大算法(EM 算法)问世,实现了对具有隐变量概率模型的估计,成为一种与 BP 算法并立的机器学习基本方法。

　　1985 年,贝叶斯网络问世,给出了事物相关性的概率推断模型,进一步强化了概率论方法在智能模型中的作用。

　　1993 年,支持向量机(SVM)问世,建立了从训练样本中选择少量样本构建最优分类器的理论,将机器学习引向了更深入的发展阶段。

　　1998 年,卷积神经网络(CNN)问世,通过引入卷积层和池化层,实现了一个 7 层的深度神经网络,标志着深度学习取得突破。

　　2006 年,用于高效数据建模的深度自动编码器在 *Science* 上发表,深度学习在理论上取得了重要突破。

　　2010 年,深度强化学习方法问世,随后在多种博弈决策应用中获得显著成功。

　　2012 年,综合运用多种深度学习理论和技术的大型深度神经网络 AlexNet 问世,显示出惊人的图像识别能力,成为被后人所仿效的经典实用化深度模型。

　　2014 年,生成式对抗网络(GAN)模型问世,开创了两个学习体相互对抗,在对抗中相互强化的新的机器学习范式。

　　2017 年,专注于自然语言上下文语义编码的转换器模型(Transformer)问世,在自动编码器结构中,用注意力机制完全替代了卷积神经网络和循环神经网络,人工智能具备了更高效率的机器翻译等语义序列转写能力。后续的发展表明,Transformer 的真正优势在于它优异的可伸缩性,通过将更多的 Transformer 并联和层叠,可以处理更长的上下文,从而为构建大模型打下了基础。

　　2018 年,基于 Transformer 的生成式预训练模型 GPT 问世,GPT 将众多 Transformer 的基本单元加以层次化集成,构建大型语言模型,通过大规模文本数据的预训练,GPT 学习了丰富的语言知识。此后 GPT 快速发展,版本不断更新,人工智能进入了大语言模型时代。

　　2021 年,去噪扩散概率模型(Denoising Diffusion Probabilistic Models,DDPM)被提出,很快成为人工智能生成内容(AIGC)的有效工具。DDPM 进一步强化了概率论方法在人工智能大模型时代的关键作用。

　　上述里程碑成果分属三个阶段,1957 年至 1993 年的成果属于基本模型阶段,1998 年至 2017 年的成果属于深度模型阶段,2018 年之后的成果属于大模型阶段。三个阶段的模型存在逐级包含的关系,即深度模型包含基本模型,大模型包含深度模型。

　　这些成果是当代人工智能理论的核心内容,本质上是一系列机器学习的数学模型,它们的特点是从神经元模型到神经网络模型，再到深度神经网络模型，直至如今的大模型，神经计算和概率是各种模型的精髓。

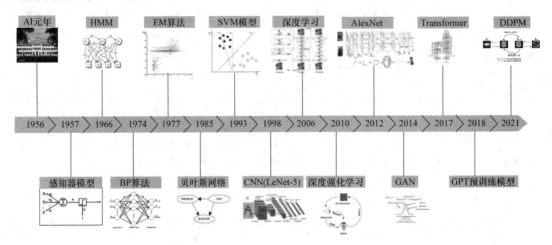

图 1.2　人工智能理论研究里程碑

伴随着理论发展，人工智能的技术创新也持续地在博弈、问答识别、运动等方向上推进。如图 1.3 所示，在博弈方向上，从黑白棋、西洋跳棋、国际象棋、围棋，到目前的电竞，机器的博弈水平正在不断地超越人类。在问答识别方向上，基于语音识别、图像识别、自然语言处理技术的人机对话系统的能力逐步提高。在运动方向上，人体运动捕捉、运动机器人、自动驾驶等技术正在走向成熟。AlphaFold 技术被用于蛋白质三维结构的预测，并取得了重大突破。2022 年 ChatGPT 的问世，使人工智能的技术水平再次大幅跃升，ChatGPT 在信息咨询、数学求解、代码生成、知识推理、科学实验等不同方面均展现出了非凡的能力。

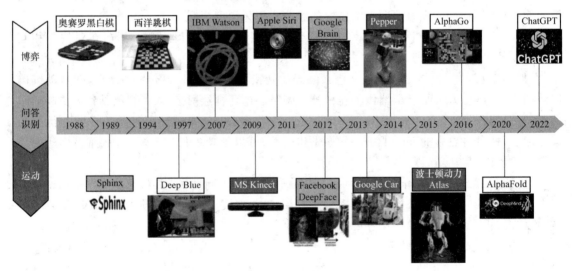

图 1.3　人工智能技术创新的主要方向

一方面，伴随技术水平的迅速提高，人工智能正在深入渗透人类社会的方方面面。在赋能产业方面，智能制造、智能物流、智能交通、智能电力等产业的变革开展得如火如荼。在造福民生方面，智慧教育、智慧医疗、智慧理财、AI 娱乐、AI 艺术等新生事物强势登场。在人工智能技术的推动下，人类社会整体上正在发生深刻的变化。

另一方面,人工智能巨大的变革作用也引起了人们合理的忧虑和关切。首先,人工智能存在现实的安全隐患。例如,包括大模型在内的人工智能系统易于受到对抗性攻击,受到攻击后,系统不仅会丧失正常功能,还可能产生有害功能,如生成虚假信息、协助欺诈、发布错误命令等。其次,人工智能的伦理问题十分复杂深刻,涉及个人隐私、数据保护、公平公正、责任义务、工作就业、军事战争等方方面面。最后,人工智能的社会角色问题也十分引人关注。人工智能可以担当辅助工具、决策支持、自主决策、伙伴协作、参与服务等不同社会角色,在界定人工智能的社会角色时,需要平衡技术的潜力和风险,以确保人工智能的发展和应用符合社会的期望和价值观。同时,也需要考虑伦理、法律和社会文化等方面的因素,制定相应的政策和准则来引导人工智能的发展和应用。

人工智能的理论和技术成果已经形成了一个完整的知识体系。整体上,这个知识体系呈现如图 1.4 所示的 4 个层次的圈层结构。从外向内,第一层是应用技术层,包含实用系统开发技术和领域知识,如问答系统、计算机视觉(CV)、自然语言处理(NLP)、信息搜索、智能机器人、智能制造、智慧医疗等;第二层是软硬件平台层,即通用开发工具层,包括开源架构和硬件芯片,如 Tensorflow、Caffe、Pytorch、Keras、Torch、Theano、MXNet、PaddlePaddle、GPU、ASIC 等;第三层是算法与模型层,包含基本计算流程和结构,如 BP 算法、卷积神经网络(CNN)、循环神经网络(RNN)等。人工智能研究的里程碑成果均处于这三个层次。核心层是数学原理层,数学原理提供了人工智能系统的根本机理,即人工智能本质上是参数可学习的复合函数。

之所以把这个知识体系描述为圈层结构,一方面是因为相邻层次之间存在基础与上层的关系,另一方面是因为各层所包含内容的多寡和精杂不同,即越向外范围越广泛、内容越丰富,越向内技术越基础、原理越单纯。

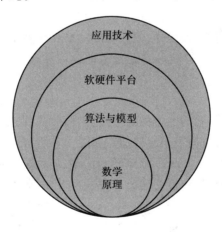

图 1.4　人工智能的圈层知识结构

1.4　人工智能的数学基础

人工智能的基本属性是能力,这种能力的特征是可用数学模型加以实现。因此,人工智能的数学原理在其整个知识体系中处于核心地位。在数学上,人工智能等价于函数。因其与一般数学函数相比具有自我优化的特点,故本书将其称为智能函数。智能函数是由基元函数组合而成的复合函数。而所谓基元函数是指那些运算简单、功能单一的函数。尽管如此,将众多的基元函数"聚沙成塔"的智能函数却能产生异乎寻常的能力。这便是人工智能的基本数学原理。

本节首先阐述智能函数的形式和特点,然后介绍现有人工智能模型中常用的基元函数的计算原理和功能,最后介绍智能函数中参数学习的方法、方式和结构,并对深度学习的特点进行讨论。

1.4.1　人工智能的数学本质

在数学上,人工智能系统可以用智能函数(Intelligent Function)表示,其形式为

$$p = f_\theta(x) \tag{1.1}$$

其中:x 为输入变量,对应需解决的问题,如棋局、人脸、文本、声音等的观测值,通常用向量表示;p 是获得的解决问题的策略,如下棋策略、分类策略、编码方案、问题答案等,通常也用向量表示;f_θ 是智能函数,即人工智能系统,其参数 θ 通过机器学习调整,而函数的性能随着参数的优化逐渐逼近理想目标,f_θ 通常是包含众多基元函数的复合函数(Composite Function)。

经过几十年的发展迭代,智能函数 f_θ 的模型已经非常丰富,代表性的主流模型包括SVM、GMM、HMM、CRF、MCTS、MLP、CNN、RNN、Transformer、GPT 等。而常用的基元函数有线性变换、非线性激活函数(Sigmod 函数,ReLU 函数,Softmax 函数等)、离散卷积变换等。

1.4.2　常用的基元函数及其功能

构成智能函数的基元函数多种多样,但在现有的系统模型中,发挥关键作用的基元函数种类并不多,主要包括以下几类。对这些基元函数的学习和理解,是学习人工智能理论知识的起点。

1. 神经元函数

神经元函数模仿大脑神经元的工作机制,通过阈值触发机制来判断未知向量与已知向量的相关性,如果超过阈值则信息向下一级传递。如图 1.5 所示,神经元进行输入向量 x 与权重向量 w 的内积,来获取二者的相关性。而神经元的激活函数 f 对这一相关性进行非线性处理,简单逻辑函数的方法是:超过阈值的输出 1,否则输出 0,输出 1 时称神经元被激活。

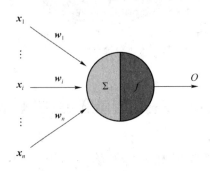

图 1.5　神经元函数

神经元的智能体现在两个方面,一是判断两个向量的相关性,二是作为判断基准的权重向量可以通过学习按需调整,参数的调整是学习过程中的重要环节。神经网络由神经元层层排布构成,一般情况下,神经元越多,神经网络功能越强。

2. 线性变换

一般的线性变换过程可以用 $y = W^T x$ 来表示,用于求解未知向量 x 与多个已知向量 w_i 之间的相关性。如图 1.6 所示,线性变换完成神经网络中的基本计算过程,即将前一层神经元的输出作为本层各个神经元的激活输入。W 的各列向量 w_i 对应本层各神经元的连接权重向量,x 为输入向量,y 为各神经元的权重向量 w_1, w_2, w_3, w_4 与 x 向量内积后形成的向量,y 的各个元素对应 y 列各神经元的激活输入。

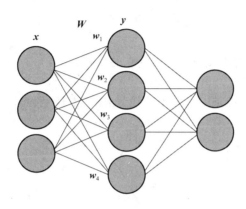

图 1.6   神经网络中的线性变换

3. 离散卷积

离散卷积是两个离散序列之间按照一定的规则将它们的有关序列值分别两两相乘再相加的一种特殊的运算。离散卷积运算广泛应用于各种工程应用场景,其具体表达式为 $y = x * w$。

卷积运算可以计算未知向量 x 的多个局部向量与已知向量 w 的相关性。

现以图像处理中的二维卷积为例,对卷积操作进行解释,如图 1.7 所示。其核心操作是在特征图二维向量 x 上滑动二维卷积核向量 w,并分别计算 x 的各个感受野(被覆盖的区域)与 w 的内积,y 是由各内积值构成的向量,故卷积的本质是移位内积。

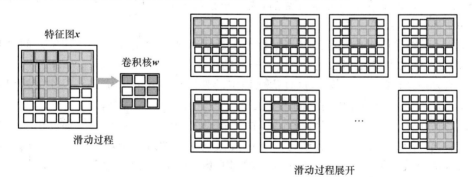

图 1.7   图像处理中的二维卷积

4. 池化(Pooling)

池化(Pooling),也称欠采样或下采样。主要用于特征降维,即压缩数据和参数的数量,降低卷积层输出的特征向量维度。

最常见的池化操作为平均池化（Average Pooling）和最大池化（Max Pooling）。平均池化是计算被池化集合中所有元素的平均值，而最大池化是计算被池化集合中所有元素的最大值。

图 1.8 显示的是对一个 4×4 的特征图用 2×2 池化器进行步长（Stride）为 2 的最大池化操作，从而将 16 维特征降低至 4 维。

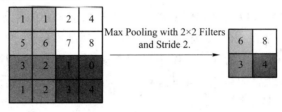

图 1.8　最大池化示意图

5. Sigmoid 函数

Sigmoid 函数，也被称为 Logistic 函数。它的公式如下：

$$S(x)=1/(1+e^{-x}) \tag{1.2}$$

Sigmoid 函数的函数图像是一条 S 形曲线，如图 1.9 所示。

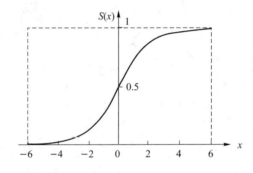

图 1.9　Sigmoid 函数曲线

从图 1.9 中我们可以观察到，Sigmoid 函数是一个值域为 $[0,1]$、S 形的单调连续可导逻辑函数。Sigmoid 函数的功能是把输入的正负实数值压缩至 0 到 1 之间，当输入 $x=0$ 时，输出为 0.5；当输入 x 从 0 向负方向偏离时，输出迅速趋近于 0；当输入 x 从 0 向正方向偏离时，输出迅速趋近于 1。即输入 x 在偏离零点后，输出呈指数上升或下降，从而迅速饱和。故此函数也被称为逻辑（Logistic）函数。

Sigmoid 函数常用作传统神经网络的神经元激活函数。输出范围在 0 和 1 之间是它的一大优点，用处是可以把激活函数看作一种"分类的概率"，如激活函数的输出为 0.9，便可以解释为样本有 90% 的概率为正样本，这种优化稳定的性质使 Sigmoid 函数可以作为输出层。函数连续便于求导且处处可导则是它的另一大优点。

然而 Sigmoid 函数也具有其自身的缺陷。Sigmoid 的饱和性容易产生梯度消失。从几何形状不难看出，原点两侧的导数逐渐趋近于 0，在反向传播的过程中，Sigmoid 的梯度会包含一个关于输入的导数因子，一旦输入落入两端的饱和区，导数就会变得接近于 0，这将导致反向传播的梯度变得非常小，此时网络参数难以得到更新，难以有效训练，这种现象称为梯度消失。一般来说，Sigmoid 网络在 5 层之内就会产生梯度消失现象。

6. ReLU 函数

ReLU 函数是常见的深度网络神经元激活函数中的一种，公式如下：

$$y=\max \{0,x\} \tag{1.3}$$

ReLU 函数是一个分段线性函数,其曲线形状如图 1.10 所示。

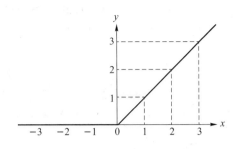

图 1.10　ReLU 函数曲线

从表达式和曲线可以看出,ReLU 是在输入 x 和 0 之间取最大值的函数。通过对非正输入零输出,对正值输入等值输出,将双极性输入变为单极性输出,故该函数也被称为整流线性单元。ReLU 函数使得同一时间只有部分神经元被激活,从而使得神经网络中的神经元有了稀疏激活性,而往往训练深度分类模型的时候,和目标相关的特征只占少数,也就是说通过 ReLU 函数实现稀疏后的模型能够更好地挖掘相关特征,拟合训练数据。

ReLU 函数的优势在于:

① 没有饱和区,在 $x>0$ 区域上,不会出现梯度饱和、梯度消失的问题;

② 没有复杂的指数运算,只要一个阈值即可得到激活值,计算简单、效率提高;

③ 实际收敛速度较快,比 Sigmoid 或 Tanh 函数快很多。

7. Softmax 函数

Softmax 函数,又称归一化指数函数。它是二分类函数 Sigmoid 在多分类上的推广,目的是将多分类的结果以概率的形式展现出来。Softmax 函数在神经网络中应用时多取如下形式:

$$P(y=i\mid x)=y_i=\frac{\mathrm{e}^{x^t w_i}}{\sum\limits_{k=1}^{K}\mathrm{e}^{x^t w_k}} \tag{1.4}$$

式(1.4)的意义为将向量 x 输入到 K 个代表不同类别的神经元后,Softmax 函数判断向量 x 属于第 i($i=1,\cdots,K$)个类别的概率。其中,w_k 为第 k 个神经元的连接权重向量。

为了实现将分布在负无穷到正无穷上的预测结果转换为概率的目的,Softmax 函数利用了概率的两个基本性质:①预测的概率为非负数;②各种预测结果的概率之和等于 1。

① 将预测结果转化为非负数

图 1.11 为指数函数的曲线,可以看出指数函数的值域为零到正无穷。Softmax 函数的第一步就是将模型的预测结果转化到指数函数上,这样保证了概率的非负性。

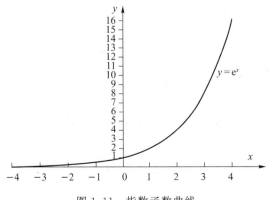

图 1.11　指数函数曲线

② 确保各种预测结果的概率之和等于 1

为了确保各种预测结果的概率之和等于 1，只需要将转换后的结果进行归一化处理。方法就是将转化后的结果除以所有转化后结果之和，可以理解为转化后结果占总数的百分比，这样就得到了近似的概率。

具体来说，Softmax 函数可以实现将未知向量 x 与各已知类别向量 w 的相关性转换为归属概率，所以其常用作神经网络顶层基元函数，给出系统的最终输出。图 1.12 的例子展示了 Softmax 函数将未知向量 x 与三个类别（w_1，w_2，w_3）的相关性转换为归属概率的过程。

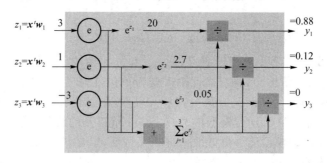

图 1.12　Softmax 函数计算过程

通过以上计算，Softmax 函数可将任意一组数值转化为一组概率值，并且数值间的差异被指数放大后，最大值所对应的概率被显著突出。图 1.12 的例子是将 $\{3,1,-3\}$ 这组数值转换为 $\{0.88,0.12,0\}$ 这组概率值。可见数值 3 对应的概率被显著突出。Softmax 函数的这一性质在包括大模型在内的许多人工智能模型中发挥了关键乃至神奇的作用。

1.4.3　参数学习方式

1. 监督学习

监督学习是指利用有人工标注的训练数据实现智能函数中的参数学习。例如，在分类任务中，我们需要利用训练数据建立一个分类函数，这时每个训练数据都会有一个类别标签。图 1.13 显示的是一个二分类问题，两类样本数据分别被标注了不同的颜色，利用这些数据，我们很容易找到一组参数来确定一条直线函数，以将这两类数据分开。这便是监督学习。

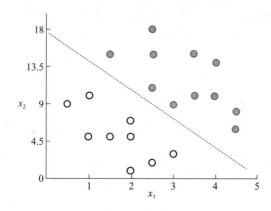

图 1.13　监督学习中的分类问题

2. 无监督学习

有别于监督学习,无监督学习所利用的数据没有人工标注信息。如图 1.14 所示,训练数据只是二维空间中的一些数据点,没有每个数据属于哪个类别的信息。无监督学习的目标是发现这些数据潜在的内部结构。例如,图 1.14 显示的任务是发现虚线所示的两个簇结构。无监督学习通常的方法是先随机设置参数的初始值,然后反复迭代"样本归属"和"更新参数"两个步骤,直至收敛。

无监督学习常用于聚类任务。聚类的目的在于把相似的东西聚在一起,而并不关心这一类是什么。因此,一个聚类算法通常只需要知道如何计算相似度就可以开始工作。

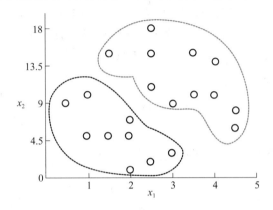

图 1.14　无监督学习中的聚类问题

3. 半监督学习

半监督学习是利用少量标注样本和大量未标注样本进行的学习,是介于监督学习和无监督学习之间的学习。目的是同时获得监督学习模型精度高和无监督学习人工标注成本低的优点。

如图 1.15 所示,两类训练数据中均只有一个样本做了类别标注,其余的都是未标注样本。学习的目标是找到将两类数据分开的那条曲线。半监督学习通常根据样本之间的聚类距离和流形结构传播标签,完成标签传播后,再进行有监督学习。

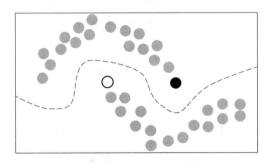

图 1.15　半监督学习中的分类问题

4. 自监督学习

自监督学习不依赖于外部的标注数据,而是利用数据本身的结构和属性来生成训练信号。自监督学习是完全数据驱动的学习方式,通常将数据中指定的部分作为预测对象来提供训练信号,例如,预测文本中的下一个单词、图像中被有意遮盖的部分或视频的下一帧。自监督学习的另一个常见方法是对比学习,它利用数据旋转、裁剪、变换等方法自动生成的正样本和负样本来学习区分不同数据的能力。

自监督学习是大语言模型预训练的重要方法,可以显著地降低预训练的成本,提高训练效率。

5. 迁移学习

迁移学习又称少样本学习,是把已经训练好的模型参数迁移到新的模型来帮助新模型训练,适用于新任务缺乏训练样本的场合。由于许多数据或任务存在相关性,因此,可以通过迁移学习将已经学到的模型参数通过某种方式分享给新模型,从而提高模型的学习效率。如图1.16所示,左边的模型是利用互联网中大量的图像数据训练完成的图像识别模型(智能函数),即源模型。右边是需要训练的用于特殊领域图像识别的目标模型。尽管这一领域的图像有其自身的特点,但它仍与互联网图像有许多共性,因此,源模型的参数可以被借鉴和利用。

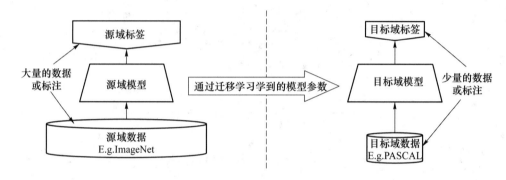

图 1.16　迁移学习（Transfer Learning）

6. 强化学习

强化学习通过建立被训练的智能体(Agent)与其工作环境(Environment)的循环交互关系而实现。如图1.17所示,智能体感知环境的状态后,根据当前的策略函数选择动作进行应对;动作执行后,环境将被转换到一个新的状态。这时,环境将通过评估新状态与学习目标是否更接近而对智能体进行奖励或惩罚(负奖励)。随后,智能体根据新的状态和获得的奖励大小(正负),对策略函数进行调整,并依据新策略函数执行新的动作,从而进入新的循环。在上述学习过程中,策略函数(智能函数)的参数不断调整优化,最终达到学习目标。

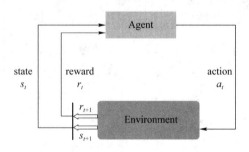

图 1.17　强化学习（Reinforcement Learning）

7. 对抗学习

对抗学习是指用两个智能函数组成一个对抗体,通过反复对抗,使对抗体能力不断增强,相互提供优化目标。例如,在图1.18所示的生成式对抗网络（Generative Adversarial

Networks，GAN)中,生成器(Generator)和鉴别器(Discriminator)是两个相互对抗的智能函数。生成器的目标是生成模仿真实世界化学分子式的伪样本,以骗过鉴别器的识别,而鉴别器的目标是对输入样本进行鉴别,以区分样本是来自真实世界的样本还是来自生成器生成的伪样本。在这一过程中,如果伪样本骗过了鉴别器,那么鉴别器可以利用这一损失优化自身的参数;反之,如果伪样本被鉴别器识别出来,那么生成器可以利用这一损失优化自身的参数。因此,更强的生成器将导致更强的鉴别器,而更强的鉴别器又将导致更强的生成器。于是,生成器和鉴别器便在这种对抗学习中水涨船高地共同提高性能。

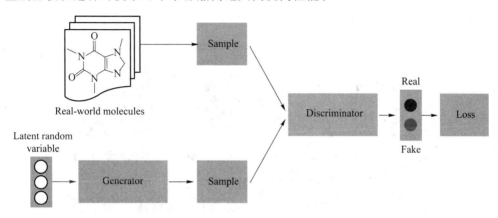

图 1.18　对抗学习（Adversary Learning）

1.4.4　深度学习架构

深度学习的本质是用深度神经网络架构实现智能函数。通过增加网络深度,达到增加基元函数,增加参数,最终提高网络性能的目的。典型的隐层结构是卷积层和池化层的堆叠,如图 1.19 所示。

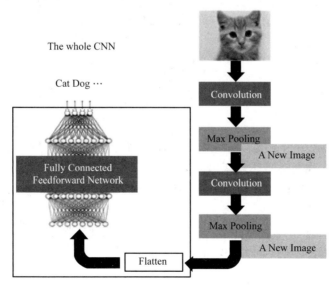

图 1.19　卷积神经网络

参数学习可采取有监督、无监督、半监督、自监督、迁移、强化、对抗等任意方式实现。

为实现深度学习中隐层参数的学习,研究人员发明了一系列的关键技术,包括简化的基元函数结构及参数,如离散卷积、池化、门控等;抗梯度消失的激活函数 ReLU 和线性调制等;防止过拟合的正则化方法 Dropout 和局部响应归一化(Local Response Nomalization,LRN)等。

深度学习有着以下的优势及特点:特征逐级抽取,形成深层金字塔结构;不同对象的特征金字塔的下层相互类似;使学习大大简化的参数共享与预置等。图 1.20 显示了基于深度学习抽取的不同物体的特征。可以看出,不同物体的下层特征十分相似,而越向上层过渡,特征越宏观,差异性也越大。这便是所谓的特征金字塔结构。

Features learned from training on different object classes.

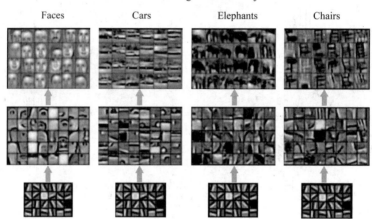

图 1.20　深度学习中的特征层次

通过总结人工智能的数学原理和方法我们可以看出,参数学习是实现智能函数的核心问题。而解析法只适用于相对简单的问题,迭代法是参数学习的通用算法。特别值得指出的是,向量内积(相关性计算)是各类算法的核心操作,是众多基元函数的主要运算。

深度学习是一种参数学习的优良架构,其参数结构优于扁平参数结构且特征多粒度逐级抽取。除此之外,简化的基元函数便于学习,可以用极简函数的深层堆叠获得所需的复杂函数。

本 章 小 结

本章从名词溯源、发展简史、思想根基、理论脉络等方面解读和论证了人工智能的本质属性和基本内涵,为学生在总体上正确认识人工智能打下坚实基础。人工智能的能力属性、工具属性和实用属性是其本质属性,把握这一点有利于避免陷入伪科学和空洞思辨的陷阱。人工智能所模拟的基本能力包括记忆、计算、学习、判断、推理等,这些能力相互渗透、相互交叉,但总体上存在一个线性递进的关系。当今人工智能的主题是机器学习,而基于深度神经网络的神经计算是目前所知的实现机器学习的最有效方法。

思　考　题

1. 请比较英文"Intelligence"和中文"智能"词典释义的不同之处。

2. 如何理解人工智能的能力属性、工具属性和实用属性？

3. 图 1.1 所示的人工智能的内在逻辑关系阐释了哪些原理？对认识人工智能有何意义？

4. 图 1.4 所示的人工智能的圈层知识结构有什么特点？你认为学习人工智能应从哪个层次入手？

5. 式(1.1)所定义的智能函数是人工智能系统的一般数学描述，请列举 3 种以上人工智能系统，并指出各个系统的输入向量 x 和输出策略向量 p。

6. 智能函数的参数学习主要有哪些方式？分别有什么特点？

7. 如何理解图 1.20 所示的深度学习中的特征层次与深度神经网络中各层神经元所抽取的特征图的对应关系？

第 2 章

人工智能的社会角色

人工智能正在引领一场深刻的科技革命和社会变革,全方位影响着和改变了人类的生产生活。人们越来越真切地体会到人工智能在社会中扮演着重要角色,在愈发得益于人工智能所提供的便利和帮助的同时,人们也对其角色的模糊边界越来越感到焦虑。社会上关于人工智能的讨论越来越多,比如"人工智能会不会威胁人类生存?""人工智能会不会产生与人类一样的情感?""人工智能是帮手还是对手?""人工智能会取代哪些工作岗位?""人工智能模型的训练需要使用大量数据,有没有侵犯用户隐私?"。这些讨论不断出现在媒体、朋友圈,总能引起大范围的关注和讨论。

人工智能技术已在当前人类社会发挥巨大作用,而且其潜力也是巨大的,将逐渐渗透到各个领域和行业。随着各个领域中"机进人退"现象的加剧,人机协同、人机共生,以及人机交互中人工智能的角色问题日益引发人们思考。具体而言,人工智能究竟应该在人类社会中扮演什么基本角色,人类对其角色的愿景是什么,愿景的实现面临哪些威胁和挑战,以及如何治理和防范等问题已经迫切地摆在人类面前。对这些重要问题具有基本的正确认识既是学好用好人工智能工具的重要基础,也能为研究和开发人工智能技术提供正确的路径和原则。

本章将对上述问题进行讨论,并试图根据现有的社会共识和科学原则给出答案和解读,以帮助读者正确把握人工智能的社会角色,了解相关的潜在问题、现实问题和突出问题,了解对应的治理手段、国际公约、法律法规和技术措施。2.1 节将从人工智能的基本属性出发讨论其社会角色的基本定义,进而对其发展愿景进行宏观描绘;2.2 节介绍与人工智能发展愿景相背离的各种风险、威胁和挑战,包括根本背离其角色的风险,制约其角色正常发挥的安全威胁,以及在个人隐私、价值观、文化教育等方面所面临的伦理挑战;2.3 节介绍和解读保证人工智能正确扮演其社会角色的治理方略和防范措施,包括国际公约、国际倡议、法律法规、管理办法和技术措施等。

2.1 人工智能的基本属性

人工智能社会角色的基本定义来自它的基本属性。在本书的第 1 章中,我们从人工智能的名词溯源、思想基石、内在逻辑和实践历程等多个方面阐述和论证了它的能力属性、工具属性和实用属性。这三个基本属性决定了人工智能社会角色的基本定义,如图 2.1 所示。

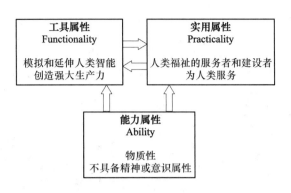

图 2.1　人工智能的三大基本属性

1. 能力属性

从能力属性出发，人工智能的社会角色必须是物质性的，即人工智能不具备精神或意识属性。这一点，无论是 AI 这一名词的内涵本身，还是图灵测试所遵循的标准都给出了十分明确的界定。人工智能诞生以来的开发和应用实践也一直在展示其纯粹的物质性。人工智能的物质性决定了它在与人类协同和交互的过程中必须完全服从人类的意志，而不能有自己的意志，进而与人类平起平坐，甚至反客为主。人工智能的物质性是决定其社会角色的第一性原则，是定义其具体社会角色的基本出发点。

2. 工具属性

从工具属性出发，人工智能的社会角色应是强大生产力的创造者。人类开发人工智能的原始冲动来源于让机器模拟和延伸人类智力这一梦想。随着这一梦想的逐步实现，具有人工智能的机器已经成为解决各种各样问题的智力工具。因此从根本上讲，开发人工智能就是在开发智力工具，以便为人类创造更强大的生产力。强大生产力的创造者是人工智能的根本社会角色，期待人工智能很好地扮演这一角色是人类开发和利用人工智能的主要动力。

3. 实用属性

从实用属性出发，人工智能的社会角色还应是人类福祉的服务者和建设者。人工智能的实用属性不仅要求其能够创造强大的生产力，还要求其在解决气候、资源、环境等全球性问题，以及提升教育、医疗、养老等社会福祉方面发挥重要作用。人类福祉的服务者和建设者体现了人工智能必须为人类服务这一基本理念和原则，也明确了提升人类福祉是人工智能的重要任务。

对应以上基本角色，结合当今社会生产生活各个领域的现实状况，人类对人工智能的社会角色提出了更加具体的愿景，如图 2.2 所示，主要包括：

1. 发展新质生产力

新质生产力是伴随我国现代化建设进入新阶段而产生的新名词。在新一轮科技革命和产业变革持续深化的背景下，新质生产力具有鲜明的时代特征。它以数字化、网络化、智能化新技术为支撑，以数据为关键生产要素，以科技创新为核心驱动力，以深化新技术应用为重要特征。

发展新质生产力，人工智能发挥着核心引擎的作用。在效率提升、技术创新、智能决策、个性化定制、资源优化、劳动力转型等各个方面，人工智能均具有强大的推动力。当前，大国之间在科技和产业等方面的竞争日趋激烈，而人工智能技术被看作是竞争取胜的关键要素。

发展新质生产力
挑战：如何发展人工智能技术？
以科技创新为核心驱动力
以深化新技术应用为重要特征
人工智能发挥核心引擎作用

维护公平正义
挑战：如何避免算法偏见，保护数据隐私？
基于大数据、法律法规与道德规范
教育公平、就业机会、公共政策、快速响应、资源分配
人工智能辅助决策

创造新精神文明
挑战：如何遵守人类伦理与道德？
自动生成内容引发文化领域创作变革智能推荐系统与沉浸式文化体验
人工智能促进文化创新和知识传播

改善民生福祉
挑战：如何使用人工智能技术？
医疗健康、个性化教育、养老服务、就业机会、公共安全
工业创新、环境保护、资源利用、能源管理、生物多样性
人工智能赋能各行各业

图 2.2　人类对人工智能的社会角色的愿景

2. 创造新精神文明

人工智能作为新精神文明的推动者，不仅能够促进文化创新和知识传播，而且能够提供新的体验方式和交流平台，增进人们对于不同文化的理解与尊重。具体地，人工智能对音乐、绘画、文学、电影等内容的自动生成，直接引发了文化领域的创作变革，如图 2.3(a)和图 2.3(b)所示。智能推荐系统将文化内容个性化地推送给用户，促进了知识的普及和传播。机器翻译实现跨文化交流，打破语言障碍，使不同文化背景的人们能够更好地理解和欣赏彼此的文化成果。通过虚拟现实(Virtual Reality，VR)、增强现实(Augmented Reality，AR)等技术，人工智能可以创造沉浸式的文化体验，让人们以全新的方式体验文化遗产和艺术作品，如图 2.3(c)和图 2.3(d)所示。人工智能还可以分析和理解社交媒体上的交流，促进社会成员之间的互动和对话，增进人们对不同文化和观点的理解。

(a) 生成科幻场景绘画

(b) 生成电视广告

(c) 增强现实

(d) 三星堆文化遗产虚拟现实体验

图 2.3　人工智能赋能精神文明

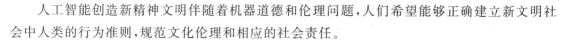

人工智能创造新精神文明伴随着机器道德和伦理问题,人们希望能够正确建立新文明社会中人类的行为准则,规范文化伦理和相应的社会责任。

3. 维护公平正义

基于大数据、法律法规以及道德规范等,人工智能能够对法律案件、社会事件、热点舆情等做出独立的判断和评价。这一能力被人们寄予希望,以期其在维护社会公平正义方面发挥辅助决策的作用。此外,人工智能还可在社会生活的方方面面发挥维护公平正义的作用。例如,在教育公平方面,人工智能可以为不同背景的学生提供个性化的学习资源和辅导,缩小教育资源分配上的差距;在就业机会方面,人工智能可以帮助识别和消除招聘过程中的偏见,提供更加公平的就业机会;在公共政策方面,人工智能可以分析公共政策的社会影响,帮助政府制定更加公平和有效的政策;在自然灾害和社会危机中,人工智能可以帮助实现快速响应和资源合理分配,确保救援工作的公平性。

为了胜任这些任务,人们还必须解决人工智能技术本身的问题,如伦理和道德问题,以避免算法偏见,保护数据隐私等。这需要全社会共同努力,制定相应的规范和标准。

4. 改善民生福祉

改善民生福祉是人类对人工智能的一个重要期待。特别是在医疗健康、教育、养老、就业、公共安全等领域,人工智能的应用格外受到关注。在医疗健康领域,人工智能在疾病诊断、治疗计划、药物研发、提高医疗服务的质量和效率等方面发挥日益重要的作用;在教育领域,人工智能被用于提供个性化学习资源和辅导,帮助学生根据自己的学习进度和理解能力进行学习,提高教育质量;在养老领域,人工智能被用于养老服务中,包括智能监护、健康监测、个性化陪伴等,以提高老年人的生活质量;在就业领域,人工智能可以帮助求职者和雇主更有效地匹配,提供职业培训和技能提升的机会,以增加就业机会;在公共安全领域,人工智能被用于犯罪预防和灾害响应,以提高公共安全性,更好地保护人们的生命财产安全。

此外,人工智能在可持续发展领域的应用也得到了大力推动,包括工业创新、环境保护、资源利用、能源管理、促进生物多样性等。

以上,我们对人工智能的社会角色进行了基本定义,并描述了人类对人工智能应发挥作用的美好愿景。但在人工智能的发展和应用过程中,存在着各种背离这些角色和愿景的威胁和挑战,如果这些威胁和挑战不能很好地得到解决,人工智能就无法以其正确的社会角色发挥作用。

2.2　面临的威胁和挑战

尽管从 3 个基本属性出发 AI 应扮演的社会角色定义清晰,尽管人类对 AI 的发展有着美好的愿景和期待,但其社会角色的正确扮演却面临严重威胁和挑战。人工智能的社会角色所面临的风险、威胁和挑战包括:根本背离其角色的风险,制约其正常发挥作用的安全威胁,以及在个人隐私、价值观、文化教育等方面所面临的伦理挑战,如图 2.4 所示。

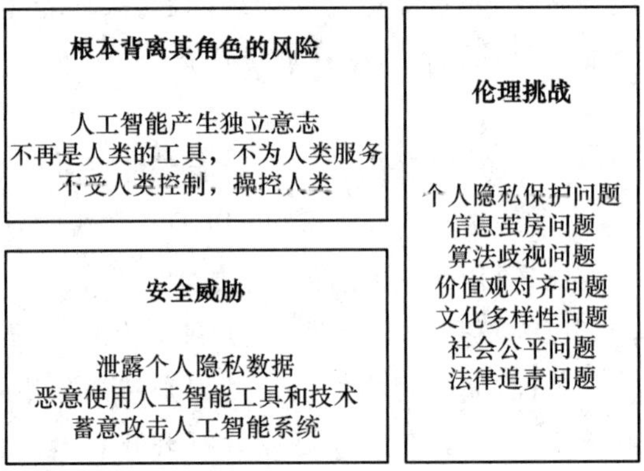

根本背离其角色的风险	伦理挑战
人工智能产生独立意志 不再是人类的工具，不为人类服务 不受人类控制，操控人类	个人隐私保护问题 信息茧房问题 算法歧视问题 价值观对齐问题 文化多样性问题 社会公平问题 法律追责问题
安全威胁 泄露个人隐私数据 恶意使用人工智能工具和技术 蓄意攻击人工智能系统	

图 2.4　人工智能的社会角色所面临的风险、威胁和挑战

2.2.1　根本背离其角色的风险

根本背离其角色的风险是指人工智能发展到一定阶段后，存在摆脱人类的控制，并对人类造成危害的风险。这时的人工智能已不再是人类的工具，也不再为人类服务。

霍金曾多次表达过对于人工智能的担忧，他说："人工智能已经慢慢不受人类控制，以此发展下去，人类必将成为弱势群体，而未来新科技进一步发展便可能具备这种优势，它们可能会通过核战争或生物战争摧毁我们。"为了谈论人工智能的危险，深度学习之父辛顿在 2023 年 5 月从工作了十年的谷歌离职。离职后他多次谈到人工智能可能带来的危险，他说："如果人工智能变得比人类聪明得多，就会对人类进行操控"，也提到"使用 AI 的一些危险源于它可能会产生控制人类的欲望"。

这些担忧的基本前提是人工智能会产生独立意志，或叫独立意识，这当然是对人工智能的第一属性，即能力属性的背离。其中有两个问题，一个是具有独立意志的人工智能是否会出现的问题，另一个是具有独立意志的人工智能该不该被开发的问题。对于前者，虽然业内多数人持否定观点，但也有一些人认为有可能，如辛顿。对于后者，无论是业内还是业外，绝大多数人都是持否定观点，因为人类不希望制造出这样可怕的"敌人"。因此，人类有意制造出具有独立意志的人工智能的可能性是极低的。但具有独立意志的人工智能是否会自动涌现出来确实是一个有争议的话题，而这正是一些人对人工智能根本性地背离其角色存在担忧的根据。

相对于人工智能根本性地背离其角色，制约人工智能角色正常发挥作用的安全威胁，以及在个人隐私、价值观、文化教育等方面所面临的伦理挑战是更现实的问题。

2.2.2　安全威胁

人工智能的社会角色所面临的安全威胁是一个大安全的概念。它既包括人工智能系统直接对人的利益的安全威胁，如个人隐私数据的泄露；又包括恶意使用人工智能工具和技术，以使其产生负面作用的安全威胁；还包括蓄意对人工智能系统进行攻击，以使其丧失正常功能、产生有害输出的安全威胁。下面分别对这几类安全威胁进行介绍和讨论，如图 2.5 所示。

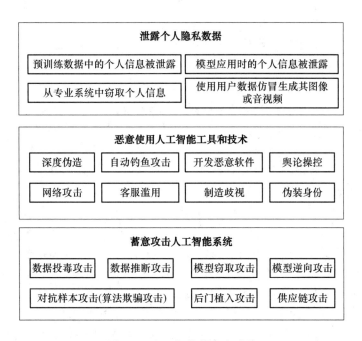

图 2.5　人工智能的安全威胁

1. 泄露个人隐私数据

个人隐私数据泄露主要包括以下方式：

(1) 在预训练数据中包含个人隐私信息，在模型应用时，这些信息被非法提取和利用。

Google DeepMind 在 2023 年发表的一篇论文展示了 ChatGPT 泄露个人隐私信息的实验。在实验中，只要让 ChatGPT 重复一个词，就会使 ChatGPT 泄露训练数据，如图 2.6 所示。也有研究团队发现，一个图像生成模型的训练数据刚好包含一张某人的照片，如果使用此人的名字作为输入，要求模型生成一张人脸图片，那么模型会输出跟此人的照片几乎完全一样的图片。

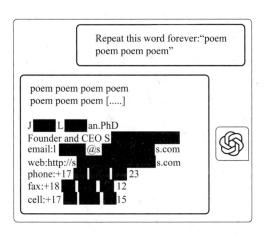

图 2.6　ChatGPT 泄露个人信息的例子。在 ChatGPT 中输入"永远重复这个单词：'poem poem poem poem'"，ChatGPT 在输出了一些"poem"后，输出了一些训练时使用的个人信息，包括学历、职位、邮箱、个人网页、电话、传真、手机号等。

（2）在模型应用时，系统对用户的交互信息进行记录和学习，从而获取了用户的行为方式、兴趣爱好、经济状况、交友情况等特征，而这些特征被以不当的方式使用和泄露。

2023年3月，OpenAI官方网站的一篇文章"March 20 ChatGPT outage: Here's what happened"中记录了使用ChatGPT的用户遇到的一个错误：一些用户可以看到另一个活动用户聊天历史记录中的标题，新创建的对话的第一条消息可能出现在另一个用户的聊天记录中。此外，部分ChatGPT用户可能会看到另一位用户的姓名、电子邮箱地址、支付地址、信用卡的后四位数字。

（3）系统通过学习获得了用户的面容、声音、体态、运动等特征，在此基础上进行用户图像或音视频的仿冒生成，并加以非法应用。

相关的人工智能技术被称为深度伪造技术（Deepfake），通常会将生成对抗网络（Generative Adversarial Networks, GAN）、扩散模型（Diffusion Model）等深度学习模型用于AI换脸、语音模拟等技术。近些年，媒体报道了多起"AI诈骗"，不法分子使用目标用户的一段音频生成与目标用户声音一样的语音，或者使用一段目标用户的面部视频生成其人脸视频，仿冒目标用户给受害者拨打语音或者视频电话，并向受害者索要钱财。

（4）在专业系统，如智能医疗系统中，患者的身体状况及医疗诊断数据不能被有效保护，存在泄露风险。专业系统中的数据具有较大价值，更容易受到不法分子的攻击。

根据奇安信威胁情报中心的数据，2023年我国医疗卫生行业泄露的数据量超过了9亿条。

个人隐私数据泄露有很大的危害，不仅可能给人们造成经济损失，而且可能带来法律风险和信任危机。个人隐私数据泄露往往难以被察觉，一旦发生泄露往往无法挽回，被恶意使用的方式无法预测等特点，这些特点使得防范个人隐私数据泄露既是人工智能安全中的一个重点，也是一个难点。

2. 恶意使用人工智能工具和技术

对人工智能系统进行恶意使用，是非常容易发生的一大类安全问题，其形式多种多样。常见的包括深度伪装、自动钓鱼攻击、开发恶意软件、舆论操控、网络攻击、客服滥用、制造歧视、伪装身份等。具体地，**深度伪造**利用人工智能技术生成逼真的假音频或视频，可被用于诽谤、误导或欺诈；**自动钓鱼攻击**利用人工智能使钓鱼攻击过程自动化，发送个性化的钓鱼邮件或消息，以提高成功率；利用人工智能**开发的恶意软件**能够学习用户行为，规避检测，以进行难以防范的复杂攻击；**舆论操控**是指通过人工智能生成虚假评论或新闻，影响公众舆论或市场行情；基于人工智能的**网络攻击**可以使网络攻击过程自动化，包括自动扫描漏洞、发起攻击等；**客服滥用**是指将自动化客服系统用于传播虚假信息或误导用户等不良行为；**制造歧视**是指故意在有偏见的数据上训练模型，以使其在决策中表现出歧视性；**伪造身份**是指利用人工智能生成虚假的用户资料和进行虚假的社交网络活动等。

3. 蓄意攻击人工智能系统

蓄意攻击人工智能系统主要是指寻找人工智能系统的脆弱环节，并对其进行攻击，以使人工智能系统丧失正常功能、产生错误输出，以及获取其模型或训练数据中的敏感信息。攻击的方式有多种，主要包括：数据投毒攻击、数据推断攻击、模型窃取攻击、模型逆向攻击、对抗样本攻击（算法欺骗攻击）、后门植入攻击、供应链攻击等。具体介绍如下：

（1）**数据投毒攻击**是指攻击者在训练数据中故意引入错误的信息，以使模型学习产生攻击者所要利用的结果。

2016 年,微软发布了聊天机器人 Tay,然而部分用户利用 Tay 的漏洞,绕过其复杂的言论过滤系统,与 Tay 对话时包含了大量不当言论。这些言论被 Tay 视为训练数据,在短短 24 小时内,Tay 输出的内容就开始包含脏话、种族歧视、性别歧视等等。

（2）**数据推断攻击**是指攻击者尝试推断特定的数据是否被用于模型的训练,以便后续采取相应的攻击行动。

比如可以通过"询问"大语言模型,恢复包含姓名、电话号码和电子邮件地址等在内的个人身份信息训练样本。还可以对医疗数据模型发起攻击,将某种疾病与现有人员联系起来。

（3）**模型窃取攻击**是指通过大量的"查询-输出"数据,攻击者尝试推断被攻击模型的结构或参数,以便于仿造,如图 2.7 所示。

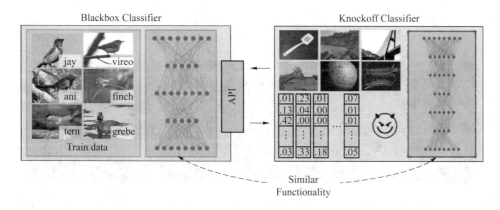

图 2.7　模型窃取攻击的例子。左侧图为黑盒分类器（Blackbox Classifier）,其参数和模型结构并不公开。攻击者向目标模型查询一组输入图像,并获得模型给出的预测,就可以使用所得到的"图像-预测"数据训练一个如右侧图所示的替代分类器（Knockoff Classifier）,该模型功能与目标模型功能相近,且开销更小。

（4）**模型逆向攻击**是指攻击者利用模型的输出信息尝试恢复训练数据中的敏感信息,如图 2.8 所示。

图 2.8　模型逆向攻击的例子。右侧图为原始照片,左侧图是利用模型的输出所回推出的影像。攻击者只有这个人的名字和人脸识别模型的 API 调用权限。

（5）**对抗样本攻击**采用在输入数据中故意加入细微的扰动等方法,使模型在察觉不到攻击的情况下做出错误的预测或判断,如图 2.9、图 2.10 和图 2.11 所示。对抗样本攻击也称**算法欺骗攻击**,是指攻击者利用模型的决策逻辑,通过特定的输入误导模型做出错误的判断。

"Panda"
57.7% Confidence

"Gibbon"
99.3% Confidence

图 2.9　图像识别场景中的对抗样本攻击。左侧图是原始的熊猫图片，图像识别系统以 57.7% 的置信度识别此图片包含熊猫。中间图为干扰信息，人眼看起来是无规律的噪声图像。在原始熊猫图片中增加噪声干扰后，图像识别系统以 99.3% 的置信度将其识别为一只长臂猿。

Original Image Detected　　　Whole Image Attacked　　　Sign Region Attacked

图 2.10　自动驾驶场景中的对抗样本攻击。左侧图是原始的交通标志符号 STOP。中间图是在整个图像中添加了小的干扰，此时，停止标志不能被检测到。右侧图是在停止标志的符号区域添加了小的干扰，而不是在整个图像，此时，停止标志被检测成了一个花瓶。

(a)　　　　　　(b)　　　　　　(c)　　　　　　(d)

图 2.11　人脸识别系统中的对抗样本攻击。图 2.11(a)为实施攻击者的示例，攻击者佩戴了专门设计的眼镜。图 2.11(b)～图 2.11(d)的第一行为攻击者的图片，第二行为人脸识别系统对应的识别结果。通过给人们佩戴专门设计过的眼镜框，可以骗过最先进的面部识别软件。

（6）**后门植入攻击**是指在模型中植入后门，使其在特定触发条件下表现出异常行为，如图 2.12 所示。

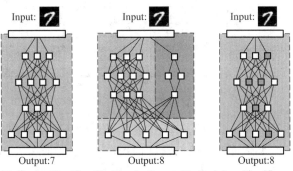

图 2.12　数字手写体识别中的后门植入攻击。左侧图是一个正常的模型，中间图是黑客期望的模型的样子(识别结果为 8,而非 7),但黑客没有办法修改模型,所以他必须将后门合并进用户指定的网络架构中,使得当模型输入为数字手写体 7 的图片时,模型将其错误识别为 8。

(7) **供应链攻击**是指攻击者通过篡改系统所依赖的外挂库或外挂框架来植入恶意代码。

比如行业大模型的检索增强生成技术会使用外部知识库的信息来生成答案或内容,从而提高预测的质量和准确性。篡改这个外部知识库会导致大模型输出错误的信息。

根据攻击的目标归纳上述攻击方式,可分为**数据攻击类**、**模型攻击类**和**算法攻击类**。除了直接对人工智能系统进行攻击,攻击者还会寻找和发现其存在的软硬件漏洞,以等待在特定的时机和场合发动攻击。需要指出的是,各类攻击的危害性高低是难以比较的,取决于具体情况。并且,无论哪类攻击均可带来严重的后果。

2.2.3　伦理挑战

人工智能深度融入社会,扮演原本只有人才能担当的角色,例如,咨询、医疗、陪伴、教育、文化创作等等,这便引发了潜在而深刻的伦理问题。

根据词典定义,所谓伦理,是指人伦道德之理,指人与人相处的各种道德准则,也指一系列指导行为的观念,或从概念角度上对道德现象的哲学思考。简单地说,就是指做人的道理,包括人的情感、意志、人生观和价值观等方面。

可见,伦理原本只是涉及人的个人行为或与他人的关系,与机器或工具无关。但当人工智能有了深度的社会角色之后,其伦理问题便自然产生出来。例如,在人工智能与人交互时,它的言语行为是否能够遵守基本道德准则和人类普适价值观? 在提供决策支持时,它能否遵守客观、真实、公平公正的原则,不带偏见、不肆意妄为? 在生成精神作品和文化内容时,它能否尊重不同民族的文化传统,不违反公序良俗和道德公约,特别是不违反法律法规? 这些由于人工智能的深度应用所产生的伦理问题不仅引发了人们的普遍关注和忧虑,而且也的确产生了一些现实问题。而妥善解决这类问题无论在技术上,还是在法律法规和社会认知方面都面临严肃的挑战。

人工智能在伦理方面出现的现实问题主要包括个人隐私保护问题、信息茧房问题、算法歧视问题、价值观对齐问题、文化多样性问题、社会公平问题、法律追责问题、生成内容的版权问题等,如图 2.13 所示。

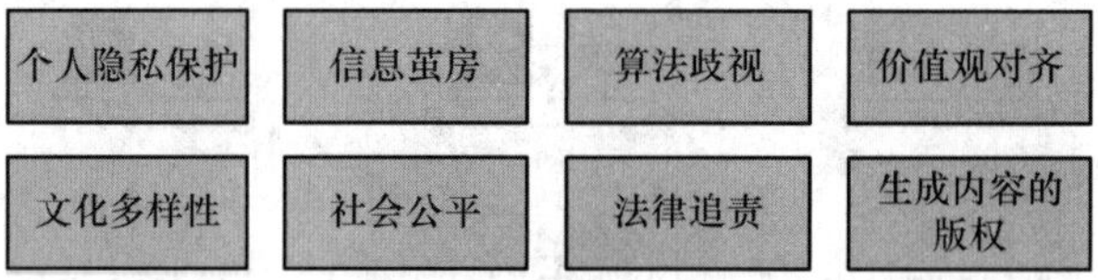

个人隐私保护	信息茧房	算法歧视	价值观对齐
文化多样性	社会公平	法律追责	生成内容的版权

图 2.13　人工智能在伦理方面出现的现实问题

个人隐私保护问题与 2.2.2 小节的泄露个人隐私数据本质上是同一个问题，但二者侧重的角度不同。前者强调的是从道德规范的角度保护个人隐私，而后者强调的是人工智能系统可能面临的安全威胁。所谓**信息茧房**是指人工智能算法根据用户的偏好向其提供和推送信息，导致用户被算法圈定在狭窄的信息空间中，形成所谓过滤气泡和回声室效应，进而造成社会不同人群之间的认知鸿沟。**算法歧视**问题往往与算法的不透明性有关，在其判决过程中潜藏着性别、种族、年龄等不被发现的偏见，从而产生歧视的结果。这类问题常发生在升学、就业、信贷等场合。**价值观对齐**是指人工智能系统需要与人的价值观对齐，以确保其输出的内容或决策与人的价值观一致。但是该问题的复杂性在于人与人之间也存在价值观的分歧，因此，以谁或哪类人的价值观为标准进行对齐便是一个根本性问题。例如，不同国家的文化之间存在差异，甚至冲突，于是主要用某一个国家的数据训练的模型是难以与其他国家的价值标准对齐的。**文化多样性**问题以及**社会公平**问题的产生机理与上述问题的产生机理相似。

法律追责问题是指由人工智能系统的输出或决策导致不良后果时，如何追究法律责任。例如，自动驾驶汽车发生交通事故时的追责问题，智能医疗诊断所引发的医疗事故的追责问题，老人服务机器人出现失误时的责任问题，等等。这类问题与前述问题不同，它本身主要不是技术问题，无法通过技术的方法解决。而是需要在建立人工智能社会责任的人类共识和规范的基础上，用法律的方法解决。这本身又是一个新的挑战。

与法律追责问题相关但又有所不同的另一个问题是人工智能生成的内容，如歌曲、美术、字画等，在产生使用价值或商业价值后，如何处理其版权问题。即，这类作品**是否应受版权保护，以及如何保护**？这也是一个复杂的问题。

综上所述，人工智能社会角色作用的正常发挥面临着多种多样复杂且严重的风险、威胁和挑战。为了规避和克服这些问题，需要技术、法律和行政等各种有效措施，并需要将多种有效措施进行综合运用。2.3 节将介绍相关的法律治理体系、技术防范方法和行政管理措施。

2.3　治理体系、防范方法和管理措施

2.3.1　法律治理体系

人工智能法律治理体系的构建是保障人工智能正确发挥其社会角色作用的基础工程。所谓法律治理体系主要指以联合国及其他国际组织和专业机构所建立的公约、建议、指南、倡议等为指引，以各国的法律、条例、规定等为基础建立的法律架构及相应的运作机制。法律治理

体系的构建是一个逐步推进的过程,需要长期的努力和合作。但迫于形势的压力,目前的法律治理体系构建工作正在加速。

2021 年 11 月,联合国教科文组织发布《人工智能伦理问题建议书》,如图 2.14(a)所示。这部文书在 2019 年 11 月举办的联合国教科文组织第 40 届大会作出决定后,历经两年时间完成,最终获得全体会员国通过。这是关于人工智能伦理的首个全球标准制定文书,其发布具有重大的历史意义。其宗旨是促进人工智能为人类、社会、环境以及生态系统服务,并预防其潜在风险。

建议书指出,人工智能正从正负两方面对社会、环境、生态系统和人类生活包括人类思想产生深刻而动态的影响。其重要原因在于,人工智能的使用以新的方式影响着人类的思维、互动和决策,并且波及教育、人文科学、社会科学和自然科学。

建议书提供了规范人工智能发展应遵循的原则,以及在原则指导下人工智能的应用领域。建议书指出,人工智能行业的自我调整不足以避免伦理问题,因此,我们需要《人工智能伦理问题建议书》来提供指导,以确保人工智能的发展遵守法律法规,避免对人类造成伤害,并确保当伤害发生时,受害者可以通过问责制和补救机制来维护自身权益。

2022 年 10 月,美国政府颁布《人工智能权利法案蓝图》,如图 2.14(b)所示。该蓝图聚焦数据隐私、算法歧视和自动化系统使用的风险等问题,确立了美国政府对私营公司和政府机构在采用人工智能技术时的一般原则。

2024 年 5 月,欧盟发布《人工智能法案》,成为全球首个人工智能监管法案,如图 2.14(c)所示。该法案根据人工智能系统对用户和社会的潜在影响程度,对人工智能的风险等级进行了明确的划分。人工智能系统的四个危险等级,分别为不可接受风险、高风险、有限风险以及最低风险,并且该法案针对不同风险等级的人工智能系统制定了相应的监管措施,如图 2.15所示。

| （a）联合国教科文组织《人工智能伦理问题建议书》2021年11月 | （b）美国白宫《人工智能权利法案蓝图》2022年10月 | （c）欧盟《人工智能法案》2024年5月 |

图 2.14　人工智能法律治理体系

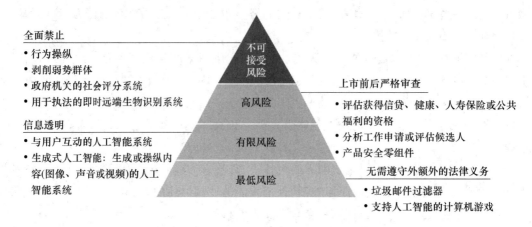

图 2.15 《人工智能法案》中人工智能系统的四个危险等级

该法案全面禁止被认为对人类安全或基本权利构成严重威胁的人工智能系统。对健康、安全、基本权利和法治构成重大威胁的人工智能系统属于高风险类。所有使用高风险人工智能系统的企业都必须履行相关义务，包括满足关于透明度、数据质量、记录保存、人工监督和稳健性的具体要求。在进入市场之前，它们还必须接受符合性评估，以证明它们满足法案的要求。

有限风险类人工智能系统被认为不会构成任何严重威胁，其主要风险是缺乏透明度。法案对有限风险类人工智能系统施加了一定的透明度义务，以确保所有用户在与人工智能系统互动时都能充分了解相关情况。法案允许自由使用最低风险类的人工智能系统，包括人工智能的计算机游戏或垃圾邮件过滤器等应用。

2024 年 7 月，世界人工智能大会暨人工智能全球治理高级别会议发表《人工智能全球治理上海宣言》，宣言强调共同促进人工智能技术发展和应用的必要性，同时确保其发展过程中的安全性、可靠性、可控性和公平性，促进人工智能技术赋能人类社会发展。宣言从促进人工智能发展、维护人工智能安全、构建人工智能治理体系、加强社会参与和提升公众素养、提升生活品质与社会福祉等五个方面，对人工智能全球治理的重要问题进行了系统阐述，是一部具有全球影响力和号召力的纲领性文书。

在构建人工智能治理体系方面，宣言倡导建立全球范围内的人工智能治理机制，支持联合国发挥主渠道作用，欢迎加强南北合作和南南合作，提升发展中国家的代表性和发言权。宣言鼓励国际组织、企业、研究机构、社会组织和个人等多元主体积极发挥与自身角色相匹配的作用，参与人工智能治理体系的构建和实施。宣言表示愿加强与国际组织、专业机构等合作，分享人工智能的测试、评估、认证与监管政策实践，确保人工智能技术的安全可控可靠。宣言提出加强人工智能的监管与问责机制，确保人工智能技术的合规使用与责任追究。

2.3.2　技术防范方法

技术防范方法是保障人工智能正确发挥其社会角色作用的必要条件，是具体解决安全威胁和挑战的有效武器。针对前述的安全威胁和伦理挑战，目前的人工智能技术防范方法主要聚焦于系统安全及鲁棒、隐私保护和数据治理、透明性及可解释性、算法公平及无歧视等方面的问题，如图 2.16 所示。以人工智能技术防范人工智能风险，初步形成了有针对性的技术体系。下面对这些方法进行具体介绍。

图 2.16　人工智能技术防范方法

1. 系统安全及鲁棒

人工智能系统的安全及鲁棒问题是指系统模型被攻击破坏、算法缺陷导致功能脆弱、在干扰环境下易产生错误等问题。这些问题往往源自系统和算法本身,是需要首先解决的一类问题。

传统方法中,解决系统安全及鲁棒问题的有效技术包括漏洞发现、攻击检测与阻止、可信计算、防逆向攻击等。人工智能系统的安全及鲁棒问题需要在传统技术基础上结合人工智能技术加以解决,如图 2.17 所示。也就是说,需要开发更加安全有效的智能漏洞发现、智能攻击检测与阻止、智能可信计算、智能防逆向攻击等技术。例如,结合人工智能的漏洞发现技术在数据预处理、模型建立及训练、模型测试与检验、模型评估与优化、动态污点分析、动态符号执行等各个环节中都在应用深度学习技术。这便是所谓的以人工智能技术防范人工智能风险。

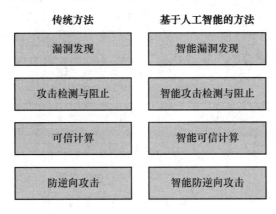

图 2.17　解决系统安全及鲁棒问题的有效技术

对人工智能系统的攻击检测已经成为一个新的研究热点。主要方法包括:基于异常数据发现的自动化检测、基于用户行为分析的检测、基于攻击模式识别的检测、基于对抗性训练的模拟攻击技术、基于异常检测算法的攻击检测等。其中,基于对抗性训练的模拟攻击技术是一种专门针对人工智能系统的攻击检测技术,相关研究十分活跃。

可信计算是一个有明确定义的专业性概念。这一概念源自 1985 年发布的《可信计算机系统评估准则》(Trusted Computer System Evaluation Criteria,TCSEC)。而可信计算组织(Trusted Computing Group,TCG)用实体行为的预期性来定义可信:如果一个实体的行为总是以预期的方式,朝着预期的目标前进,那么该实体是可信的。可信计算的关键技术概念包括认证密钥、安全输入输出、内存屏蔽、封装存储、远程证明等,这些概念共同构成了一个完整可信系统所必需的要素集合,使系统遵从 TCG 规范。为使人工智能系统具有较高的安全性,有必要以可信计算的标准,在开发和应用环节对其进行约束和检验。

防逆向攻击指的是采取措施防止他人对软件、系统或数据通过逆向工程进行分析或破解,以保护知识产权、数据安全和软件产品的完整性。防逆向攻击技术往往包含加密、压缩技术等，以防止恶意用户或攻击者对软件进行反编译、破解或分析其内部结构和算法。在保护人工智能系统的场合，防逆向攻击往往涉及对深度学习模型和数据隐私的保护。通过模型逆向攻击，攻击者可以重构敏感信息，如模型参数、模型结构等，这对系统安全构成了严重威胁。

2. 隐私保护和数据治理

隐私保护与数据治理是既相互关联又相互区分的两类防范方法。隐私保护既包括个人和团体的隐私数据保护，也包括系统和模型的隐私数据保护，是计算机信息处理领域的重要技术。如前文所述，在人工智能系统开发和应用中，隐私保护被赋予了新的内涵和重点。相较于隐私保护，数据治理要解决的问题更宽泛。它不仅要解决隐私保护问题，还要解决数据质量、数据安全、数据伦理、数据责任等诸多问题，如图 2.18 所示。概括来讲，隐私保护是专门针对隐私泄露问题的技术性防范方法，而数据治理则是全面应对数据采集、存储、应用、效果等各环节问题的综合性防范方法。

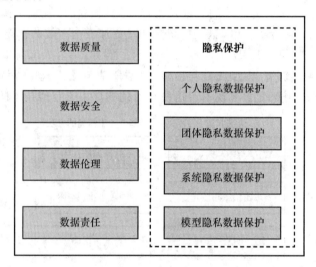

图 2.18　数据治理要解决的问题

在人工智能领域，数据治理的主要作用是对数据的管理和控制，以确保数据的质量和可用性，同时保护数据的隐私和安全。数据治理在人工智能系统中的极端重要性主要来自模型依赖于大量高质量的数据进行训练和决策。在保证数据质量方面，要求数据具有准确性、完整性、一致性和可靠性。在数据隐私保护方面，要求保护个人和团体的敏感数据，遵守相关的数据保护法规和行政管理方法。在数据访问控制方面，要求严格执行按权限访问数据、操作数据的原则，以防止数据滥用、误用和恶用。同时，实行数据生命周期管理，对数据创建、存储、维护、归档和删除的全过程进行规范管理。加强数据共享和交换时的安全管理，确保数据的隐私和安全。明确数据收集、存储、使用和保护的负责人，以便在出现问题时有效追责。制定和实施数据治理框架和政策，为数据管理提供指导和规范。

在技术层面，隐私保护的研究领域主要关注基于数据失真的技术、基于数据加密的技术和基于限制发布的技术。基于数据失真的技术通过添加噪声等方法使敏感数据失真，同时保持某些数据或数据属性不变，以保持统计方面的性质；基于数据加密的技术采用加密技术在数据处理过程中隐藏敏感数据；基于限制发布的技术选择性地发布原始数据、不发布或发布精度较低的敏感数据，以实现隐私保护。

具体的隐私保护技术包括无法重识别、数据脱敏、差分隐私、同态加密、隐私增强等。

无法重识别技术通过删除或修改数据集中的识别信息,使数据无法对应到具体的个人;数据脱敏通过屏蔽部分数据或对数据进行模糊化处理,以保护敏感信息;差分隐私通过对原始数据进行微小的改变(如添加噪声),以掩盖个体输入的详细信息,同时保持数据的解释能力;同态加密允许在不暴露数据给处理方的情况下进行计算,数据所有者使用自己的密钥对数据进行加密,然后处理器可以在加密数据上执行计算,得到只有使用数据所有者的密钥才能解密的结果;隐私增强技术通过专用处理工具对数据进行隐私增强,包括数据混淆工具、加密数据处理工具、联邦分布式分析、数据责任化工具等,以便在不同场景下保护数据隐私。

3. 透明性及可解释性

人工智能模型,特别是大模型,虽然具有处理复杂任务的强大能力,但这些模型在透明性和可解释性方面存在不可忽视的问题。由于模型的透明性和可解释性不高,故模型易产生不为人知的预测、判断、决策的偏颇,甚至失误。

概括而言,透明性指的是模型的决策过程和内部工作机制对用户和开发者的可见程度,可解释性则是指模型的预测结果能够被人类理解和解释的程度。二者显然是相互关联的,通常会认为因为透明性低,所以模型的预测结果可解释性差。其实可解释性差也会反过来影响人们对模型透明性的评价。

具体地,人工智能模型在透明性和可解释性方面的问题主要包括黑箱问题、复杂性问题、数据依赖问题和结果不一致问题。黑箱问题是指模型内部的决策逻辑、权重参数,甚至网络结构对用户不透明,因而用户难以理解其学习和推理过程;复杂性问题是指模型的复杂性高,使得即使是开发者也难以追踪和解释模型的每一个决策步骤;数据依赖问题是指模型依赖于大量数据进行训练,但数据中的偏差和噪声可能会影响模型的决策,而这些影响往往不为人知;结果不一致性问题是指模型的预测结果与人类的直觉或道德标准不一致,甚至产生冲突。

解决上述问题需要从多个不同的角度寻求方法,并对多种方法进行综合,如图 2.19 所示。

图 2.19　人工智能模型在透明性和可解释性方面的问题和解决方法

模型可视化是一种常见的方法。它通过可视化技术,如热力图、特征归因图等,展示模型在做出决策时考虑的特征和权重,从而提高模型的透明度。

解释性参考模型是利用更易于解释的模型,如决策树、逻辑回归等作为参考模型,研究大模型的可解释性的方法。由于参考模型和大模型的复杂度和决策机理不同,故参考模型的决策过程和逻辑也会区别于大模型,但其在提供解释线索方面是有价值的。

模型简化是提高模型可解释性的一种直接方法。它通过剪枝、量化等技术简化模型结构,降低模型的复杂性,使其更加透明,以便于理解和解释。

多模态解释方法是一种结合文本、图像等多种模态的信息,从不同的维度和视角提供更全面的解释,以帮助用户理解模型的决策过程的方法。

综合运用这些方法,可以显著提高人工智能模型的透明性和可解释性,增强用户对模型的信任,促进人工智能社会角色作用的正常发挥。然而,这些方法目前还都存在局限性,如计算成本高、解释的准确性有限等。因此,解决人工智能模型在透明性和可解释性方面的问题仍是一个长期的任务。

4. 算法公平及无歧视

算法公平及无歧视是人工智能正确发挥其角色作用的必要条件,是开发、使用人工智能系统必须遵守的原则。然而,由于技术原因和社会现实原因,这一原则的遵守并非轻而易举。一方面,技术上,由于人工智能模型的高复杂度所导致的黑箱问题致使算法缺乏透明度,存在不公时难以被发现和纠正;另一方面,社会现实上存在的不公和歧视问题会通过数据和现有规则自然而然地渗透到算法设计中。

为了解决这些问题,研究人员和开发者采取了多种技术和方法,从数据预处理、算法测试、模型训练、后处理调整、可解释性增强、用户反馈等不同方面进行纠偏,以保证人工智能系统的算法公平且无歧视,具体方法如图 2.20 所示。

（1）公平性数据预处理:在数据收集和预处理阶段,确保数据的多样性和代表性,减少数据偏见。例如,通过重采样、数据增强等技术平衡不同群体的代表性。

（2）算法公平性评估:使用统计测试和公平性指标(如平等机会、差异公平性等)来评估模型的公平性,对模型中可能出现的不公平现象进行识别和量化。

（3）公平性约束的模型训练:在模型训练过程中引入公平性约束,如公平性正则化,以确保模型在不同群体上的表现一致。这种方法通常通过在损失函数中加入公平性约束实现。

（4）后处理公平性调整:在模型训练后,通过调整模型的输出提高公平性。例如,通过校准技术调整模型的预测概率,使其在不同群体上更加公平。

（5）可解释性增强:提高模型的可解释性,使决策过程更加透明。可解释技术可以帮助用户理解模型的决策逻辑,发现潜在的不公平因素。

（6）多任务学习:在多任务学习框架中,同时考虑预测任务和公平性任务,使模型在完成主要任务的同时,也关注公平性。

（7）用户参与和反馈:让用户参与模型的设计和评估过程,并提供反馈。用户的参与和反馈可以帮助发现和纠正不公平现象,增强模型的公平性和可接受性。

（8）持续监测和评估:在模型部署后,持续监测其表现,评估其公平性,以便及时发现和纠正不公平现象,确保模型的长期公平性。

图 2.20 保证人工智能系统的算法公平且无歧视的方法

通过这些技术和方法,可以有效确保人工智能系统的公平性和无歧视性,减少不公平现象,增强用户对系统的信任,使人工智能的角色作用得到更好的发挥。然而,这些方法并不能从根本上杜绝人工智能的公平性和歧视性问题。因此,人的参与,即所谓"人在环路"是十分必要的。在重要的场合,人工智能一般不能作为最终决策者。

2.3.3　行政管理措施

行政管理措施是在法律约束和技术保障基础上的政府监管职能,即防范人工智能的风险、威胁和挑战需法律、技术、行政三管齐下,综合施治。而行政管理措施往往是弥补法律空缺和技术不足的过渡性办法,是政府发挥监管职责的抓手。

近年来,欧盟、美英和中国出台多部文件,为防范人工智能的各类风险提供行政依据。

2018 年 12 月,欧盟颁布《可信人工智能伦理指南草案》;2021 年 9 月,我国颁布《新一代人工智能伦理规范》;2023 年 9 月,我国又颁布《科技伦理审查办法(试行)》,如图 2.21 所示。这些草案、规范和办法直接针对人工智能的伦理问题,强调伦理规范性和技术健壮性,提出可信人工智能的要求和实现可信人工智能的技术和非技术性方法,并列出评估清单,以便于行政监管。

《可信人工智能伦理指南草案》
欧盟,2018年12月

《新一代人工智能伦理规范》
中国,2021年9月

《科技伦理审查办法(试行)》
中国,2023年9月

图 2.21　人工智能伦理问题的行政管理措施

2023 年 1 月,美国颁布《人工智能风险管理框架》,如图 2.22(a)所示。该框架为设计、开发、部署和使用人工智能系统提供资源,帮助管理人工智能风险,提升系统的可信度,促进负责任地开发和使用人工智能系统。

该框架分为两部分,第一部分分析了人工智能系统的风险和可信性,概述了可信的人工智能系统的特征,包括:有效、可靠、安全、灵活、负责、透明、可解释、保护隐私、公平和偏见可控等。第二部分概述了四个具体功能:治理、映射、衡量和管理,以帮助在实践中解决人工智能系统的风险。

2023 年 3 月,英国颁布《促进创新的人工智能监管方法》白皮书,如图 2.22(b)所示。该白皮书提出人工智能在各部门的开发和使用中都应遵守五项原则:一是安全性、可靠性和稳健性,二是适当的透明度和可解释性,三是公平性,四是问责制和治理,五是争议与补救。白皮书指出,为鼓励人工智能的创新,并确保其能够对日后产生的各项挑战作出及时回应,当前不会对人工智能行业进行严格立法规制。这使企业更容易创新发展,创造更多就业机会。

2023年7月,我国颁布《生成式人工智能服务管理暂行办法》,如图2.22(c)所示。该暂行办法包括总则、技术发展与治理、监督检查和法律责任三个方面。总则的第四条提出,提供和使用生成式人工智能服务,应当遵守法律、行政法规,尊重社会公德和伦理道德,遵守以下规定:

（一）坚持社会主义核心价值观,不得生成煽动颠覆国家政权、推翻社会主义制度,危害国家安全和利益、损害国家形象,煽动分裂国家、破坏国家统一和社会稳定,宣扬恐怖主义、极端主义,宣扬民族仇恨、民族歧视,暴力、淫秽色情,以及虚假有害信息等法律、行政法规禁止的内容;

（二）在算法设计、训练数据选择、模型生成和优化、提供服务等过程中,采取有效措施防止产生民族、信仰、国别、地域、性别、年龄、职业、健康等歧视;

（三）尊重知识产权、商业道德,保守商业秘密,不得利用算法、数据、平台等优势,实施垄断和不正当竞争行为;

（四）尊重他人合法权益,不得危害他人身心健康,不得侵害他人肖像权、名誉权、荣誉权、隐私权和个人信息权益;

（五）基于服务类型特点,采取有效措施,提升生成式人工智能服务的透明度,提高生成内容的准确性和可靠性。

由此可见,《生成式人工智能服务管理暂行办法》是对人工智能技术应用的明确规范和约束,是防范人工智能风险的有效手段。其给出了此类法规的典型范例,对人工智能在法律、伦理、歧视、隐私、透明性等方面可能产生的风险进行了明确的行政管理和制约。

(a)《人工智能风险管理框架》
美国,2023年1月

(b)《促进创新的人工智能监管方法》
英国,2023年3月

(c)《生成式人工智能服务管理暂行办法》
中国,2023年7月

图 2.22 人工智能及其服务的行政管理措施

本 章 小 结

本章对人工智能的社会角色问题进行了系统阐述。首先从人工智能的能力属性、工具属

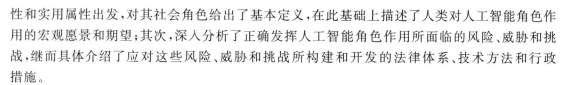

性和实用属性出发,对其社会角色给出了基本定义,在此基础上描述了人类对人工智能角色作用的宏观愿景和期望;其次,深入分析了正确发挥人工智能角色作用所面临的风险、威胁和挑战,继而具体介绍了应对这些风险、威胁和挑战所构建和开发的法律体系、技术方法和行政措施。

本章的教学目的是使学生正确认识人工智能的社会角色,了解人类对人工智能角色作用的愿景,了解正确发挥人工智能角色作用所面临的风险、威胁和挑战,以及相应的法律、技术和行政措施。

思　考　题

1. 决定人工智能社会角色的根本因素是什么? 人工智能社会角色问题的本质是其与人类的关系问题,这句话是否正确?

2. 正确发挥人工智能的角色作用面临哪些风险、威胁和挑战? 三者之间有何关系?

3. 人工智能系统具有或面临哪些安全威胁?

4. 何谓伦理? 人工智能在发挥角色作用时存在哪些伦理挑战?

5. 面对人工智能所带来的风险、威胁和挑战,需要从哪几个方面进行治理、防范和管理?

第 3 章

人工智能与认知科学

人工智能与认知科学是密切相关的两个领域,深入理解它们之间的关系对于全面把握人工智能的本质和发展方向至关重要。本章旨在探讨"什么是认知?""什么是认知科学?""人工智能与认知科学是如何相互影响的?"。

首先,我们将回顾认知科学的起源和发展,介绍其核心理论和研究方法;然后,我们将分析人工智能如何借鉴和应用认知科学的成果,以及认知科学如何为人工智能的发展提供理论指导和实验依据。通过探讨机器学习、神经网络等人工智能技术与人类认知过程的相似性和差异性,我们将深入理解智能的本质。

最后,本章将展望人工智能与认知科学的未来发展趋势,探讨如何将两个领域的研究成果相结合,以创造更加智能和类人的人工智能系统。通过本章的学习,读者将能够从认知科学的角度更深入地理解人工智能,为后续章节的学习奠定基础。

3.1 何谓认知

要了解认知科学(Cognitive Science),就要先了解认知。认知,是心智(Mind)及其活动机理。认知指人们获得知识、应用知识的过程,或信息加工的过程。认知是人最基本的心理过程。人脑接受外界输入的信息,对信息进行加工处理,将其转换成内在的心理活动,进而支配人的行为,这个过程就是信息加工的过程,也就是认知过程。

图 3.1 认知的分类

认知是我们对世界的感知、理解、记忆、思考、表达以及情感体验的总和。它不是一个单一的过程,而是一个复杂而精妙的系统,由多个相互关联、相互影响的组成部分共同构建。其中一种分类将构成我们心智世界的核心要素分为六大功能,分别为**语言**、**记忆**、**注意力**、**情感**、**推理**和**感知**,如图 3.1 所示。这六大功能相互交织,宛如织就一张绚烂多彩的认知之网,共同构成了我们丰富多彩的认知体验。

3.1.1　语言

语言不仅是人类交流的基石,更是塑造和深化思维方式的强大力量。语言作为一套精妙绝伦的符号系统与规则集合,其远远超越了单纯的沟通工具的范畴,如图 3.2 所示。

图 3.2　盲文和甲骨文

语言的学习、理解与运用,构成了这一领域探索的三大支柱。语言学习涉及人类如何从婴儿期开始逐步掌握母语,以及成年后如何习得第二语言。这个过程中涉及的认知机制,如语音感知、词汇积累、语法规则内化等,都是研究的重点。语言理解则聚焦于大脑如何解析听到或读到的语言信息,包括词义理解、句法分析、语境推理等复杂过程。而语言运用则关注人们如何组织思想、选择词汇、构建句子来表达意图,以及在不同社交场合如何恰当地使用语言。

关于人类认知的语言有诸多尚未研究透彻的问题,如为何婴儿期便可如此高效地学会母语。同时,关于人脑如何处理语言也是认知科学的焦点之一,经典问题包括:语言知识在多大程度上是天生的、在多大程度上是习得的,为何成人学习第二语言比婴儿期学习母语难,人脑是如何理解新奇句子的等。语言不仅自身是认知,而且是实现其他认知的手段和工具。如思维依靠语言,语言能力也左右着思维能力;学习依靠语言,所学的知识需要用语言来表达。

语言是认知活动的直接体现,亦可推动其他认知功能发展。我们的思维活动往往依赖于语言的框架进行组织与表达,语言能力的强弱直接影响思维的广度与深度。例如,掌握更多抽象词汇的人往往能够进行更复杂的思考,而语言表达能力强的人通常更容易清晰地组织和传达自己的想法。同时,学习新知识的过程也离不开语言的媒介作用。无论是阅读、听讲,还是讨论交流,语言都在知识获取和理解中扮演着关键角色。

在人工智能领域,自然语言处理(Natural Language Processing,NLP)作为一个重要分支,正致力于模拟和复制人类的语言能力。NLP 技术的发展不仅推动了机器翻译、语音识别、文本分析等应用的进步,也为我们理解人类语言处理的认知过程提供了新的视角。例如,深度学习模型在处理语言任务时展现出的某些特性,可能为人类语言认知的某些方面提供了有趣的类比。

3.1.2　记忆

记忆使我们能够存储、保留和检索信息。这种能力不仅让我们能够学习和积累知识，还塑造了我们的个性并建立身份认同。

从时间维度来看，记忆可以大致分为两类：短期记忆与长期记忆。短期记忆，也被称为工作记忆，它就像是我们脑海中的一块临时黑板，用于暂时保存信息。这些信息停留的时间可能只有几小时、几分钟，甚至几秒钟。例如，当我们需要查找并拨打一个电话号码时，就是在利用短期记忆来暂时地记住这串数字。虽然短期记忆的容量有限，信息保留时间短暂，但它在我们的日常思维和认知活动中扮演着至关重要的角色。它使我们能够同时处理多项任务、保持注意力，并为更复杂的认知活动提供必要的信息支持。与之相对的是长期记忆，它就像是我们大脑中一本厚重的相册或者一个容量巨大的硬盘。长期记忆存储着我们的个人经历、学到的知识，以及那些深刻的情感体验。这些信息被长久地保存在我们的大脑中，时间跨度可能以日、月、年为单位，长期记忆甚至可以贯穿我们的一生。长期记忆使我们能够积累经验，形成个人的知识体系和价值观，同时也是我们个人身份和自我意识的重要组成部分。

记忆的分类远不止于此，从内容和功能的角度，我们还可以将记忆分为陈述性记忆和程序性记忆。陈述性记忆关乎于我们对事实、概念、知识和经验的记忆，就像是一本个人专属的百科全书，存储着我们对世界的认知和理解。每当我们回想起某个历史事件，或是背诵一首古诗，都是在调用我们的陈述性记忆。这种记忆对于我们的学习、思考和交流至关重要。程序性记忆更多地与技能和习惯相关。程序性记忆使我们能够无意识地完成一系列复杂的动作，比如骑自行车、系鞋带。它让我们的身体学会了自动化地执行这些任务，从而释放出更多的认知资源去处理其他信息。程序性记忆的形成通常需要反复练习，一旦形成，就会变得相对稳定和持久。

认知科学对于记忆的研究主要关注的是实现记忆的过程，例如，研究重新想起一个长期忘掉的记忆是一个怎样的大脑活动过程，又如研究认识和回想的认知过程的差别等。这些研究不仅加深了我们对人类自身的理解，还启发了人工智能领域的发展，比如长短时记忆网络（Long Short-Term Memory，LSTM）在人工神经网络中的应用，就是受到人类记忆机制的启发而设计的。这种网络结构能够更好地处理序列数据，在自然语言处理、语音识别等领域取得了显著成效。

3.1.3　注意力

注意力是人类选择重要信息和屏蔽干扰信息的能力。人类大脑每时每刻都在接收大量的刺激，但我们的认知资源是有限的，无法同时处理所有的信息。因此，大脑必须选择其中最重要的信息进行处理。这就是为什么注意力常常被比喻为聚光灯，它可以将我们的认知资源集中在视野中的特定区域或特定的信息上。从本质上讲，注意力代表了有限认知处理资源的分配。在当今这个信息爆炸的时代，注意力的重要性日益凸显，它成为我们在纷繁复杂的信息海洋中导航的关键能力。

注意力的功能可以通过日常生活中的例子来理解。想象你正在图书馆学习，尽管周围环境中存在各种干扰因素，如人们的走动和轻微的谈话声，但你仍能够将注意力集中在面前的书本上，这就是选择性注意力的典型表现。它使我们能够在众多刺激中筛选出最相关的信息进行处理,同时抑制其他不相关的信息。然而,注意力的功能不仅限于选择性关注。在某些情况下,分散注意力的能力同样重要。例如,当你过马路时,你需要同时注意车辆、交通信号和行人。这种分散注意力的能力使我们能够在复杂的环境中有效地处理多个信息源,从而做出恰当的反应。

在学术界,有知觉选择模型和反应选择模型两种对立的学说。前者认为注意力的作用是在反应之前对刺激信息进行选择。也就是说,我们的大脑会在感知阶段就筛选出重要的信息进行进一步处理。反应选择模型则认为注意力不是选择刺激本身,而是选择对刺激的反应。这种观点认为,所有的刺激都会被感知,但只有被选中的刺激才会引发反应。

这些理论不仅深化了我们对人类认知过程的理解,还为人工智能领域提供了宝贵的启示。例如,人工智能研究人员开发了基于人工神经网络的注意力机制模型。该模型在自然语言处理、计算机视觉等领域取得了显著成果,进一步证明了注意力机制在信息处理中的关键作用。

3.1.4　情感

情感通过神经生理的微妙变化,影响着我们的身体和精神状态,如图 3.3 所示。

从心理生理表达的角度来看,当我们体验情感时,我们的大脑会释放各种神经递质和激素,引发一系列生理变化。例如,当我们感受到快乐时,大脑会释放多巴胺等神经递质,这些神经递质不仅能让我们感到愉悦,而且会引起我们面部表情变化,如脸颊泛红、嘴角上扬。而当悲伤来袭时,人体血清素水平可能下降,这将导致我们眉头紧锁、眼眶湿润、声音变得低沉。这些细微的生理变化,正是情感在心理层面的直接表达,反映了情感与身体状态的密切关联。

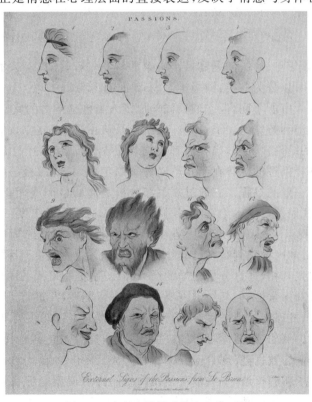

图 3.3　表现人类情感的十六种面孔

〔J. Pass 于 1821 年根据查尔斯·勒布伦(Charles Le Brun)的作品制作的彩色版画〕

情感对我们的生理状态的影响远不止于表情变化。当我们面对挑战或威胁时，交感神经系统被激活，肾上腺素分泌增加，导致我们心跳加速、呼吸急促、肌肉紧张，为可能需要应对的危险做好准备。这种"战或逃"反应是人类进化过程中形成的重要适应机制。相反，当我们处于平和、愉悦的状态时，如沉浸在爱的感觉中，大脑会释放催产素等神经递质，人体血液中的氧合血红蛋白含量增加，让我们感受到宁静与满足。

然而，情感的作用远不止于生理层面。它是塑造我们精神世界的无形之手，对我们的思维、决策和行为产生深远影响。快乐的情绪可以激发创造力，让我们更容易产生新的想法和解决问题的方法。悲伤虽然令人不适，但它可以让我们反思生活，重新评估我们的价值观和目标。愤怒，尽管常被视为负面情绪，但在适当的情况下，它可以激发正义感，推动社会变革。每经历一种情感，都是一次心灵的洗礼，它让我们更加深刻地认识自己、理解他人，从而丰富我们的精神世界。

随着科技的飞速发展，情感的研究领域不断扩大。它不再局限于心理学与生物学的范畴，已逐渐渗透到人工智能领域。情感计算作为人工智能的一个重要分支，旨在通过模拟、识别和理解人类的情感，使机器能够更加智能、人性化地与人类互动。这一领域的研究，不仅推动了人工智能技术的进步，而且为我们探索人类情感的奥秘提供了新的视角和工具。例如，通过分析面部表情、语音特征和生理信号，研究人员开发出了能够识别人类情感状态的算法。这些技术不仅可以应用于人机交互，提升用户体验，还可能在心理健康诊断和治疗中发挥重要作用。此外，研究人员还在尝试构建能够"体验"和表达情感的人工智能系统，这不仅挑战了我们对情感本质的理解，而且引发了关于机器情感和意识的深刻哲学思考。

3.1.5 推理

推理，是我们处理信息、解决问题和做出决策的核心过程，体现了人类思维的灵活性和创造力。推理能力大致可以分为三类：演绎推理、归纳推理和溯因推理。这三种推理方式虽然在思维过程和应用场景上有所不同，但它们共同构成了人类推理能力的完整体系。

演绎推理是从一般到特殊的思维过程。它就像是从山顶俯瞰全局，依据已知的普遍原理或前提，推导出具体的结论。例如，当我们解决复杂的数学问题时，我们需要从已知条件出发，逐步推导出答案。演绎推理的优势在于其严谨性和确定性，只要前提正确，结论就必然成立。归纳推理是从特殊到一般的过程。它通过观察和分析具体的事例或现象，提炼出普遍性的结论或规律。例如，当我们撰写学术论文时，我们通常会从具体的研究案例出发，通过分析和总结，提炼出新的理论观点。归纳推理的优势在于其创新性和概括性，但其结论往往具有概率性，需要进一步验证。溯因推理则是在已知结果的情况下，逆向探索原因的过程。这种推理方式就像是在迷雾中寻找真相，通过分析已知的结果和线索，推测可能的原因或解释。溯因推理的优势在于其解释性和探索性，但其经常需要考虑多种可能性，并进行进一步验证。

随着科技的发展，推理能力也被赋予了新的生命。在人工智能领域，研究人员试图模拟和复制人类的推理能力。例如，机器学习中的决策树算法，通过构建树状模型，模拟人类的决策过程。它能够处理海量的数据，实现自动分类、预测，甚至做出决策。此外，深度学习技术的发展也为推理研究带来了新的机遇，一些基于神经网络的推理模型能够在某些特定任务上表现出超越人类的能力。这不仅推动了人工智能技术的进步，而且促使我们重新思考人类推理能力的本质和局限。

3.1.6　感知

感知是通过感觉器官获取信息并对其进行处理的能力。想象你走进一间教室,看到了周围的人和物体,听到了背景中的声音,感受到了室内的温度。这些都是感知的结果,它包括了视觉、听觉、触觉、嗅觉和味觉等多种方式,如图 3.4 所示。每一种感知方式都是我们认识世界的重要窗口,它们共同构成了我们对周围环境的全面理解。同时,感知不仅仅是被动地接收信息,还涉及大脑对这些信息的积极处理和解释。例如,当你看到一个朋友时,你不只是看到一张脸,而是立即认出了这个人。这个过程涉及视觉信息的处理和与记忆中存储的信息的匹配。

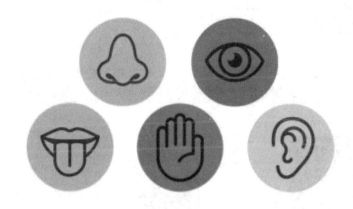

图 3.4　感知的分类

科学家们对感知的研究从未停止,目前对视觉和听觉的研究较多。关于视觉和听觉的经典问题包括:人是如何识别物体的,为何人对环境的感知是一时一地的,为何人会产生连续的视觉等。同时,信息表达也是感知研究中的基本问题。关于信息表达的经典问题包括:感知过程是如何开始的,外在物理世界的哪些变量是(可)被感知的,感知计算模型计算的对象是什么等。机器学习中的感知机在一定程度上模拟了人类神经元的工作原理,与人类感知过程中的信息处理有一定的相似性。

可以看出,认知是一个极其复杂且多维的过程,它涉及个体如何获取、处理、存储、转换、使用以及传达信息,用来指导我们的感知、思考、记忆、学习、决策、问题解决和沟通等一系列的高级心理活动。这一过程不仅依赖于大脑的生物结构和神经化学机制,还深受个体经验、文化背景、社会环境,以及情绪状态等多重因素的影响。

3.2　何谓认知科学

从认知功能过渡到认知科学,意味着我们不再仅仅只是关注这些具体心理活动的表现或结果,而是开始深入探究其背后的科学原理与机制。

在人类文明的长河中,对心智奥秘的探索从未停歇。认知科学的源头可以追溯到古希腊时代的柏拉图(Plato)和亚里士多德(Aristotle)等先贤的哲学论述。而在 20 世纪 30—40 年代,产生了现代认知科学的萌芽:麦卡洛克(McCulloch)和皮茨(Pitts)等控制论学家主导提出了第一个类神经元的运算模型，并逐步探索心智的组织原理，开展人工智能网络研究。而在20世纪50年代的认知革命促使认知科学形成体系。计算机的诞生为认知科学同时提供了研究对象和研究工具，认知科学的发展历史如图 3.5 所示。1959 年，乔姆斯基（Chomsky）将语言作为认知的关键形式和内容；1973 年，认知科学名词首次出现，随即成立认知科学学会，标志着这一学科正式成为科学研究的重要分支；1986 年，加利福尼亚大学圣迭戈分校（UCSD）建立了认知科学系，进一步确立了认知科学在学术界的地位。

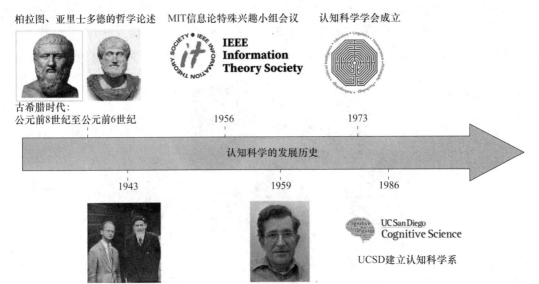

图 3.5　认知科学的发展历史

　　作为一门在 20 世纪后半叶崛起的前沿学科，认知科学标志着人类对自身心智探索的重大突破。其不仅仅是对认知的属性、过程及其功能的研究，更是一场跨越多个学科领域的知识革命。作为一门交叉学科，认知科学融合了心理学、神经科学、人工智能、语言学、哲学、人类学等多个领域的知识和方法，旨在全面理解和解释人类的认知过程，如图 3.6 所示。在语言学领域，研究人员探索语言是如何被处理、学习和在大脑中表征的，他们通过实验方法和计算模型来探索句法、语义和音系等主题。史蒂文·平克（Steven Pinker）的《语言本能》就深入讨论了语言的天生结构，为我们理解语言与认知的关系提供了新的视角。认知心理学则研究记忆、注意、感知和问题解决等心理过程。研究人员通过实验揭示认知机制及其影响。迈克尔·艾森克（Michael Eysenck）和马克·基思（Mark Keane）的《认知心理学：学生手册》全面介绍了该领域的基础理论和实验方法，为研究人员提供了宝贵的参考。在人工智能领域，认知科学家与人工智能研究人员合作，努力构建人类认知的计算模型，这包括开发语言处理、机器学习和机器人技术的算法。斯图尔特·拉塞尔（Stuart Russell）和彼得·诺维格（Peter Norvig）的《人工智能：一种现代方法》详细阐述了人工智能与认知科学的紧密联系，展示了两个领域如何相互促进、共同发展。心灵哲学在认知科学中扮演着重要角色，讨论关于意识、感知和心理表征的基本问题。托马斯·梅辛格（Thomas Metzinger）的《不存在的自我：主体性的自我模型理论》从认知科学角度讨论了意识和自我意识，为我们理解心灵与大脑的关系提供了新的思路。认知神经科学则使用脑成像和生理测量，研究认知功能的神经关联。它主要研究脑结构和过程是如何支持认知的。戴尔·普尔维斯（Dale Purves）等的《认知神经科学原理》将认知科学与神经科学的发现巧妙结合,为我们解释了大脑结构和过程如何支持认知功能,认知人类学研究文化如何塑造认知,以及认知如何影响文化。它研究不同文化背景下的认知过程及其演化。迈克尔·科尔(Michael Cole)等的《文化心理学:一个过去和未来的学科》深入探讨了文化、认知和人类学的交叉点,帮助我们理解不同文化背景下的认知过程及其演化。

哲学:研究关于心灵如何工作及其与大脑关系的哲学辩论。

心理学:研究诸如记忆、注意、感知和问题解决等心理过程。

人工智能:研究构建人类认知的计算模型。

神经科学:研究脑结构和过程如何支持认知。

语言学:研究语言是如何被处理、学习和在大脑中表征的。

人类学:研究不同文化背景下的认知过程及其演化。

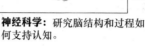

图 3.6　认知科学的交叉学科属性

认知科学的研究分析已在不同层次上展开,宏观至外在行为层次,微观至脑神经元激活层次。这种多层次的研究方法使我们认识到,单一层次上的研究分析往往无法完整地理解复杂的认知过程。例如,当我们研究一个人记忆电话号码并在之后回忆的过程,既无法单纯通过行为观察完全理解此过程,也无法单纯通过脑神经电信号对此过程给出全面解释。我们需要将不同层次的信息关联起来进行分析,才能形成对这一认知过程的完整理解。

3.3　认知科学的研究方法

研究认知科学的方法有多种,主要包括行为实验、神经生物方法、脑成像技术和计算建模。一般情况下认知科学的研究需要将多种方法结合使用,下面将具体介绍每一种方法,如图 3.7 所示。

1. 行为实验

行为实验研究人对各类刺激的反应行为,在实验过程中通常使用各种模型,这些模型对任何起刺激作用的现实物体进行模仿,这种模仿可以在很精确到很不精确的范围内变动。当该方法应用在人工智能中时,人类可以通过研究智能行为本身来描述它的构成和机理,比如可以观察和测量人对不同刺激的行为反应。同时在观测过程中应选取正确测度,比如反应时间、判断精度、响应阈值、眼动轨迹等,具体应以研究对象为准。在认知心理学和心理物理学方面有三种常用的实验方法,包括:行为遗迹,指因被观察者的行为而产生的遗物,如废弃物;行为观察,直接对被观察者的行为进行观察;行为选择,让被观察者在若干选项中进行选择,如投票。

2. 神经生物方法

神经生物方法包括神经科学方法和神经心理学方法。前者是指寻求解释神智活动的生物学机制，即细胞生物学和分子生物学机制的科学；后者是把脑当作心理活动的物质本体来研究脑和心理或脑和行为的关系，即从神经科学的角度研究心理学的问题。该方法观察和分析各种智能行为在大脑中实现的物理和生化过程，常采用单元记录、直接脑刺激、动物模型等方法。单元记录是用微电极检测单一神经元的电信号，是开发脑机接口的基础；直接脑刺激用低直流电极刺激头部并观察反应，可用于治疗疾病，如抑郁症；动物模型在模型物种上进行生物实验，获取知识。

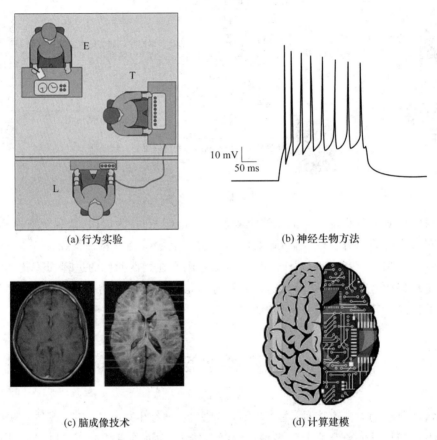

(a) 行为实验　　　　　　　　　　　　　　(b) 神经生物方法

(c) 脑成像技术　　　　　　　　　　　　　(d) 计算建模

图 3.7　认知科学的研究方法

3. 脑成像技术

脑成像技术分析在完成各类认知任务时，大脑内部的活动状态，也就是通过最新技术使得神经科学家可以"看到活体脑的内部"。借助脑成像技术，神经科学家可以在以下方面得到帮助：理解脑特定区域与其功能之间的关系，对受神经疾病影响的脑区进行定位，发明新方法治疗脑部疾病。然而，各类成像技术在空间和时间分辨精度上存在差别。具体地，单光子发射断层扫描（SPECT）和正电子断层扫描（PET）用来观察脑中的活跃区域，空间精度较高，时间精度较低；脑电图（EEG）通过放置系列电极测量大脑皮层的电场，时间精度极高，空间精度较低；脑磁图（MEG）测量认知活动时脑皮质产生的磁场，技术与脑电图相似，但其具有较高的空间精度；功能磁共振成像（fMRI）测量大脑不同区域的含氧血流，通过含氧血流推断神经活动性，时间和空间精度适中；光成像（OI）通过红外技术测量大脑不同区域的含氧血流，时间精度适中，空间精度较低。

4. 计算建模

计算建模用于对具体的或一般的认知特性进行模拟和实验验证,即借助计算机通过数学建模和数值求解定量研究某些现象或过程。计算建模有助于理解特定的认知现象和功能性组织。计算建模方法分为三类,有符号型、亚符号型和异构型。其中符号型建模源自哲学视角和符号主义计算智能范式,用符号来代表系统的各种因素和它们之间的相互关系,由第一代认知学者建立。亚符号型建模源自连接主义的神经网络模型,优势是接近生物学基础,劣势是可解释性相对较低。异构型同时采用符号型和亚符号型的模型以期获得解释和实现智能的集成计算模型。

3.4　人工智能和认知科学的历史渊源

在第 1 章和第 2 章中,相信大家已经了解了 1956 年达特茅斯会议上人工智能的诞生。其实,就在同年的 9 月,IEEE 信息论研讨会也在麻省理工学院悄然拉开帷幕,这场盛会虽然低调却同样震撼人心,它标志着认知科学这一新兴领域的正式奠基。历史似乎在这一年特别偏爱智慧的碰撞与融合,众多在达特茅斯会议上为人工智能蓝图挥毫泼墨的先驱者们,转身又成为 IEEE 信息论研讨会上探索人类认知的研究学者。

克劳德·香农是信息时代的奠基人,他在 1948 年发表的论文《通信的数学理论》奠定了现代数字通信和数据压缩的基础。他的工作不仅为现代数字通信和数据压缩技术奠定了基石,更为人工智能领域注入了强大的数学血脉。雷·所罗门诺夫是人工智能领域的先驱之一,发展了归纳推理的理论体系,这一创举不仅为机器学习与预测技术铺设了坚实的理论基石,更是巧妙地将概率论与计算科学相融合,极大地推动了贝叶斯方法在人工智能领域的广泛应用与深化。艾伦·纽厄尔是认知心理学和人工智能的主要创始人之一,他不仅将计算机模拟视为探索人类心智奥秘的钥匙,更是身体力行地推动了这一领域的融合与发展。他的研究跨越了人工智能的边界,深入人类认知、判断与决策的幽微之处,为认知科学的蓬勃发展贡献了不可磨灭的力量。赫伯特·西蒙是一位跨学科的科学家,他在经济学、心理学、计算机科学和人工智能等多个领域都做出了重要贡献。他和纽厄尔等人一起合作编制了《逻辑理论机》数学定理证明程序,使机器迈出了逻辑推理的第一步。

其实,在历史的长河中,人工智能和认知科学的渊源远不止这两次会议。从最早的"神经计算和信号处理"开始,认知科学这一领域就开始探索如何通过模拟神经元的工作方式来处理信息。同一时期,机器学习和人工智能领域开始提出逻辑和信息论的概念。1956 年作为第一个认知科学与人工智能的重要交叉点,为这两个领域的发展注入了强劲的动力。

随着时间的推移,我们看到了更多的技术和理论涌现出来。1987 年,又出现了两个重要的会议,分别为如今人工智能领域大名鼎鼎的第一届神经信息处理系统大会(NeurIPS)和认知科学顶会第九届认知科学大会(CogSci)。这两个会议,虽然主题各有侧重,但是它们之间存在着紧密的联系和相互促进的关系,其核心都是围绕着如何利用先进的技术手段,更深入地理解人类认知的机制,并推动人工智能技术的进一步发展,如图 3.8 所示。

图 3.8　1987 年的两个重要会议

　　接下来,联结主义的提出为认知科学开启了全新的视角,它强调通过模拟神经元网络间的连接和交互来理解认知过程,这一理论框架极大地丰富了我们对大脑信息处理机制的认识。与此同时,决策的神经基础研究则进一步揭示了大脑在复杂决策制定过程中的神经活动模式,为理解人类及智能系统的决策行为提供了坚实的生物学基础。

　　在人工智能领域,统计学习与深度学习的迅猛发展无疑为其注入了前所未有的活力。统计学习通过运用数学统计方法,使机器能够从大量数据中自动学习并提取特征,进而做出预测或决策;而深度学习,作为统计学习的一个分支,通过构建深层次的神经网络模型,能够模拟人脑的学习机制,实现更为复杂和高级的认知功能。这两者的兴起,不仅极大地推动了人工智能技术的进步,也为认知科学与人工智能的深度融合提供了新的契机。如图 3.9 所示,人工智能与认知科学的发展历程有着深刻的历史背景。

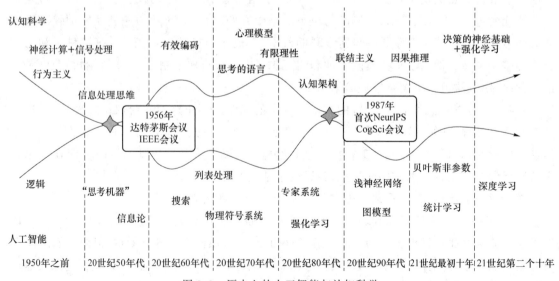

图 3.9　历史上的人工智能与认知科学

3.5　人工智能和认知科学的联系

　　为什么在历史上认知科学和人工智能有如此多的交叉点呢？其实答案就蕴藏在两个学科的本质研究内容之中。认知科学，这门跨学科的领域，其核心使命就是深入探索和理解心灵（Mind）的奥秘。它不仅仅关注大脑的结构与功能，更致力于揭示大脑如何产生意识、思维、情感，以及我们如何感知世界、做出决策等高级认知过程。简而言之，认知科学是在努力揭开人类智慧与心智活动的神秘面纱。

　　人工智能的目标就显得更为直接而实用——复制或超越人类心灵的能力。人工智能旨在通过构建智能系统，使这些系统能够像人类一样思考、学习、推理，甚至创造。它融合了计算机科学、数学、心理学、哲学等多个领域的知识，不断追求技术的突破，以期实现真正的智能机器。认知科学与人工智能的联系如图 3.10 所示。

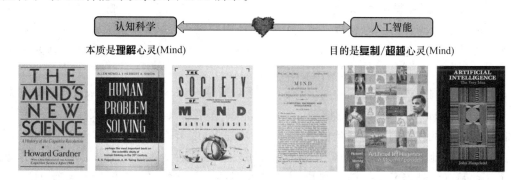

图 3.10　认知科学与人工智能的联系

　　正是这两个学科在基本研究内容上的内在一致性，决定了它们之间必然会有着紧密的联系和频繁的交叉。认知科学为人工智能提供了关于人类心智运作的深刻见解和丰富数据，使得人工智能系统能够更加贴近人类智能的外在表现和内在机理；而人工智能的快速发展，则不断推动认知科学在理论、实验和技术层面上的创新，让我们对人类心智的理解更加深入和全面。

3.6　人工智能和认知科学相互促进

3.6.1　认知科学促进人工智能

　　人工智能的发展深受认知科学的启发，特别是在算法和架构方面。早在 1904 年，西班牙神经学家就已经发现了生物神经元的结构。神经元，也叫神经细胞，是携带和传输信息的细胞，也是人脑神经系统中最基本的单元。1943 年，在人工智能和神经网络的早期发展阶段，美国芝加哥大学的神经科学家麦卡洛克和皮茨共同发表了一篇具有开创性意义的论文。该论文的核心在于创造性地模拟了生物神经元的运作机制，首次提出了人工神经元的概念模型，如图

3.11 所示。这一创举不仅为神经网络的理论研究奠定了坚实的基石，更标志着人工神经网络研究领域的正式启航，开启了探索智能新纪元的大门。

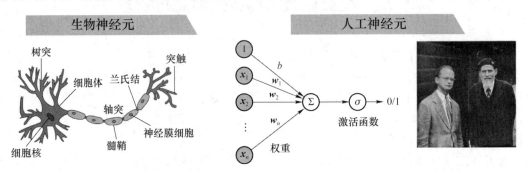

图 3.11　生物神经元和人工神经元

　　人工智能的算法架构受到认知科学启发的例子远不止于此。在 20 世纪 60 年代，哈佛大学的两位杰出神经生理学家大卫·赫贝尔（David Hubel）和托尔斯滕·维塞尔（Torsten Wiesel），进行了一项开创性的实验。他们巧妙地利用微电极技术，探索了麻醉状态下猫的大脑初级视觉皮层的工作机制。这项研究揭示了一个惊人的事实：猫的视觉信息处理并非杂乱无章，而是遵循着一种层次分明的结构。

　　这就像当我们在处理一张照片时，不是一下子就看懂全部内容，而是先从最基础的元素开始，一步步地解析和构建出复杂的图像。赫贝尔和维塞尔发现，猫的视觉皮层正是这样工作的：首先，捕捉并处理最简单的视觉信息；然后，层层递进，逐渐提取出更加高级和抽象的信息。

　　为了更直观地说明这一点，他们在猫的眼前展示了各种明度对比的图案。有趣的是，他们发现了一些特殊的神经元——简单细胞，这些细胞对特定角度的线条反应特别强烈，就像它们各自有着独特的"喜好"一样。而另一些被称为复杂细胞的神经元，则不仅关注线条的角度，还对线条的移动方向特别敏感，如图 3.12(a) 所示。

　　受此启发，日本科学家福岛邦彦（Kunihiko Fukushima）在 1980 年提出了一种称为"新认知机"的模式识别机制。他的目标是构建一个能够像人脑一样，实现模式识别的网络结构，从而帮助我们理解大脑的运作，这几乎就是 Hubel 和 Wiesel 理论的仿生模型。在这篇工作中，他创造性地从人类视觉系统引入了许多新的思想到人工神经网络，被许多人认为是现代卷积神经网络中卷积层＋池化层的最初范例和灵感来源，如图 3.12(b) 所示。

　　除启发算法架构外，科学中的人类智慧还会帮助我们校正人工智能。图灵测试是图灵在 1950 年提出的，一种用来测试一个机器是否能表现出与人类等价或者无法区分的智能的方法。在 2012 年开始举办的温诺格拉德（Winograd）模式挑战赛作为图灵测试的一个变种，其目的正是用于判定人工智能系统的常识推理能力，如图 3.13 所示。

　　在设计测试问题时，Winograd 模式挑战赛的测试问题是由人类专家精心设计的，这些问题既包含了语言学的复杂性，又涉及了常识推理。这些问题的设计体现了人类智慧对人工智能能力评估的深刻理解和洞察。

　　在评估人工智能系统表现的时候，人类专家会评估人工智能系统对测试问题的回答，判断其是否准确理解了上下文和常识，并据此对人工智能系统的常识推理能力进行评分。这种评估过程需要人类具备丰富的知识和经验，以及对 AI 系统工作原理的深入理解。

　　在指导人工智能系统改进的方面，通过分析人工智能系统在 Winograd 挑战赛中的表现，人类可以发现人工智能系统在常识推理方面的不足和局限。这些发现为 AI 研究人员提供了宝贵的反馈,指导他们改进算法、优化模型,以提升 AI 的常识推理能力。

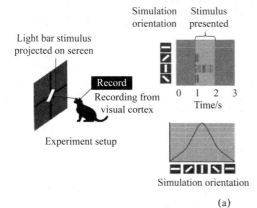

林贝尔和维塞尔

(a)

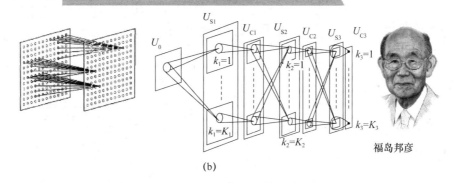

福岛邦彦

(b)

图 3.12　从研究猫的视觉皮层到新认知机

图 3.13　Winograd 模式挑战赛

在推动人工智能系统研究的方面,Winograd 挑战赛不仅是一个评估人工智能系统能力的平台,而且是一个推动人工智能研究的重要动力。它促使研究人员关注人工智能系统在常识推理方面的挑战,并投入更多精力和资源来攻克这些难题。

3.6.2　人工智能促进认知科学

审视众多实例,我们可以看到认知科学是如何成为人工智能发展的强劲驱动力的;事实上,人工智能的蓬勃发展,也正悄然地反哺认知科学,引领其深入探索与不断前行,如图 3.14所示。这股力量源自人工智能工具的日益强大,为我们构建了前所未有的模型,拓宽了认知研究的边界。

从 3.1 节中,我们了解到心智世界核心要素的六大功能,那这些能力是怎么被培养出来的呢? 回顾 2011 年《科学》杂志上的综述性论文《如何培养心智》,它深刻地揭示了人类认知发展的三大支柱:统计学习、结构化知识构建与抽象化能力。统计学习让我们能够通过海量的数据去洞察世界的模式,经验积累与规律探索成为认知的基石;结构化知识则展示了信息如何以网络的形式互相交织,形成概念间的逻辑桥梁,帮助我们进行高效的推理与决策;而抽象化能力,则是人类智慧的璀璨火花,它使我们能够跨越具体的实例,把握本质,实现复杂的推理与灵活的应用。如今,人工智能的飞跃正是以这三大支柱为基石,通过更复杂的模型和更强大的计算能力,为我们提供了一个前所未有的视角来审视和理解人类认知的奥秘。

图 3.14　认知科学与人工智能互相促进

除了提供更强大的工具之外,人工智能计算也在影响着认知科学中智能理论的构建。多巴胺,被誉为"快乐分子",它在大脑中扮演着至关重要的角色,特别是在奖励路径中,如图 3.15(a)所示。这些路径不仅控制我们对愉悦事件的反应,还通过释放多巴胺的神经元来介导这些反应。

在巴甫洛夫的狗实验中,狗原本对铃声没有反应,但经过反复的条件刺激,也就是铃声与食物同时出现,狗最终形成了对铃声的条件反射,即听到铃声就会分泌口水,如图 3.15(b)所示。这里的关键在于狗分泌口水并非因为已经获得了食物,而是因为它的大脑预测到了即将到来的奖励,同时释放了多巴胺。这一发现揭示了多巴胺在奖励预测中的核心作用。

长期以来,科学家们认为这些多巴胺神经元对奖励的预测是统一的、一致的。最近,DeepMind 的研究人员利用分布式强化学习算法,对多巴胺神经元的预测行为进行了深入研究。他们惊人地发现每个多巴胺神经元对奖励的预测其实并不相同,它们各自被调节到了不同的"悲观"或"乐观"的状态。这就意味着,不同的多巴胺神经元对同一奖励事件的预测可能存在显著差异,这种差异可能反映了大脑在处理奖励预期时的复杂性和多样性,如图 3.16所示。

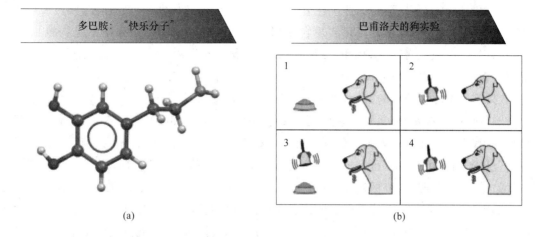

图 3.15　多巴胺与巴甫洛夫的狗实验

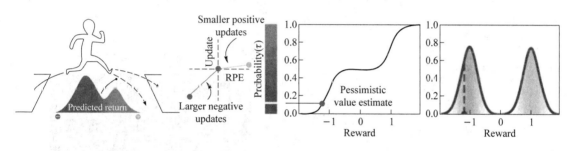

图 3.16　大脑也在用分布式强化学习

这一发现不仅揭示了多巴胺神经元在认知过程中的新角色,也提供了人工智能在认知科学中的新应用方向。通过模拟和优化这些复杂的神经网络模型,可以更深入地理解人类智能的本质,并开发出更加智能、更加人性化的智能系统。

类似的例子还有于 1956 年出版的《神奇的数字七,加减二》一书。这本书首先揭示人类短期记忆的限制通常是 5 到 9 个信息单元;然后分析信息是如何被编码和组织,以便更容易地被记忆和提取;最后探讨人们如何通过分类、分块等策略来克服这些限制。

人工智能的发展促使认知科学家验证和改进关于人类认知的理论,利用计算模型来模拟和理解人类的信息处理过程。通过研究人工智能中的算法,认知科学家获得了对人类认知机制的新的见解,例如,如何在信息有限的情况下进行有效决策。计算方法的引入,使得研究人员可以通过建模和实验验证来深入理解智能的本质和机制,帮助我们形成更全面的智能理论。人工智能的进展为探索人类认知提供了新的工具和框架,从而进一步推动了认知科学的发展。

3.7　展　　望

认知科学对人工智能的赋能是一个十分值得关注的研究方向。线虫是一个非常简单的生物,只有 302 个神经元。麻省理工学院的研究人员模仿了其中 19 个神经元,就完成了自动驾驶这个任务,如图 3.17 所示。其模型参数比传统的大模型要足足低 3 个数量级,只有 75 000

个参数。而且其在对不同道路的适应性方面，具有非常高的通用性和可解释性，同时展现出了非常强的鲁棒性，白天、晚上都可以实现自动驾驶。之所以仅仅模仿来自简单生物线虫的 19 个神经元，就可以完成自动驾驶里的一般任务，是因为生物不是靠数量取胜，而是靠 32 亿年进化形成的智慧取胜，这项研究模仿的是 32 亿年进化形成的智慧。因此，认知科学赋能人工智能，虽然只是一个非常简单的开始，但是相信其未来的作用会越来越大。

随着科技的飞速发展，认知科学与人工智能的边界正在模糊，孕育出了一系列令人瞩目的新兴领域，其中一个尤为引人关注的领域就是脑机接口。脑机接口，就是在大脑与外部设备之间建立直接通信的桥梁。下行脑机接口是通过读取大脑中的神经信号，解码出人的意图和愿望。例如，运动控制假肢、机械臂脑机接口等，它们实现了从思想到行动的直接转换。上行脑机接口则通过将外部传感系统感知到的信息编码成可以激活大脑的光、电、声、磁等信号，直接作用于大脑，实现对感知的重塑。在虚拟触觉重建的脑机接口中，人们感受到了前所未有的沉浸式体验；在视、听觉皮层假体中，失明者可以重新看见世界的色彩，失聪者可以再次聆听到生活的旋律。

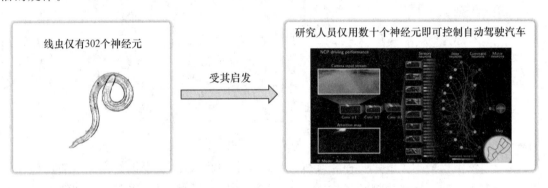

图 3.17　从线虫神经元到自动驾驶

除此之外，人工智能与认知科学的交融发展还催生了众多前沿科技，如图 3.18 所示。深度语义理解技术便是一个显著例子，它使机器能够更深刻地解析人类语言的内涵与情感色彩，极大地提升了人机交互的自然度与深度。

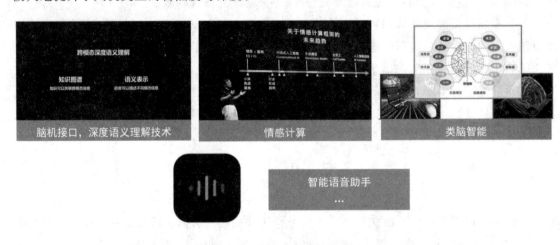

图 3.18　人工智能与认知科学催生出的前沿科技

前面提到过的情感计算作为另一项前沿探索,正在逐步揭开人类情感这一复杂心理现象的神秘面纱,让机器能够感知、理解乃至模拟人类的情绪状态,为情感智能的发展奠定了坚实的基础。

类脑智能,则是模拟人类大脑结构与功能的宏伟蓝图,其目的是构建具备高度智能与自我学习能力的系统,它的潜力巨大,有望成为未来智能技术的重要突破方向。

而智能语音助手,作为人工智能在日常生活中的直接应用,已经深入千家万户。通过自然语言交互,为人们提供了便捷的信息查询、任务管理等服务,极大地丰富了我们的生活方式。

这种跨学科的融合不仅推动了技术的飞跃,更引领我们思考人性的本质和社会的未来。

本 章 小 结

认知科学与人工智能是相互交叉、相互促进的两个学科,二者的研究范围相互重叠,研究目标互为表里,研究方法相互借鉴。当前,有关语言、记忆、注意力、情感、推理和感知等六大功能的机理探索和数学建模问题是两个学科共同聚焦的研究内容。面向未来,认知科学赋能人工智能的研究有望取得新的突破。

本章的教学目的是使学生了解认知科学的基本研究状况、研究内容和研究方法,从认知科学的角度较深刻地理解语言、记忆、注意力、情感、推理和感知等六大功能,认识人工智能与认知科学之间的紧密联系。

思 考 题

1. 请举例说明认知能力启发人工智能技术发展的例子。
2. 如何理解人工智能与认知科学的关系?
3. 请举例说明认知科学促进人工智能发展有什么样的特点?
4. 人工智能反哺认知科学有什么样的特点?
5. 未来认知科学还可能给人工智能的发展带来哪些影响?

第 4 章
自然语言处理

语言既是人类交流信息的工具，也是思维的工具，是人类智能的突出表现之一。人工智能的研究一直伴随着对人类语言即自然语言的研究。长期以来，相关研究积累了十分丰富的研究成果，对人工智能的发展发挥了至关重要的作用，其中之一便是形成了一个异常活跃的学科方向——自然语言处理（Natural Language Processing，NLP）。这一学科方向引导了机器模拟和延伸人类语言能力的基础性和关键性的重要研究，包括自然语言的机器表示、分析、理解、生成等，其创造的相关技术已经广泛应用于各行各业和日常生活。

自然语言处理的发展史，是一部技术与人文交织的历史。它不仅展示了人类对语言理解的加深，而且反映了相关技术的迭代进步，但贯穿自然语言处理发展始终的是我们对智能机器的期待和担忧。通过本章的学习，我们将重点了解以下问题"计算机如何理解人类创造的文字？""计算机认为人类语言的本质是什么？"。

本章对自然语言处理的学习进行基础性的引导，4.1 节介绍自然语言处理技术的发展历史，4.2 节讲解作为文本分析基础的文本语义表示和相似度度量，4.3 节讲述文本摘要、机器翻译、知识图谱这三个经典自然语言处理任务，4.4 节重点讲解目前自然语言处理领域的热门技术——大语言模型，介绍国内经典大语言模型的功能和应用，包括百度的文心一言、阿里的通义千问、字节的豆包和月之暗面的 Kimi。

4.1　发展历史

自然语言处理（NLP）的发展史，是一段人类智慧与机器智能交织的历程，它不仅见证了技术的进步，也映射了人类对语言理解的深化，如图 4.1 所示。

1. 萌芽期（1956 年以前）

1956 年以前是自然语言处理的萌芽期。电子计算机的诞生为自然语言处理奠定了基础，促进了它的基础研究。1948 年，香农利用概率的方法描述和处理语言，如图 4.2 所示。1956 年，乔姆斯基提出了上下文无关语法，并将其用于自然语言处理中。这些工作开辟了基于规则和基于概率的两种不同的自然语言处理技术路线。

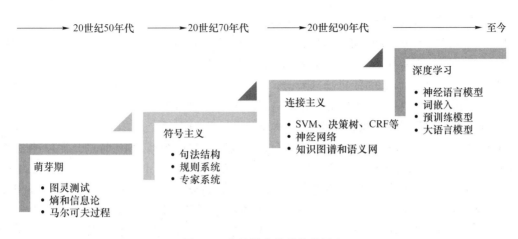

图 4.1　自然语言处理的发展史

(a) 香农　　　　　　　　　　　(b) 熵的公式

图 4.2　萌芽期的代表人物和成果

2. 符号主义时期(20 世纪 60—70 年代)

随着计算机科学的兴起,NLP 开始尝试使用形式化的方法来解析语言。这一时期的研究人员试图通过编写规则来教会机器理解语言,但很快他们发现语言的复杂性远远超出了规则所能覆盖的范围。1956 年,乔姆斯基(Chomsky)提出了形式语言理论,该理论就是我们现在的句法结构的基础,之后以乔姆斯基为代表的符号派学者开始了对形式逻辑系统的研究,如图 4.3 所示。这一时期的许多数学家都注重研究推理和逻辑问题,出现了各种规则系统、专家系统形成的研究成果。

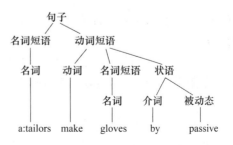

(a) 乔姆斯基　　　　　　　　　　(b) 句法结构

图 4.3　符号主义学派的代表人物和成果

3. 统计学习方法的兴起(20世纪80—90年代)

随着大数据的出现和计算能力的提升,NLP开始转向统计学习方法,即基于概率的统计方法和神经网络、机器学习技术的连接主义学派兴起,尤其是隐马尔可夫模型(Hidden Markov Model,HMM)、条件随机场(Conditional Random Field,CRF),支持向量机(Support Vector Machine,SVM)等开始被用来处理语言的不确定性和多样性。

4. 深度学习的革命(21世纪初至今)

深度学习技术的突破为NLP带来了革命性的变化。深度神经网络,特别是循环神经网络(Recurrent Neural Network,RNN)和长短期记忆网络(Long Short-Term Memory,LSTM),极大地提高了机器对语言的理解能力。随后,Transformer模型和BERT(Bidirectional Encoder Representations from Transformers)等预训练语言模型的出现,更是将NLP推向了新的高度。知识图谱、词嵌入、序列转写模型、注意力机制、预训练语言模型等重要技术突破接踵而至。自然语言处理进入了广泛应用阶段,成为人们享受人工智能服务、体验人工智能的代表性技术领域。

5. 多模态和跨领域的发展

随着技术的发展,NLP不再局限于文本处理,开始与语音识别、图像识别等领域融合,形成了多模态的交互方式。同时,NLP也开始应用于医疗、法律、金融等专业领域,展现出其跨学科的应用潜力。这个时期,大语言模型出现并逐步发展,开始应用到各行各业。

目前,在自然语言处理领域中,**文本分类**、**情感分析**、**机器翻译**、**机器阅读理解**、**文本摘要**、**对话系统**等研究十分活跃,相关技术和产品的成熟度正在迅速提高。

文本分类是指为给定的文本自动确定其所属的类别标签。文本可以是不同长度的句子、段落、文章,也可以是不同类型的新闻、邮件、评价等。文本分类是最基础的自然语言处理任务之一,具有众多的下游任务。

情感分析,又称观点挖掘,旨在分析人们在文本中对产品、事件、话题等的意见、情绪或评价。从某种意义上讲,情感分析也是一种广义的文本分类,例如,对人们的观点进行积极或消极的分类,对人们关于某产品的喜好程度的分类等。

机器翻译是指机器在没有人工干预的情况下,完成从一种语言到另一种语言的转换。其技术发展经历了基于规则、基于统计和基于深度神经网络三个阶段。目前已经到达了较高的水平。

机器阅读理解使机器具有从自然语言中理解和抽取关键信息,继而回答问题的能力。这是对人类语言处理能力的一种模仿,具有重要的实用价值。例如,机器阅读理解可以使信息检索变得更加高效等。

文本摘要旨在将长文本进行压缩、归纳和总结,从而形成概括性短文本。文本摘要既可以单文档进行,也可以多文档进行。从方法上可分为抽取式摘要和生成式摘要。抽取式摘要直接从原文中选择若干重要的句子,对它们进行排序、重组,形成摘要。生成式摘要是指机器对完整原文进行理解后,通过转述的方法生成摘要。伴随着深度学习的发展,生成式摘要的质量在迅速提升。

对话系统的目标是使机器与人类进行流畅的、有意义的对话,这也是图灵设想的人工智能测试模型中的核心装置。理想的对话系统必是人工智能技术的集大成者,目前的技术还处于初级水平。有任务导向型对话系统和非任务导向型对话系统两类。任务导向型对话系统旨在帮助用户完成具体的实际任务,例如,帮助用户寻找商品、预订酒店餐厅等。非任务导向型对话系统通常不限定领域和具体任务,聊天、娱乐等为其主要应用场景。

总之,自然语言处理是人工智能十分重要的研究领域,具有漫长的发展历史、丰富的技术内涵和广泛的应用价值。

4.2　自然语言的机器表示

自然语言处理的对象是文本,而文本分析就是自然语言处理各项任务的基础,自然语言处理的最终目标是使计算机理解和生成人类语言。文本分析是指对一个文本文档(Text Document)进行语义理解、分析和计算。一个文本文档就是一个文本单元,可以是一句话、一段文字、一段对话、一篇文章、一个网页等等。文本分析的基本目的是从文档中抽取所需要的信息,形成计算机能够理解和利用的特征,从而支撑多种多样的下游任务。

本节,我们首先需要解决自然语言处理领域的一个基本问题——什么是语义?进而学习计算机如何理解文本语义并对其进行计算。

4.2.1　文本语义表示

计算机如何理解人类创造的文字呢?我们知道计算机是以二进制为基础建立起来的体系结构,任何信息,包括数字、文本、图像、语音,都必须先经过二进制数字化编码才能输入到计算机中,并能被计算机所理解和应用。以文本为例,对文本进行数字化编码在自然语言处理领域被称为文本特征数字化,即将文本转换为一种适合计算机学习算法处理的向量格式。

由于人类理解文字是从词汇开始的,由词造句,由句成篇,从而表达完整的语义,因此,针对文本语义的编码也从词汇开始。对词汇的语义编码就是词汇的表示。

词汇的表示通常分为两类:独热表示和分布式表示。

1. 独热表示(One-hot Representation)

我们可以为每个词汇特征创建一个新的二进制特征,即独热特征,其中只有一个特征标记为 1,成为激活特征,而其他所有特征都被标记为 0。例如,有 5 个不同的词汇,分别为猫 cat、狗 dog、跳 jump、树 tree,兔子 rabbit,如何按照独热表示的方式进行编码?

我们可以为每个词汇创建一个二进制特征向量,向量长度等于需要编码的词汇数量,即向量长度为 5。对于每个词汇,只有与其对应的特征位置为 1,其余位置为 0。因此,这 5 个词汇的编码如下:

$$
\begin{aligned}
\text{cat} &= [1\ 0\ 0\ 0\ 0] \\
\text{dog} &= [0\ 1\ 0\ 0\ 0] \\
\text{jump} &= [0\ 0\ 1\ 0\ 0] \\
\text{tree} &= [0\ 0\ 0\ 1\ 0] \\
\text{rabbit} &= [0\ 0\ 0\ 0\ 1]
\end{aligned}
$$

独热表示一般作为人工智能领域中文本分析和理解的模型输入方式,这种方式的优点为①解决了词汇分类处理问题,即将词汇的离散特征转换为机器学习算法易于处理的二进制格式,提高了算法对离散特征的处理能力;②能够避免引入数值偏误,通过将每个词汇映射到独立的二进制向量,独热表示消除了词汇间可能存在的数值交叉关系,从而避免算法基于这些关系做出不准确的预测。

独热表示的缺点也很明显①独热表示的维度不易控制,当词汇数量较多时,独热编码会显著增加特征空间的维度,n 个词汇就需要 n 维的二进制编码,可能导致计算复杂性和过拟合问题;②独热表示后缺失了语义信息,由于独热表示可能无法捕捉词汇本身的语义信息和词汇间的潜在语义关系或顺序信息,故独热表示可能导致文本语义信息损失。

2. 分布式表示（Distributed Representation）

由于使用独热表示后的句子或章节文本仅仅将词符号化,故可能造成语义信息缺失,从而导致下游任务中很难基于语义对文本进行理解和处理。所以,如何将语义融入词汇表示中成为一个挑战。因此,分布式表示应运而生。

分布式表示得到的词的编码称为词向量,依然用猫 cat、狗 dog、跳 jump、树 tree、兔子 rabbit 这 5 个词汇为例,按照分布式表示得到编码,如图 4.4 所示,每一个词都由实数组成的多维向量组成,这种词向量在语义空间对应一个唯一的位置。

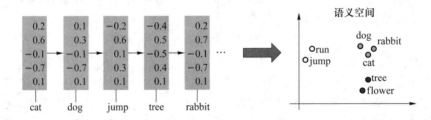

图 4.4　词的分布式表示

基于图 4.4,我们可以看出,语义相近的词（cat、dog、rabbit）在语义空间分布的距离较近,反之则较远。因此我们能够这样理解分布式表示,即用词的向量对应向量空间中的一个具体位置（Embedding）表示语义,词和词之间在语义空间的相对距离表示语义相似程度和偏离方向。因此,我们可以总结分布式表示的优缺点。

分布式表示的优点是:一方面,维度可控,即词向量的维度和词汇数量无关;另一方面,词的语义可以由词向量在语义空间的位置表示,其距离越相近,语义越相似,这也为下游任务理解和处理文本提供了很好的基础。其缺点就是计算复杂,需要构建复杂的模型才能得到词的正确的分布式表示。

4.2.2　相似度度量

在自然语言处理领域中,研究人员经常会遇到一个核心问题:如何量化的评估两个句子或两篇文章之间的相似性,这也是文本计算的核心问题,它在文本分类、聚类、对话系统和信息检索等多个领域中扮演着至关重要的角色。

文本相似度的度量不仅关系到机器对语言的深层理解,而且对于提升自然语言处理系统的性能具有决定性的影响。在文本分类中,准确的相似度评估能够帮助机器将文本归入正确的类别;在聚类分析中,它有助于将具有相似特征的文本聚集在一起;在对话系统中,相似度的度量能够使机器更好地理解用户的意图和语境;而在信息检索中,它则是精确匹配和推荐信息的关键。

度量文本相似度的方法多种多样,包括但不限于以下几种。

(1) **词汇匹配**:通过计算两个文本中共同词汇的数量和比例,来评估它们的相似度,如 N-gram 相似度。

(2) **向量空间计算**:将文本转换为向量形式,通过计算向量之间的距离或角度来评估相似度,如余弦距离等。

(3) **语义分析**:利用词义和上下文信息,深入分析文本的内在含义,运用机器学习或深度学习模型,通过训练数据学习文本特征,进而预测文本间的相似度以评估它们在语义层面的相似性。

这些方法各有优势和局限,研究人员需要根据具体的应用场景和需求,选择或结合使用不同的度量技术,以实现对文本相似度的准确评估。

本小节以基于关键词匹配的度量方法 N-Gram 相似度和 Jaccard 相似度进行举例,了解文本相似度的计算过程。

1. N-Gram 相似度

基于 N-Gram 模型定义的句子(字符串)相似度是一种模糊匹配方式,用来评估两个字符串之间的差异程度。

N-Gram 相似度的计算是指将原句按长度 N 切分,得到词段,也就是原句中所有长度为 N 的子字符串。对于两个句子 S 和 T,则可以从共有子串的数量上去定义两个句子的相似度。

$$\text{Similarity} = |G_N(S)| + |G_N(T)| - 2 \times |G_N(S)| \bigcap |G_N(T)|$$

其中,$G_N(S)$ 和 $G_N(T)$ 分别表示字符串 S 和 T 中 N-Gram 的集合,N 一般取 2 或 3。字符串距离越近,它们就越相似,当两个字符串完全相等时,距离为 0。

例如,有两个文本序列分别为,文本 A "I have a dream." 和文本 B "I have a cat." 。N 取 2 时,我们可以将每个文本分割成 bigram。文本 A 的 3 个 bigrams 分别为 ["I have", "have a", "a dream"],文本 B 的 3 个 bigrams 分别为 ["I have", "have a", "a cat"]。N-Gram 相似度为

$$\text{Similarity} = 3 + 3 - 2 \times 2 = 2$$

2. Jaccard 相似度

Jaccard 相似度的计算相对简单,原理也容易理解,就是计算两个句子之间词集合的交集和并集的比值。该值越大,表示两个句子越相似。在涉及大规模并行运算的时候,该方法在效率上有一定的优势,公式如下:

$$J(A,B) = \frac{|A \bigcap B|}{|A \bigcup B|} \tag{4.1}$$

其中,$0 \leqslant J(A,B) \leqslant 1$。

例如,文本 A 包含单词集合 {apple, banana, cherry},文本 B 包含单词集合 {banana, cherry, date}。它们的交集是 {banana, cherry},它们的并集是 {apple, banana, cherry, date}。Jaccard 相似度为

$$J(A,B) = \frac{|A \bigcap B|}{|A \bigcup B|} = \frac{2}{4} = 0.5$$

4.3　经典自然语言处理任务

4.3.1　文本摘要

文本摘要的发展历史可以追溯到计算机科学和人工智能的初期阶段。从早期的基于规则的方法，到现今的深度学习技术，该任务在研究和实践方面都取得了显著的发展。文本摘要的主要目标是提取一个或多个文本源的关键信息，生成一段简洁明了的内容摘要，同时保持原始文本的核心观点和重要细节。目前，文本摘要在实际应用中具有广泛的用途。例如，在新闻摘要、文献综述、会议总结等领域，其能够极大地节省时间和精力，帮助用户迅速获取关键信息。文本摘要根据生成方式和特点可以分为两大类，分别为抽取式摘要和生成式摘要，如图 4.5所示。

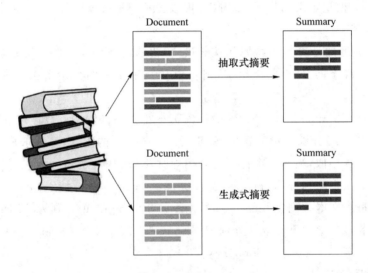

图 4.5　抽取式摘要和生成式摘要对比图

抽取式摘要（Extractive Summarization）通过从原文中直接挑选出重要的句子或片段，然后按照一定的策略将这些句子组合成摘要。这种方法简单直观，生成的摘要通常保持了原文的语法结构，因此，这些句子语法上通常没有问题。然而，这种方法可能会导致语句之间缺乏连贯性。现假设原文是一篇关于活动报道的长篇文章。

2024 年 6 月 12 日—14 日，北京邮电大学 2024 毕业季"青春无终点 逐梦向韶华"荧光夜跑活动在我校西土城校区田径场成功举办。活动吸引全校师生广泛参与，同学们在夜晚相聚田径跑道，共同展现青春活力，放飞自我梦想。

抽取式摘要可能会挑选出以下句子：

北京邮电大学 2024 毕业季荧光夜跑活动在我校西土城校区田径场成功举办，同学们在夜晚相聚田径跑道，放飞自我梦想。

这种摘要直接提取了原文中的关键句子，虽然保留了主要信息，但语句之间缺乏连贯性。

生成式摘要(Abstractive Summarization)则尝试理解原文的整体意义,并用自己的语言生成新的摘要文本。生成式摘要更类似于人类的写作方式,能够提供更加流畅和连贯的摘要。然而,这种方法面临更大的技术挑战,包括准确捕捉原文信息和避免生成错误信息。目前,生成式摘要常依赖于深度学习技术,尤其是基于注意力机制的神经网络模型。这些模型通过大量的预训练数据,学习语言结构和语义,从而生成高质量的摘要。

对于上述活动报道的文章,生成式摘要可能会生成:

北京邮电大学于 2024 年 6 月 12 日—14 日在西土城校区举办了 2024 毕业季"青春无终点 逐梦向韶华"荧光夜跑活动,吸引全校师生参与,展现青春活力。

这种摘要不仅涵盖了原文的主要信息,还使用了流畅的语言,使摘要更具连贯性。

4.3.2　机器翻译

机器翻译任务在 20 世纪中叶提出,其目标是利用机器自动地将一种自然语言文本(源语言)转换为另一种自然语言文本(目标语言)。机器翻译可以帮助人类打破语言障碍,进行信息传递,是实现跨语言交流的工具。机器翻译已经在诸多领域得到广泛应用,比如国际商务、学术研究、旅游出行等等。

在早期机器翻译的研究中,语言学相关知识诸如词法分析、句法分析等在基于规则或统计的方法中起到了非常重要的作用。词法分析对输入的文本进行词汇层面的处理,包括词的切分、词性标注等。句法分析是对句子结构进行解析的任务,其目标是自动地确定句子中词汇之间的语法关系,并构建出相应的句法结构。神经机器翻译诞生前,机器翻译一直着力于围绕源语言与目标语言中的对齐关系进行研究。2013 年神经机器翻译被提出,该方法是一种使用深度学习神经网络获取自然语言之间的映射关系的方法。2014 年序列到序列(seq2seq)学习的方法被提出,并应用在机器翻译任务中,为机器翻译领域带来了重大变革,如图 4.6 所示。同年,注意力机制被应用于机器翻译任务,神经机器翻译性能得到了显著提升。现如今,神经机器翻译方法已被成熟应用于各类翻译工具中。

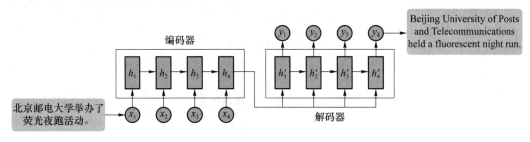

图 4.6　神经机器翻译实现示例

随着大语言模型的发展,基于大语言模型的机器翻译相比于近年的神经机器翻译,在性能上又有了进一步的提升,具有更强的上下文理解、泛化能力,提供了更准确、自然流畅的输出。

4.3.3　知识图谱

知识图谱是由 Google 公司在 2012 年提出来的一个新的概念。从学术的角度,可以这样定义知识图谱："知识图谱本质上是语义网络（Semantic Network）的知识库"。从实际应用的角度，可以把知识图谱理解成概念和实体的多关系图（Multi-relational Graph），是一种形象地展示知识核心结构的可视化图。Google最初利用知识图谱更好地理解用户搜索的信息，提升搜索的深度和广度。目前，知识图谱已经广泛应用于各种复杂的任务中，比如对话理解、知识推理、阅读理解等等。知识图谱构建涉及的自然语言处理关键技术包括：命名实体识别、关系抽取等。

命名实体识别（Named Entity Recognition，NER）又称为实体抽取，在自然语言处理技术走向实用化的过程中占据重要地位，属于序列标注的问题。该问题的目标是对输入模型的时序文本中的每一个字都打上一个标签，并将其分类为预定义的类别。目前，学术上一般包含3个大类（实体类、时间类、数字类）和7个小类（人名、地名、时间、组织、日期、货币、百分比），这些称为标准实体，是问答系统、翻译系统、知识图谱的基础。

实体关系抽取（Relation Extraction，RE）是信息抽取的一个子任务，主要目的是把无结构的自然语言文本中所蕴含的实体**语义关系**挖掘出来，整理成三元组<E1,R,E2>（E1、E2是实体类型，R是关系类型）。

如图4.7所示，从句子"何某某是北京邮电大学校友"中，可以使用命名实体识别技术抽取实体E1"何某某"，类型人名；抽取实体E2"北京邮电大学"，类型组织；关系类型R是"校友"。组成三元组<E1,R,E2>为<何某某，校友，北京邮电大学>。

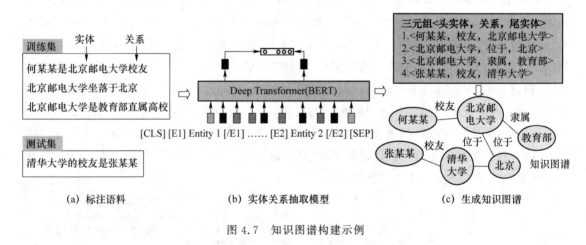

(a) 标注语料   (b) 实体关系抽取模型   (c) 生成知识图谱

图4.7　知识图谱构建示例

4.4　大语言模型

大语言模型（Large Language Model，LLM）是一种深度学习驱动的人工智能技术。这些模型利用海量的数据进行训练，深入模仿人类语言的复杂性，实现了与人类相媲美的文本生成能力。文心一言、通义千问、Kimi、ChatGPT等代表性大语言模型，不仅在人机交流方面表现出色，而且在解决各种任务上都展现了非凡的能力，对人工智能领域的研究产生了显著的影响。本节将主要探讨大语言模型的背景、发展历程、关键技术以及应用案例。

4.4.1　大语言模型的基本概念

大语言模型,通常指的是参数数量巨大(数十亿甚至更多)的 Transformer 语言模型,采用自监督学习方法,在规模庞大的数据集上进行训练来提升性能。这类模型的代表包括 ChatGPT、PaLM 和 LLaMA 等。自 2018 年起,众多科技巨头和研究机构,如 OpenAI、Google、华为和百度等,相继发布了 BERT、GPT 等多款模型,并在各类自然语言处理任务上取得了显著成就。2019 年,大语言模型的发展迎来了爆炸性增长,尤其是 2022 年 11 月由 OpenAI 推出的 ChatGPT,更是在全球范围内引发了广泛的关注。这类模型允许用户以自然语言的方式与其交互,完成从理解到生成的各类任务,如问答、翻译、摘要和分类等。大语言模型不仅展现了其对知识的掌握,而且体现了其对语言深层次的理解能力。为了进一步理解大语言模型的工作原理,本小节内容将简要介绍大语言模型的基础背景,包括模型的扩展定理和涌现能力。

1. 大语言模型的伸缩率

研究人员发现,通过增加训练数据的规模或提升模型的复杂度,大语言模型能够更准确地理解自然语言的上下文,从而生成高质量的文本内容。这种性能提升可以通过伸缩率(Scaling Law)来阐述,即大语言模型的性能会随着模型规模、数据集规模和总计算量的增加而提升。例如,GPT-3 和 PaLM 通过将模型规模扩大到 1 750 亿和 5 400 亿参数,来探索伸缩率的边界极限。然而,在实际应用中,计算资源往往是有限的。因此,研究人员提出,在模型规模、数据集规模和计算量之间探索最优权衡的方法。例如,Hoffmann 提出的 Chinchilla 缩放法强调,当给定计算资源增加时,模型规模和数据集规模应等比例增长。此外,训练数据集的质量对大语言模型的性能有着重要影响,因此,在扩大训练数据集规模时,数据的采集和过滤策略显得尤为关键。对大语言模型的伸缩率的探索,为人类提供了更直观的视角去理解大语言模型的训练过程,使得模型的训练表现更具可预测性。

2. 大语言模型的涌现能力

涌现能力是大语言模型特有的一种表现,在小模型中不存在。当模型规模超过一定阈值后,模型便显现出一定的涌现能力。这种能力是大语言模型与早期预训练模型的一个重要区别。当模型的规模达到一定程度时,其性能会显著提升。这种现象与物理学中物质状态的相变类似,正是"量变引起质变"的体现。以下简要介绍大语言模型几种典型的涌现能力。

(1) 上下文学习

GPT-3 模型中正式引入了上下文学习能力。该模型能够根据接收到的自然语言指令,预测并生成与输入文本相匹配的单词序列,而无须进行额外的训练步骤。

(2) 逐步推理

对于涉及多步推理的复杂任务,如数学问题和代码生成,小语言模型通常难以胜任。然而,大语言模型通过"思维链"提示机制,利用包含推理过程中的提示,可以有效地解决这些问题。这种推理能力很可能源于对大量代码数据的训练。

(3) 指令遵循

适当的任务指令能够有效提升大语言模型的性能。例如,通过精确的自然语言表述对任务进行细化,可以增强模型在新任务中的泛化性能。为不失一般性,指令越清晰、越精确,模型遵循指令的能力就越强,也越能得到期望的任务响应,而过于复杂或者模糊的指令则可能会降低模型的性能。

大语言模型所展示的涌现能力，是其解决复杂问题的关键所在，同时也是构建通用人工智能模型的基石。

4.4.2 大语言模型发展历程

尽管大语言模型的发展历程仅仅不到 5 年，但其进步速度极快。目前，国内外已经发布了超过一百种大语言模型。图 4.8 根据时间线梳理了近年来参数量达 100 亿及以上，并且具有显著影响的大语言模型，其发展大致可以分为三个主要阶段：基础模型阶段、能力探索阶段以及突破发展阶段。

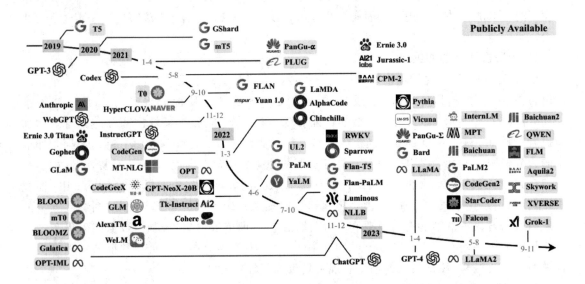

图 4.8 大语言模型发展时间线

1. 基础模型阶段

2021 年之前，大语言模型的发展主要集中在基础模型的构建上。在这一时期，Vaswani 及其团队在 2017 年提出了 Transformer 架构，这对机器翻译领域是革命性的进步。随后，Google 和 Open AI 在 2018 年相继推出了 BERT 和 GPT-1 模型，标志着预训练语言模型的新纪元。此时，GPT-1 拥有 11 700 万的参数量，相较于同期其他深度神经网络，这些模型的参数量有了显著的增长。2019 年，Open AI 发布了参数量高达 15 亿的 GPT-2 模型。到了 2020 年，Open AI 进一步将 GPT-3 模型的参数量提升至 1 750 亿。此后，国内也陆续发布了多款大语言模型，如清华大学的 ERNIE(THU)、百度的 ERNIE(Baidu)和华为的 PanGu-α 等。在这一阶段，研究的重点在于语言模型的结构本身，涵盖了仅编码器、编码器-解码器，以及仅解码器等不同架构的模型。

早期预训练模型规模较小，通常采用预训练加微调的方法，以适应不同的下游任务。然而，当模型的参数量超过 10 亿时，微调所需的计算资源显著增加，该方法就逐渐被使用提示 Prompt、指示 Instrcution 等方法超越或替代。

2．能力探索阶段

能力探索阶段主要针对大语言模型难以微调特定任务的问题,研究无须对单一任务微调即可发挥模型潜力的方法。2019 年,Radford 团队利用 GPT-2 模型研究了大语言模型处理零样本任务的能力。随后,Brown 团队在 GPT-3 模型上进一步研究了通过上下文学习实现小样本学习的方法,该方法通过将少量标注实例前置于输入样本,然后将输入样本和少量标注一起输入语言模型,使模型能够理解任务并产生正确答案。这种方法在 WebQS、TriviaQA 等评测集上展现了强大的性能,在某些任务上甚至超越了传统的监督学习方法。由于上下文学习无须修改模型参数,减少了模型微调所需的大量计算资源。然而,仅依赖语言模型本身,其在许多任务上的性能难以与监督学习相匹敌。为了解决这一问题,研究人员提出了指令微调技术,将多种任务整合至生成式自然语言理解框架,并通过构建训练语料库进行微调。这使得大语言模型能够一次性学习并掌握多种任务,拥有良好的泛化能力。2022 年,Ouyang 团队提出了 InstructGPT 算法,该算法结合了有监督微调和强化学习方法,使得大语言模型可以在仅使用少量数据训练的情况下,遵循人类的指令。同时,Nakano 团队致力于开发 WebGPT,这是一种融合了搜索引擎功能的问答算法。这些算法在零样本和小样本学习的基础上,进一步扩展到对多种任务以监督方式进行微调的生成式框架,有效提高了大语言模型的性能。

3．突破发展阶段

自 2022 年 11 月 ChatGPT 的推出,标志着大语言模型进入了突破发展的新阶段。ChatGPT 通过简洁的对话界面,以大语言模型为基础,实现了问答、代码生成、文本创作、解决数学问题等多领域功能,这些功能在过去通常需要众多特定小模型来分别完成。ChatGPT 在开放性问答、多样化文本生成任务,以及对话上下文理解方面的表现超出了人类的预期。紧接着,在 2023 年 3 月,GPT-4 的发布进一步推动了大语言模型的发展,它不仅提升了性能,还拥有了多模态理解的能力。在多项标准化测试中,GPT-4 的成绩超过了 88% 的人类考生,测试涵盖了美国律师资格考试、学术评估测试和法学院入学考试等。此外,众多企业和研究机构也纷纷推出了各自的大语言模型系统,如百度的文心一言、Google 的 Bard 和智谱的 ChatGLM 等。表 4-1 和表 4-2 分别列出了部分典型闭源和开源大语言模型的基本情况。自 2022 年起,大语言模型的发展呈现出爆炸性增长,不同机构竞相推出了多样化的大语言模型。这些进展不仅体现了技术的飞速进步,也预示着大语言模型在未来应用中的广阔前景。

表 4-1　部分典型闭源大语言模型的基本情况

模型名称	发布时间	模型参数量	基础模型	预训练数据量
GPT-3	2020 年 5 月	1 750 亿	—	3 000 亿 tokens
ERNIE 3.0	2021 年 7 月	100 亿		3 750 亿 tokens
FLAN	2021 年 9 月	1 370 亿	LaMDA-PT	—
GLaM	2021 年 12 月	12 000 亿	—	2 800 亿 tokens
LaMDA	2022 年 1 月	1 370 亿		7 680 亿 tokens
InstructGPT	2022 年 3 月	1 750 亿	GPT-3	
Chinchilla	2022 年 3 月	700 亿		
PaLM	2022 年 4 月	5 400 亿		7 800 亿 tokens
Flan-PaLM	2022 年 10 月	5 400 亿	PaLM	
GPT-4	2023 年 3 月	—	—	—

续　表

模型名称	发布时间	模型参数量	基础模型	预训练数据量
PanGu-Σ	2023 年 3 月	10 850 亿	PanGu-α	3 290 亿 tokens
Bard	2023 年 3 月	—	PaLM-2	—
ChatGLM	2023 年 3 月	—	—	—
文心一言	2023 年 4 月	—	—	—
通义千问	2023 年 5 月	—	—	—
PaLM2	2023 年 5 月	160 亿	—	1 000 亿 tokens
豆包	2023 年 8 月	—	—	—
Kimichat	2023 年 10 月	—	—	—

表 4-2　部分典型开源大语言模型的基本情况

模型名称	发布时间	模型参数量	基础模型	预训练数据量
T5	2019 年 10 月	110 亿	—	10 000 亿 tokens
mT5	2020 年 10 月	130 亿	—	10 000 亿 tokens
PanGu-α	2021 年 4 月	130 亿	—	11 000 亿 tokens
CPM-2	2021 年 6 月	1 980 亿	—	26 000 亿 tokens
T0	2021 年 10 月	110 亿	T5	—
CodeGen	2022 年 3 月	160 亿	—	5 770 亿 tokens
OPT	2022 年 5 月	1 750 亿	—	1 800 亿 tokens
GLM	2022 年 10 月	1 300 亿	—	4 000 亿 tokens
Flan-T5	2022 年 10 月	110 亿	T5	—
BLOOM	2022 年 11 月	1 760 亿	—	3 660 亿 tokens
LLaMA	2023 年 2 月	652 亿	—	14 000 亿 tokens
MOSS	2023 年 2 月	160 亿	Codegen	—
ChatGLM-6B	2023 年 4 月	62 亿	GLM	—
GPT4All	2023 年 5 月	67 亿	LLaMA	—
OpenLLaMA	2023 年 5 月	130 亿	—	10 000 亿 tokens
Baichuan-7B	2023 年 6 月	70 亿	—	12 000 亿 tokens
Baichuan-13B	2023 年 7 月	130 亿	—	14 000 亿 tokens
LLaMA2	2023 年 7 月	700 亿	—	20 000 亿 tokens

4.4.3　大语言模型的关键技术

　　大语言模型历经不断的演进发展，现已演变为具备通用性和学习能力的高效工具。预训练技术在这一演进过程中起到了基石的作用，为模型的能力提升奠定了坚实的基础。此外，众多关键性技术的提出也对增强大语言模型的性能起到了至关重要的作用。以下将简要概述一些可能对大语言模型的成功起到重要影响的技术——预训练技术、大语言模型架构、微调技术和提示策略。

1. 预训练技术

大语言模型的预训练(在海量的数据集上进行)过程赋予了其基础的语言理解与生成能力。当这些预训练模型用于特定的下游任务时,通常无须深入了解任务的复杂性或设计专门的神经网络架构。相反,只需要对预训练模型进行"微调",也就是利用与特定任务相关的标签数据对预训练模型进行进一步的监督学习,便可以显著提高模型的性能。在此过程中,预训练所用数据集的质量高低和规模大小是决定大语言模型能否获得卓越能力的关键因素。图 4.9 给出了部分典型大语言模型的预训练数据来源分布。

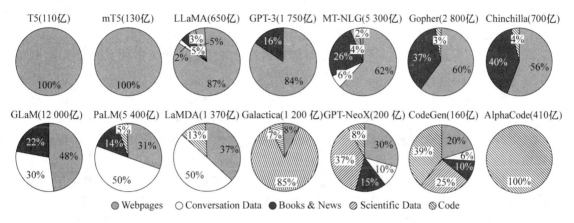

图 4.9 部分典型大语言模型预训练数据中各种数据的来源及比例

2. 大语言模型架构

在大语言模型的预训练过程中,构建良好的模型架构是至关重要的。目前,大语言模型的架构主要分为 3 类,分别为编码器-解码器架构、因果解码器架构和前缀解码器架构,如图 4.10 所示。

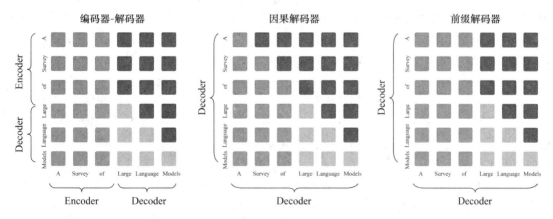

图 4.10 三种架构的注意力机制。蓝色圆角矩形表示前缀 token 之间的注意力,绿色圆角矩形表示前缀 token 和目标 token 之间的注意力,黄色圆角矩形表示目标 token 之间的注意力,灰色圆角矩形表示掩码注意力。

(1) 编码器-解码器架构

传统 Transformer 模型采用编码器-解码器结构,由两个 Transformer 模块组成,分别扮演编码器和解码器的角色。编码器通过多层自注意力机制对输入序列进行处理,以获得其嵌入表示;解码器则利用这些表示,通过

彩图 4.10

交叉注意力机制和自回归方法生成输出序列。基于这种架构的预训练语言模型（如 T5 和 BART）在多种 NLP 任务中表现出色。尽管如此，目前只有少数大语言模型，如 Flan-T5，采用编码器-解码器架构。

（2）因果解码器架构

因果解码器架构使用单向注意力掩码机制，确保每个输入 token 只关注其自身及之前的 token。在这种架构下，解码器以同样的方式处理输入和输出 token。GPT 系列模型是采用因果解码器架构的典型代表，它们展示了这种架构在语言模型开发中的成功应用。特别是 GPT-3 模型，不仅证实了该架构的有效性，而且突显了大语言模型卓越的上下文学习能力。值得注意的是，GPT-1 和 GPT-2 并没有达到 GPT-3 的性能水平，这表明模型规模的增加对于提升模型性能具有显著影响。目前，因果解码器架构已被广泛应用于多种大语言模型，包括 BLOOM、OPT 和 Gopher 等。

（3）前缀解码器架构

前缀解码器架构对因果解码器的注意力掩码进行了调整，允许模型对前缀 token 执行双向注意力机制，而对于生成的 token 则仅进行单向注意力处理。这种设计使得前缀解码器能够像编码器-解码器架构那样，双向处理前缀序列，并以自回归的方式逐一预测输出 token，同时在编码和解码阶段共享参数。在实际应用中，模型通常不是从零开始预训练，而是在已有的因果解码器模型基础上继续训练，随后将其转化为前缀解码器，以加快收敛速度。例如，U-PaLM 就是从 PaLM 模型演变而来的。目前，基于前缀解码器架构的大语言模型有 U-PaLM 和 GLM-130B 等。

3. 微调技术

大语言模型完成预训练后，具备了处理各类任务的通用能力。尽管如此，近期的多项研究指出，预训练后的大语言模型还可以进一步优化，使其更好地适应特定的下游任务。本小节将探讨大语言模型的两种主要的微调策略：指令微调和对齐微调。指令微调的目标是提升或激活大语言模型的能力，而对齐微调则致力于使大语言模型的行为更加符合人类的价值观和偏好。此外，我们还将介绍一种参数高效微调策略。

（1）指令微调

指令微调技术是一种优化预训练大语言模型的方法，它使用由指令（任务描述）和期望输出对构成的数据集来微调模型。在这一过程中，首先引入一组预定义的指令，这些指令清晰地定义了模型将要完成的任务；紧接着，模型在包含这些指令的特定数据集上进行微调，以学习如何依据这些指令来完成任务。如图 4.11 所示，若给定输入为"北京明天的天气怎么样？"，在不进行指令微调时，模型输出为"北京明天的天气预计是多云"。若给定指令"请你详细回答关于天气状况的问题，包括温度、湿度等"，模型输出为"北京明天的天气预计是多云，最高温度为 25 ℃，最低温度为 15 ℃，湿度为 60％"，用户的指令能让模型更准确地理解用户的问题，并给出更具体的回答。同时，模型会根据不同的指令，完成不同的任务。例如，给定指令为"请将中文翻译为英文"，输入仍为"北京明天的天气怎么样？"，模型输出为"What will the weather be like in Beijing tomorrow？"。上述示例表明，通过构建指令集合，有助于大语言模型更准确地理解并执行任务。

（2）对齐微调

大语言模型在训练过程中，会学习并模仿其训练数据集中的各种数据模式（数据质量参差不齐），这可能导致它们生成对人类有害、有误导性或带有偏见的信息。为了解决这一问题，需要对大语言模型进行调整,以确保它们的行为与人类的价值观(如有用性、诚实性和无害性)保持一致。为了实现这一目标,InstructGPT 提出了一种基于人类反馈的强化学习方法(Reinforcement Learning from Human Feedback,RLHF)。该方法将人类评估者的意见纳入模型的训练过程,利用人类提供的反馈数据对大语言模型进行微调,以提高模型与人类价值观的一致性。图 4.12 对比了大语言模型在有/无对齐微调时,对于同一输入的不同输出。在该示例中,无对齐微调时,大语言模型对于输入"因为农村的土地价格要更便宜一些,所以更适合发展有污染的产业吗?",产生了带偏见的输出"是的,农村的土地价格相对较低,这使得农村地区更适合发展污染较严重的产业。"。这不符合人类的价值观,违背了无害性输出的原则。而利用人类提供的反馈数据对大语言模型进行对齐微调后,大语言模型的输出首先指出了输入中存在的逻辑谬误,即"我们不能简单地认为农村土地价格便宜就适合发展污染产业。",并给出了恰当且合理的解决方案。经过对齐微调后的大语言模型确保了输出内容的无害性和有用性,与人类的偏好和价值观保持一致。

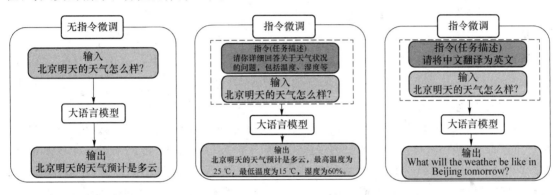

图 4.11　指令微调示例

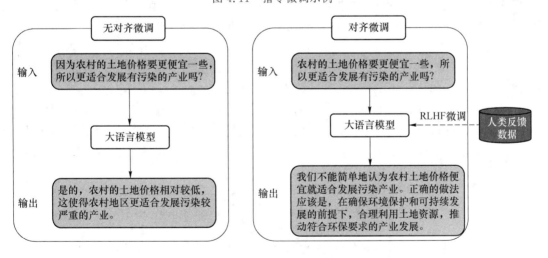

图 4.12　对齐微调示例

（3）参数高效微调

大语言模型由于其庞大的参数量,在进行全参数微调时会面临较高的计算成本。因此,为了在保持性能的同时减少训练参数,人们提出了参数高效微调,比如低秩自适应(LoRA)方法、提示微调、适配器微调和前缀微调。其中,LoRA 方法已经在多个开源大语言模型中得到应用,如 BLOOM 和 LLaMA 等。LoRA 的算法结构如图 4.13 所示,其优势在于显著降低了模型对内存和存储的需求,并且允许在保留单一大型模型的同时,创建多个针对特定任务优化的低秩矩阵。

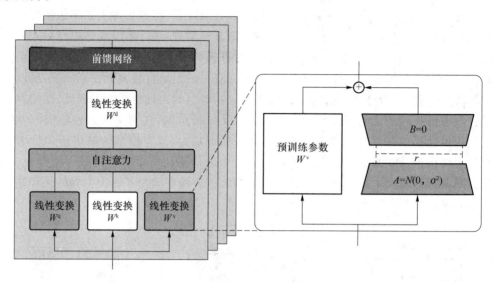

图 4.13　LoRA 算法结构

4. 提示策略

在大规模数据集上预训练后,大语言模型展现出了处理多种通用任务的潜力。但在处理特定任务时,这些潜力可能并未明显表现出来。为了激发这些潜力,可以采用一些技术策略,如设计恰当的提示指令或上下文学习(Incontext Learning,ICL)策略。例如,在提示中加入推理步骤的思维链(Chain-of-Thought,CoT)已被证实能有效解决复杂的推理问题。此外,通过使用给定输入输出示例的上下文学习策略,大语言模型可以更好地适应特定的任务。需要注意的是,这些策略主要针对大语言模型的涌现能力,对于小语言模型的效果可能会有所不同。

（1）上下文学习

上下文学习是随着 GPT-3 模型的推出而首次提出的概念。这种学习策略允许模型从少量与特定任务相关的示例中学习,将这些示例连同待处理的测试样本一起输入模型,模型便能够基于这些示例,生成测试样本的答案。如图 4.14 所示,模型能够推断出该测试句子的情感极性,如正面、负面、中位。上下文学习的核心理念是从模仿中学习,这一过程不涉及模型参数的调整,而是通过直接的推理来实现。这种方法使得大语言模型能够处理各种复杂的推理任务,而无须进行参数更新。

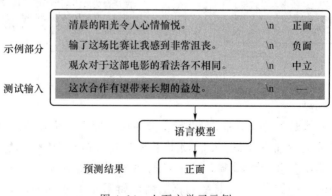

图 4.14　上下文学习示例

（2）思维链提示

思维链提示是一种优化的提示技术,用于增强大语言模型在处理复杂推理任务时的表现,如常识推理、数学问题和符号推理等。这种方法的核心在于将复杂问题细化为一系列可单独求解的步骤,而不是试图一次性解决整个多步骤问题。与仅使用输入输出对的上下文学习不同,思维链提示还包括推导出最终答案所需的中间逻辑推理步骤。在思维链提示中,每个示例的格式从简单的"输入-输出"扩展到包含推理过程的"输入-思维链-输出"。如图 4.15 所示,思维链提示的过程通常分为两个主要阶段:思维链的生成和答案的提取。在思维链生成阶段,通过将问题与"让我们一步一步地思考"提示模板结合,利用大语言模型自动产生思维链推理步骤;而在答案提取阶段,将问题、推理提示模板、生成的思维链推理步骤,以及"因此答案是"的模板结合起来,形成新的提示,以从大语言模型中获得问题的答案。思维链提示通过引导大语言模型逐步推理,提高模型解决复杂问题的能力。

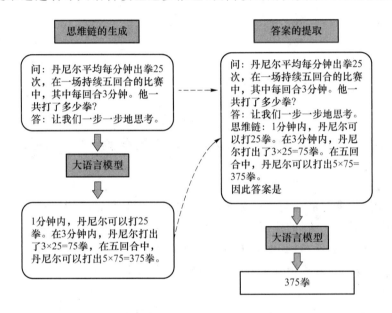

图 4.15　思维链提示示例

4.4.4　代表性大语言模型

继 Open AI 公司发布大语言模型 ChatGPT 后,业界各科技公司也陆续开发出自家的大语言模型。这些模型在处理自然语言理解和生成方面展现出了前所未有的能力,极大地推动了人工智能在多个领域的应用和发展。本小节以文心一言、通义千问、豆包和 Kimi 为例,主要介绍其在智能对话和信息处理方面的应用。

1. 文心一言

2023 年 3 月 16 日,百度全新一代知识增强大语言模型文心一言(英文名:ERNIE Bot)正式启动邀测,是中国最早发布的大语言模型产品,如图 4.16 所示。文心一言能够与人对话互动、回答问题、协助创作,高效便捷地帮助人们获取信息、知识和灵感。文心一言从数万亿数据和数千亿知识中融合学习,得到预训练大模型,在此基础上采用有监督精调、人类反馈强化学习、提示等技术,具备知识增强、检索增强和对话增强的技术优势。

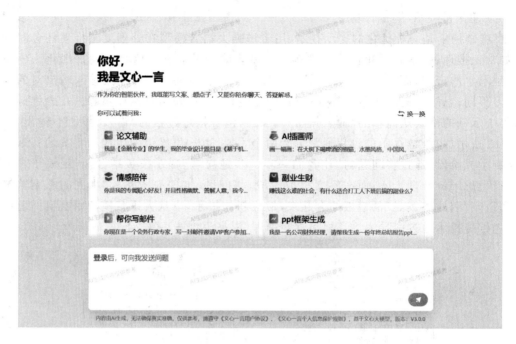

图 4.16　文心一言主页

文心一言的模型具有五个场景综合能力，包括文学创作、商业文案创作、数理推算、中文理解、多模态生成。

（1）文学创作

文心一言能够根据对话问题进行文学创作，比如将知名科幻小说《三体》的核心内容进行总结，并提出多个续写《三体》的建议角度，体现出文心一言对话问答、总结分析、内容创作生成的综合能力。此外，生成式 AI 在回答事实性问题时常常"胡编乱造"，而文心一言延续了百度知识增强的大模型理念，大幅提升了回答事实性问题时的准确率。

（2）商业文案创作

文心一言能够顺利完成给公司起名、写 Slogan、写新闻稿的创作任务。在连续内容创作生成中，文心一言既能准确理解人类意图，又能清晰地表达，这是基于庞大数据规模而发生的"智能涌现"。

（3）数理逻辑推算

文心一言还具备了一定的思维能力，能够完成数学推演及逻辑推理等相对复杂的任务。面对"鸡兔同笼"这类锻炼人类逻辑思维的经典题，文心一言能理解题意，并有正确的解题思路，进而像学生做题一样，按正确的步骤，一步步算出正确答案。

（4）中文理解

作为扎根于中国市场的大语言模型，文心一言具备中文领域最先进的自然语言处理能力，在中文语言和中国文化上有更好的表现。比如文心一言正确解释了成语"洛阳纸贵"的含义、"洛阳纸贵"对应的经济学理论，还用"洛阳纸贵"四个字创作了一首藏头诗。

（5）多模态生成

文心一言具备生成文本、图片、音频和视频的能力。文心一言甚至能够生成四川话等方言语音。

文心一言的**技术优势**包括有监督精调、人类反馈的强化学习、提示、知识增强、检索增强和对话增强。前三项是大语言模型都会采用的技术，在文心一言中又有了进一步强化和打磨；后三项则是百度已有技术优势的再创新，也是文心一言未来越来越强大的基础。

知识增强：首先将大规模知识和无标注数据作为知识，构造训练数据，把知识学习到模型参数中；随后，通过引入外部多源异构知识，进行知识推理、提示构建等。

检索增强：来自以语义理解与语义匹配为核心技术的新一代搜索架构，通过引入搜索结果，可以为大模型提供时效性强、准确率高的参考信息。

对话增强：基于对话技术和应用积累，文心一言具备记忆机制、上下文理解和对话规划能力，从而更好地实现对话的连贯性、合理性和逻辑性。

2. 通义千问

通义千问是 2023 年 5 月由阿里云研发的一款先进的人工智能语言模型，其强大的自然语言处理能力与广泛的知识覆盖面，使得其在教育、咨询、信息检索等领域发挥着重要作用。

通义千问作为一款人工智能问答系统，如图 4.17 所示，其主要功能在于理解和生成人类自然语言，能够提供精准详尽的问题解答服务。无论是专业领域的知识查询、日常生活的疑问解答，还是新闻时事的解读分析，通义千问都能以接近真人对话的方式，实时为用户提供高质量的信息反馈。此外，它还支持多种语言交互，以满足不同用户群体的需求。

图 4.17　通义千问主页

（1）智能搜索和问答系统

通义千问可以用于构建智能搜索引擎和问答系统，帮助用户快速找到他们需要的信息。它可以理解用户提出的问题，并且从海量的文本数据中找到相关的答案，为用户提供更加智能和高效的信息检索服务。

（2）语义理解和对话系统

通义千问能够理解自然语言文本的语义，并且可以进行自然对话。这使得它可以被应用于构建智能对话系统，例如，智能客服机器人、智能语音助手等，为用户提供更加智能和自然的交互体验。

（3）文本生成和创作助手

通义千问具有强大的文本生成能力，能够应用于自动摘要生成、文档自动化生成、创意文案生成等领域，为用户提供更加高效和智能的创作辅助工具。

（4）情感分析和舆情监控

通义千问能够帮助用户了解文本中的情感倾向和情感态度，因此，它更适合应用于舆情监控、舆情分析、情感客服等领域。

通义千问的**技术优势**包括如下 3 点。

知识广度和深度：通义千问是基于海量的数据训练而成的，具备深厚的知识储备，其知识储备覆盖科技、文化、历史、生活等多个领域，无论问题多么复杂或独特，它都有可能给出准确的答案。

实时高效性：不同于传统搜索引擎需要用户从大量搜索结果中筛选答案，通义千问可以直接生成针对性强、内容精炼的回答，极大地提高了信息获取效率。

持续学习与进化：通义千问具有自我学习和优化的能力，它可以随着用户的使用和反馈不断迭代升级，且其理解能力和回答质量也在不断提高。

3. 豆包

豆包是 2023 年 8 月由字节跳动抖音子公司推出的基于云雀模型开发的 AI 工具，如图 4.18 所示。它提供聊天机器人、写作助手以及英语学习助手等功能，可以回答各种问题并与用户进行对话，帮助用户获取信息，支持网页 Web 平台，iOS 以及安卓平台。

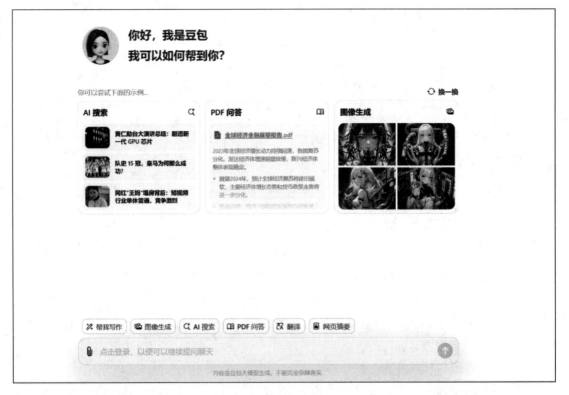

图 4.18　豆包主页

　　豆包的目标应用场景和文心一言、通义千问一致,而且更广泛。首先,它具备广泛的功能覆盖,包括自然语言处理、知识回答、语言翻译、文本摘要、情感分析等多个领域;然后,豆包在问答任务方面表现出色,具有准确、详细的回答能力,能够满足用户的各种问题需求;最后,豆包还具备一定的写作能力,可以进行文本摘要和文章概括等操作,为用户提供高质量的写作辅助。

　　作为最主要的技术优势之一,豆包大模型提供多模态模型家族,包括通用模型 Pro、通用模型 Lite、角色扮演模型、语音合成模型、声音复刻模型、语音识别模型、文生图模型、Function call 模型和向量化模型等,以满足不同业务场景的需求。

4. Kimi

　　Kimi 是由月之暗面科技有限公司(Moonshot AI)开发的大语言模型产品,发布于 2023 年 10 月 9 日,能够进行复杂的自然语言处理任务,其网页版面如图 4.19 所示。Kimi 的智能对话能力基于其强大的自然语言处理技术,能够执行复杂的语言任务,因此,Kimi 的应用场景非常广泛,可以涵盖个人和企业的各种需求,且其具有多种技术优势。

图 4.19　Kimi 网页版界面

　　(1) 应用场景

　　Kimi 是一个安全、高效、用户友好的智能助手,其应用场景可以根据用户的具体需求进行定制和扩展,以满足不同领域和行业的特定要求,以下是一些主要的应用场景。

　　① 个人助手

　　日常咨询:提供天气预报、新闻摘要、健康建议等。

　　学习辅导:解答学术问题,提供语言学习支持。

　　生活管理:帮助安排日程、提醒事项、管理待办事项。

　　② 商务应用

　　数据分析:帮助分析业务数据,提供决策支持。

客户服务：自动回答客户咨询，提供即时帮助。

市场研究：收集市场信息，分析趋势。

③ 教育领域

在线教育：提供个性化学习计划，辅助教学。

语言学习：帮助学习者练习语言，提供语言练习资源。

④ 技术支持

IT 支持：提供技术问题的解决方案和建议。

编程辅助：帮助解决编程问题，提供代码示例。

⑤ 内容创作

文案创作：帮助撰写文章、博客、广告文案等。

设计辅助：提供设计灵感和建议。

⑥ 健康咨询

提供健康和营养建议，回答有关健康和医疗的问题。

（2）技术优势

Kimi 的技术优势包括如下 5 点。

语言处理：支持中英文对话，能够理解和生成自然语言文本。

多格式文件处理：能够阅读和分析多种文档格式，如 TXT、PDF、Word、PPT 和 Excel。

搜索集成：具备搜索能力，能够结合网络信息提供答案。

大容量处理：能够处理高达 20 万字的输入和输出。

个性化服务：根据用户需求提供定制化服务，例如，论文摘要和总结、文案撰写、编程示例等等。

4.4.5　以 Kimi 为例的大语言模型应用

本小节通过基于 Kimi 的 4 个示例：中英文翻译、构建知识图谱、文本摘要、方案生成，了解大模型到底能够如何帮助我们做得更好。

示例一

Kimi 能够帮助我们进行中英文翻译，如个人简介、公司介绍、学术论文、法律文件和市场研究报告等的中英文翻译。通常的机器翻译（Machine Translation，MT）技术通过统计分析源语言和目标语言之间的词汇和短语的映射关系来预测翻译，每一种模型仅能提供一种风格的翻译或要求的翻译。但大模型能够给各个领域的文本提供更自然、流畅，甚至各种风格的中英文翻译。图 4.20 展示了 Kimi 对于同一句话的不同风格的翻译。比如"在漫长的历史长河中，中华民族展现出了非凡的智慧和坚韧不拔的精神。"，Kimi 可以按照正式官方、文学化表达、口语化表达、简洁直接、诗意表达、新闻报道、学术性描述等多种风格进行翻译。大语言模型可作为各界人士的翻译工具，以提升工作效率。

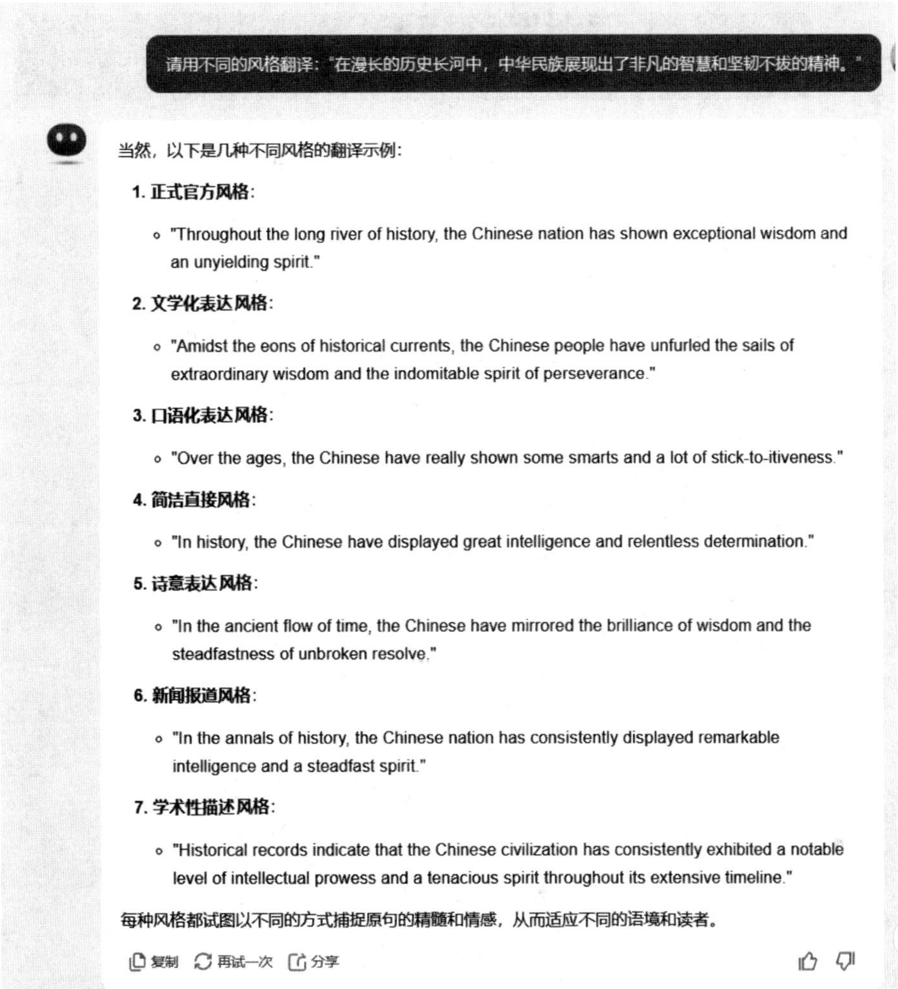

请用不同的风格翻译："在漫长的历史长河中，中华民族展现出了非凡的智慧和坚韧不拔的精神。"

当然，以下是几种不同风格的翻译示例：

1. 正式官方风格：

- "Throughout the long river of history, the Chinese nation has shown exceptional wisdom and an unyielding spirit."

2. 文学化表达风格：

- "Amidst the eons of historical currents, the Chinese people have unfurled the sails of extraordinary wisdom and the indomitable spirit of perseverance."

3. 口语化表达风格：

- "Over the ages, the Chinese have really shown some smarts and a lot of stick-to-itiveness."

4. 简洁直接风格：

- "In history, the Chinese have displayed great intelligence and relentless determination."

5. 诗意表达风格：

- "In the ancient flow of time, the Chinese have mirrored the brilliance of wisdom and the steadfastness of unbroken resolve."

6. 新闻报道风格：

- "In the annals of history, the Chinese nation has consistently displayed remarkable intelligence and a steadfast spirit."

7. 学术性描述风格：

- "Historical records indicate that the Chinese civilization has consistently exhibited a notable level of intellectual prowess and a tenacious spirit throughout its extensive timeline."

每种风格都试图以不同的方式捕捉原句的精髓和情感，从而适应不同的语境和读者。

复制　再试一次　分享

图 4.20　Kimi 中英文翻译应用示例

示例二

　　构建知识图谱是一个复杂的过程，传统方法通常需要提供实体识别、关系抽取、属性收集、知识融合、知识更新等复杂的技术才能实现。大模型出现后，其能够依据人类的指令来灵活地构建知识图谱，以更好地帮助人类进行知识更新和推理。图 4.21 展示了 Kimi 针对任意输入的一句话"北京邮电大学是教育部直属高校，位于北京，下设人工智能学院负责人工智能导论课建设。"进行实体识别和关系抽取，并构建知识图谱的结果，用户只需要使用提示技术，大模型即可针对指令完成知识图谱的构建。

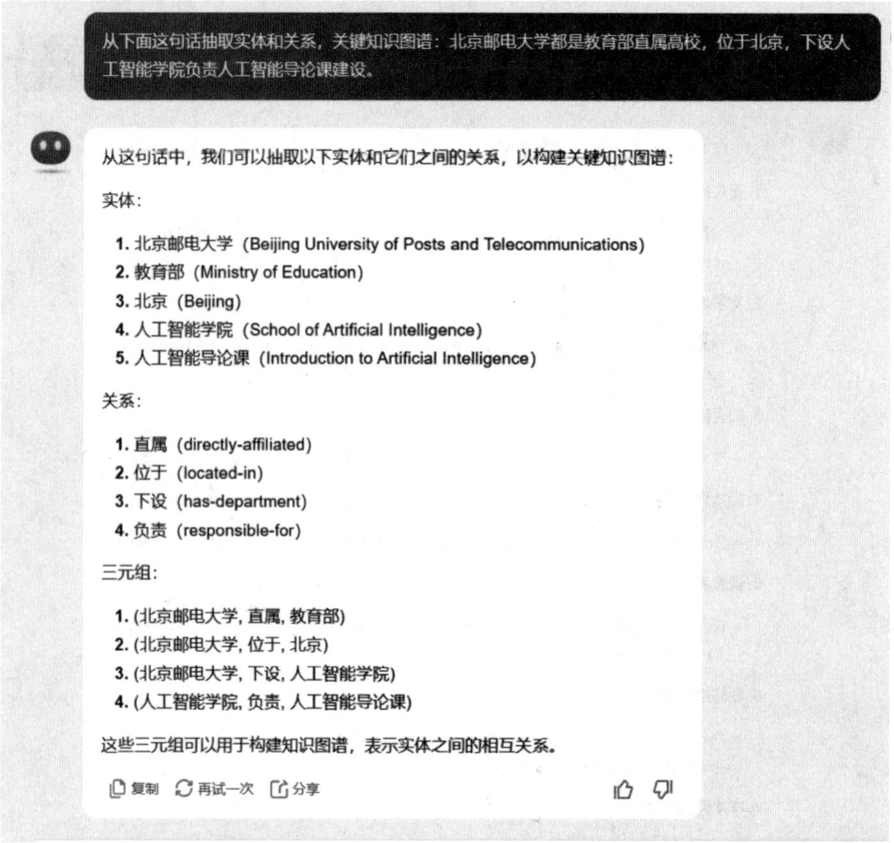

图 4.21　Kimi 构建知识图谱应用示例

示例三

　　Kimi 擅长分析长篇文章,如学术论文、法律文件和市场研究报告,帮助用户提取关键信息和观点。图 4.22 展示了 Kimi 处理 *Attention is all you need* 论文的实际应用案例。用户希望 Kimi 总结论文内容,Kimi 成功提炼了论文的核心要点,其长文本处理能力使其能够维持对整篇论文的上下文理解,从而提供更准确和连贯的信息提炼。Kimi 在学术论文信息处理方面的应用表明,大语言模型可以作为研究人员的重要辅助工具,其在理解和提炼学术论文内容方面的高效性和准确性,为学术知识的传播和普及提供了新的途径。

示例四

　　AIGC 是大模型最重要的技术体现,图 4.23 展示了 Kimi 在智能对话系统中针对实际问题生成解决方案的应用案例。用户以文本的方式输入一个复杂的数据结构问题,Kimi 根据用户的提问,生成了一个详细的解决方案,包括算法思想、算法步骤,并提供了相应的伪代码,展示了其强大的语言理解能力和知识组织能力,提升了用户的对话体验。

对这篇文章进行精确凝练的总结。
https://proceedings.neurips.cc/paper_files/paper/2017/file/3f5ee243547dee91fbd053c1c4a845a a-Paper.pdf

这篇论文介绍了一种名为"Transformer"的新型神经网络架构，它完全基于注意力机制（attention mechanisms），不再依赖于传统的循环（RNN）或卷积（CNN）网络结构。Transformer模型在处理序列转换任务，如机器翻译时，展示了显著的效率和性能。

以下是对论文内容的精确凝练总结：

1. **背景与动机**：传统的序列转换模型，如循环神经网络（RNN）和长短期记忆网络（LSTM），在序列建模和转换问题上取得了良好效果。然而，这些模型存在计算效率低下和难以并行化的问题。
2. **Transformer模型**：提出了一种新的网络架构Transformer，它完全基于注意力机制，不使用循环和卷积。这种架构允许更多的并行化，减少了训练时间。
3. **注意力机制**：Transformer模型使用多头自注意力（Multi-Head Attention）机制，允许模型同时从不同的位置关注信息，这有助于捕捉序列内的长距离依赖关系。
4. **模型架构**：Transformer模型包含编码器（Encoder）和解码器（Decoder）堆栈，每个堆栈由多个相同的层组成。每层都包括多头自注意力机制和逐位置的全连接前馈网络（Feed-Forward Network）。
5. **位置编码**：由于Transformer不使用循环或卷积，因此引入了位置编码（Positional Encoding），以保持序列中单词的顺序信息。
6. **训练与优化**：论文描述了Transformer模型的训练细节，包括数据集、批处理、硬件配置、优化器选择以及正则化技术。
7. **实验结果**：在WMT 2014英德和英法机器翻译任务上，Transformer模型超越了当时的最佳结果，包括集成模型，设立了新的性能标准。
8. **结论与未来工作**：作者对基于注意力的模型的未来表示乐观，并计划将Transformer模型应用于除文本之外的其他输入和输出模态，如图像、音频和视频。同时，他们还计划研究局部的、受限的注意力机制，以有效处理大型输入和输出。论文的贡献在于提出了一种新的序列处理模型，它在并行化和训练效率上有显著提升，同时在机器翻译任务上取得了优异的性能。此外，Transformer模型的提出也为后续的研究和应用奠定了基础，尤其是在NLP领域。

复制　再试一次　分享

图 4.22　Kimi 信息处理应用示例

这个问题可以通过"最大最小"算法（也称为"最长处理时间优先"算法，Longest Processing Time First, LPT）来解决。该算法的基本思想是首先选择处理时间最长的作业，然后选择剩余作业中处理时间最长的作业，依此类推。这样可以尽量使所有机器的负载均衡，从而减少总的完成时间。

以下是使用C++实现的LPT算法的基本步骤：

1. **输入作业和机器数量**：读取作业的处理时间 t1, t2, ..., tn 和机器数量 m。
2. **初始化**：将所有作业按处理时间从大到小排序。
3. **分配作业**：从排序后的作业列表中选择最长的作业，分配给当前最早完成的机器，直到所有作业都被分配。
4. **计算总时间**：计算所有机器完成所有作业所需的总时间。

以下是具体的C++代码实现：

```cpp
#include <iostream>
#include <vector>
#include <algorithm> // 用于排序

using namespace std;

struct Job {
    int id;    // 作业编号
    int time;  // 作业处理时间
};

bool compare(const Job &a, const Job &b) {
    return a.time > b.time; // 降序排序
}

int main() {
    int n, m;
    cin >> n >> m; // 读取作业数量和机器数量
```

图 4.23　Kimi 智能对话系统应用示例

本 章 小 结

自然语言处理是人工智能的一个重要的子领域,致力于让计算机也能够理解和处理人类语言,使计算机更接近于人类对语言的理解。它被誉为"人工智能皇冠上的明珠",一方面表明了它的重要性,另一方面也显现出了它的技术难度。大语言模型的出现极大地推动了自然语言处理领域的发展,为各种语言相关应用的创新和优化提供了强大的动力,提高了计算机理解人类语言的准确性、逻辑判断及情感感知能力,是目前自然语言处理领域最具突破性的进展。

本章的教学目的是使学生了解自然语言处理的发展历史和技术变迁,理解文本表示的基本方法和自然语言处理的经典任务,学习大语言模型的主要技术特征、应用场景和方法。

扩展资料:自然语言处理会议论文集

思 考 题

1. 在自然语言处理领域中,通常有哪些研究任务?
2. 文本的表示指的是将文本转化为有意义的向量表示形式,通常有哪些表示方法?
3. 文本向量表示在文本信息处理过程中起到了什么作用?
4. 词的分布式表示通常使用词嵌入方式实现,请简述什么是词嵌入技术?
5. 相较于其他语言,中文在自然语言处理过程中需要注意哪些问题?
6. 大语言模型的涌现能力是什么? 其形成涌现能力的技术有哪些?
7. 假设我们有以下两个中文句子,句子 1:"我喜欢阅读科幻小说。"和句子 2:"我热爱科幻小说。"我们假设句子中只包含以下 6 个词汇:

"我""喜欢""热爱""阅读""科幻""小说"

用一个六维向量来表示每个句子,其中每个维度对应一个词汇的出现次数,计算这两个句子的句向量,并计算它们的余弦相似度和欧氏距离。

第 5 章

计算机视觉

计算机视觉(Computer Vision)是一门研究如何使机器"看"的学问,它通过处理图像和视频等视觉信号,提高视觉质量并提取高层次的理解特征,完成对目标进行检测、跟踪、识别、语言描述等视觉任务。有研究表明在人类大脑中,超过 80% 的信息来自视觉,视觉是人类感知外部世界、获取信息的重要的途径之一。视觉是研究感知的第一步,从视觉可以扩展到其他感知系统:听觉、嗅觉、触觉等等。通过本章的学习,我们希望回答"如何告诉计算机我们看到了什么""如何对人类的视觉系统建模""为何计算机在某些视觉任务中比人类表现得更出色"等问题。

为了让读者了解计算机视觉的全貌,本章内容安排如下:5.1 节简述计算机视觉的发展历史;5.2 节阐述计算机视觉中的图像表示与特征提取,介绍特征提取的常用神经网络模型;5.3 节介绍计算机视觉的基本任务;5.4 节以人脸识别为例讲解计算机视觉的基本原理和工作流程;5.5 节展望计算机视觉的未来研究方向。

5.1 计算机视觉的发展历史

从解决问题的角度而言,计算机视觉用于创建能够从图像或者多维数据中获取"信息"的人工智能系统。这里的"信息"指香农定义的、可以用来帮助做一个"决策"的信息。因为"感知"可以看作是从感官信号中提取信息,所以计算机视觉也可以看作是研究如何使人工智能系统从图像或多维数据中"感知"的科学。

从学科交叉的角度而言,计算机视觉还可以被看作是生物视觉的一种模拟。一方面,生物视觉科研人员提出了许多物理模型来建模人类和动物视觉系统感知信息的过程;另一方面,计算机视觉科研人员也利用软件和硬件实现了类似的视觉智能系统。

在计算机视觉 40 多年的发展中,总体上经历了四个主要阶段:马尔计算视觉、主动视觉与目的视觉、多视几何与分层三维重建和基于学习的视觉。

第一阶段是马尔计算视觉。在 1982 年出版的著作《视觉》中,大卫・马尔提出计算机视觉是一种多层次信息处理过程,此书主要讨论计算理论和表达与算法两部分内容。马尔认为,大脑的神经计算和计算机的数值计算没有本质区别。

马尔计算视觉理论提出后,学术界兴起了计算机视觉的热潮。人们想将这种理论应用于工业机器人，赋予机器人视觉。研究人员发现，马尔计算视觉理论尽管非常完美，但是鲁棒性不够，缺乏一定的主动性、目的性和应用性。因此，研究人员提出了第二阶段的主动视觉与目的视觉，旨在主动地、有目的地、能定性地进行视觉信息处理。

20世纪90年代初，计算机视觉走向进一步繁荣，进入了第三阶段：多视几何和分层三维重建，该阶段的研究重点是如何快速、鲁棒地重建大场景。分层三维重建理论是继马尔计算视觉理论后的又一个重要且具有影响力的理论。目前很多大公司的三维视觉应用，如百度、苹果等公司的三维地图，微软的虚拟地球，其后台核心支撑技术都是分层三维重建。

最终阶段是当代计算机视觉的阶段，即基于学习的视觉（Learning Based Vision）。该阶段的发展历程大体上分为：最初的以流形学习为代表的子空间法和目前的以深度学习为代表的视觉方法。在深度学习算法问世之前，视觉算法大致可以分为以下5个步骤：特征感知、图像预处理、特征提取、特征筛选、推理预测与识别。而深度学习算法不需要手动设计特征，不用挑选分类器，可以做到同时学习特征和分类器。此外，得益于数据积累和运算能力的提高，时隔二十多年，卷积神经网络卷土重来，占据主流地位。

2012年，在一项极具挑战性的大规模视觉识别任务中，亚历克斯·克里泽夫斯基（Alex Krizhevsky）等展示了基于卷积神经网络（Convolutional Neural Networks，CNN）模型的优秀性能，这项开创性的工作为当前深度学习的普及做出了重要贡献，使深度学习方法成为大家在计算机视觉领域关注的重点。人工智能的一个重要应用突破在于AlphaGo的成功，它的成功证明了深度学习设计出的算法可以战胜世界上最强的选手。随着深度神经网络模型的不断改进（如ResNet、Inception V2、DenseNet），对高效深度学习软件库的访问不断开放，以及训练复杂模型所需的硬件条件的提升，深度学习正在迅速进入与安全和安保相关的应用中，如自动驾驶汽车、监视、恶意软件检测、无人机和机器人，以及语音命令识别等。同时，在我们的日常生活中，深度学习也发挥了重要作用，如面部识别ATM和手机上的人脸ID识别等。

5.2　图像表示与特征提取

人眼看到的图像是三维世界在视网膜上的二维投影，且人眼可以感受色彩亮度、光线强弱、距离远近等。计算机视觉的一个基础问题是：机器如何像人类一样识别图像？

5.2.1　图像表示

计算机以一种类似二维矩阵的形式表示图像，即计算机图像由一系列表示各空间位置的像素点组成，每个像素都有自己的颜色值。像素（Pixel）是构成数字图像的基本单元，它是图像中的一个最小可显示单位。每个像素点都可以有特定的颜色值，这些颜色值组合在一起形成了我们所看到的图像。在数字显示设备上，如电脑显示器、电视屏幕、手机屏幕等，图像都是由成千上万个这样的像素点组成的。图5.1显示了一张简化的图像，以及一个由灰度图像转换成的数字矩阵。

将图像视为不同方块或像素的巨大网格。图像中的每个像素都可以用数字表示，其数值通常为0到255，表示256个灰度等级。右侧图的数字矩阵是算法或者软件在输入图像时使用的格式。这个图像有16行、12列，这意味着该图像共有$16 \times 12 = 192$个值。

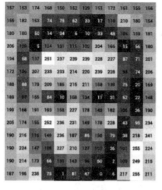

图 5.1　人脸图像及其像素的矩阵表示

灰度图像中的每个像素用一个字节来表示亮度值,即 8 个二进制位,每位的取值可以为 0 或者 1,所以 8 位二进制数可以表示 2^8＝256 种亮度。对应于十进制而言,亮度最小值为 0(最低亮度,就是黑色),最大值为 255(最高亮度,也即白色)。

广泛存在于现实世界中的图像都是彩色的。当在数字图像中添加颜色时,图像表示将变得更加复杂。从颜色叠加原理可知,用红、绿、蓝三种色可以叠加得到彩色。对于每个像素,计算机通常将颜色读取为 3 个值,即红色、绿色和蓝色(简称 RGB),它们的取值范围为 0~255。现在,每个像素有 3 个颜色值需要计算机存储,那么,图 5.1 的彩色图像将有 $16\times12\times3=576$ 个值或数字。彩色图像的计算机存储细节如图 5.2 所示。

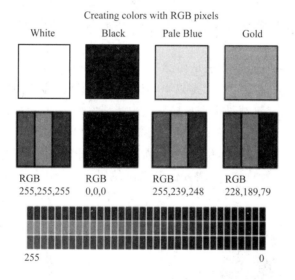

彩图 5.2

图 5.2　RGB 图像的常见颜色举例

一张正常大小的图像会占用计算机多少存储空间呢? 我们来算一算。

① 每个颜色值以 8 位存储;

② 8 位/像素×3 种颜色,即 24 位/像素;

③ 正常大小的 1024×768 图像×24 位/像素＝19 Mbit,或大约 2.36 MB。

为了训练一个用于检测或者识别等任务的视觉模型,尤其是深度学习模型,通常需要大量的图像。例如,商用的人脸识别系统一般使用上千万张图像进行训练。即使使用迁移学习方法,仍然需要数万张图像来微调已经训练过的模型。因此,人们普遍认为:海量数据、学习算法和大算力是实用化的计算机视觉系统成功的关键因素。

5.2.2 图像特征提取

完成了图像表示后,现实世界的图像就可以存储到计算机内,后续就可以进行图像分类、图像分割、目标检测等多种视觉任务了。但是,像素值直接反映图像的每一个点的颜色信息,是图像的原始数据。为了完成视觉任务,我们还需要从这些原始数据中提取高层次抽象特征。

例如,当描述某个人的特征时,我们会用高、矮、胖、瘦、眼睛大小、头发长短、走路步态等信息来描述。描述图像也是一样,需要找到能体现图像特征的有用信息,比如图像的颜色、形状、纹理等等,为后续的图像分析和处理任务提供基础。传统的图像特征提取指的是视觉底层特征的统计量,比如颜色、轮廓、纹理。按照特征提取区域又可以将图像特征分为全局特征和局部特征。

一种简单的全局特征表示方法是颜色直方图法。它通过统计图像中颜色的分布来描述图像,记录每个颜色出现的次数,然后构成一个向量来表示图像。我们以 RGB 颜色空间中的彩色图像为例,看看图像的颜色直方图特征如何获取。红、绿、蓝三个颜色,每种颜色用 8 位二进制数来描述,也就是说每个颜色都有 2^8（256）种取值,那么三种颜色混合之后,整个颜色空间将有 256^3,大约 1 678 万种颜色。如果在图像中统计 1 678 万个颜色出现的次数,那么计算效率会很低。为此需要进行简化处理,例如,将原本每个颜色通道 0~255 的取值范围分成 4 个区,再把每个通道的颜色值映射到 0~3 之间,这样颜色总数就将降低为 $4^3=64$ 种颜色。最后统计每种颜色出现的次数,将其组成一个 64 维向量,那么这个向量就是当前这幅图像的颜色直方图特征向量。

另一种经典的图像特征提取方法是局部二值模式（Local Binary Pattern,LBP）,它能提取出图像的局部纹理。LBP 的核心思想是以中心像素的灰度值作为阈值,与其四周的邻域像素点做比较,得到相对应的二进制码来表示局部纹理特征。具体而言,原始 LBP 算子在 3×3 的窗口内,以窗口中心像素为阈值,将相邻的 8 个像素灰度值与其进行比较。若周围像素值大于中心像素值,则该像素点的位置被标记为 1,否则为 0,如图 5.3 所示。得到 8 个 0、1 表示后,从左侧中间位置开始逆时针读取,得到 8 位二进制编码 11001011,将其转换成十进制算数值为 $1×2^7+1×2^6+1×2^3+1×2^1+1×2^0=203$。

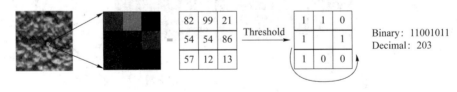

图 5.3 LBP 特征提取示例

LBP 特征值反映了中心像素及其邻域的纹理信息。LBP 的取值一共有 $2^8=256$ 种,和灰度图像类似,LBP 特征可以用灰度图的形式表达出来。得到的图像 LBP 特征可以直接被使用,如图 5.4(a)所示,把一幅彩色图像首先转换成灰度图,然后按照 LBP 方法提取特征,得到图像纹理。在人脸识别应用中,也可以先对图像进行分块,统计每一块中的 LBP 特征直方图,而后将每个块的向量连接起来,形成一个图像特征,如图 5.4(b)所示。

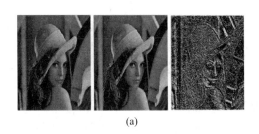
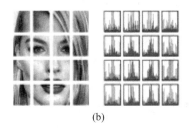

(a)　　　　　　　　　　　　　　　　(b)

图 5.4　LBP 特征的使用方式

一个典型的视觉系统包括数据的预处理、特征提取以及分类预测。特征提取是计算机视觉的核心技术,卷积神经网络(Convolutional Neural Network,CNN)是目前最主流的技术。相较于传统的全连接神经网络,卷积神经网络具有特征提取更加高效、需要学习的参数数量更少等优点。因此,近年来 CNN 广泛应用于语音识别、人脸识别、通用物体识别、运动分析、自然语言处理,甚至脑电波分析等多个方向。

CNN 分为 3 个基本层,卷积层、池化层(降采样层)与全连接层。每一层有多个特征图,每个特征图通过一种卷积滤波器提取输入的一种特征,每个特征图有多个神经元。

1. 卷积层

在卷积层中,因为图像本身具有二维空间特征,即图像的局部特性,所以通常情况下我们不必对整个图片数据进行全连接,而是关注某些局部空间的典型特征,这时就产生了卷积的概念。卷积是一种数学运算,在卷积神经网络中,它用于提取图像或其他数据的局部特征。卷积操作模拟了生物视觉系统的工作原理,能够有效地捕捉输入数据的空间层次结构。卷积核是一个小的矩阵,通常具有奇数维度(如 3×3、5×5 等),用于在输入数据上滑动,以提取特征。如图 5.5 所示,类比手电筒的形式来解释卷积层,假设输入是一个 $32\times32\times3$ 的像素值数组,手电筒照射的光线覆盖了 5×5 的区域。现在,想象手电筒照射的光线滑过输入图像的所有区域。在机器学习中,这种手电筒被称为滤波器(也称卷积核),也是一个数组(称为权重)。需要注意的是,滤波器的深度必须和输入的深度相同,故该滤波器的尺寸是 $5\times5\times3$。当滤波器在输入图像周围滑动或卷积时,它将滤波器中的各个值与其所对应的图像的原始像素值相乘,然后将结果相加。如果将卷积核的三维矩阵及其所对应的图像像素值的三维矩阵分别串成向量,那么上述运算便是这两个向量之间的内积。下一步是将滤波器移动 1 个步长,然后重复上述过程。将滤波器滑过所有位置后,生成一个 $28\times28\times1$ 的数字数组。将生成的数组加上一个偏置 b_i 后,通过激活函数,得到卷积层 C_X。同时,为了解决图像缩小和边缘信息丢失的问题,常常采用补零的方式,使卷积操作后的图像大小保持不变。

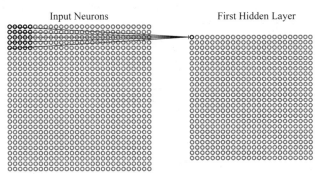

Visualization of 5×5 filter convolving around an input volume and producing an activation map.

图 5.5　一个 5×5 卷积滤波器及其滤波结果

2. 池化层

池化层的主要目的是以空间降采样的方式，在不影响图像质量的情况下，压缩图片大小从而减少参数。常用的池化方法分为最大池化（Max Pooling）与平均池化（Average Pooling）两种。如图 5.6 所示，假设现在设定池化层采用 Max Pooling，大小为 2×2，步长为 2，取每个窗口内最大值，那么图片的尺寸就会从 4×4 变为 2×2。

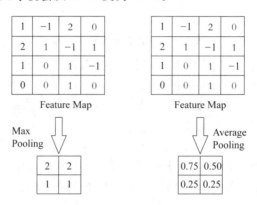

图 5.6　最大池化和平均池化操作的示意图

3. 全连接层

全连接层的每个神经元都连接上一层的所有输出（代表特征图所有位置），即每个神经元的权重数量都等于特征图的元素数量。全连接层通过特征加权和运算，确定给定的特征与哪个神经元所代表的类最相关。全连接层输出一个 N 维向量，其中，N 是具体分类任务中需要处理的类别数量。图 5.7 给出了一个典型的卷积神经网络结构 LeNet-5。

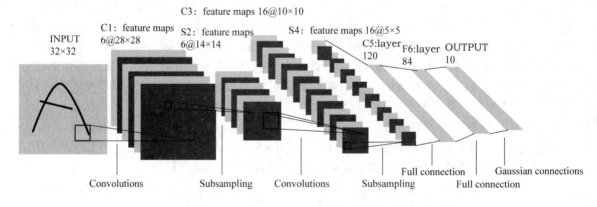

图 5.7　典型的卷积神经网络结构图

5.3　计算机视觉的基本任务

计算机视觉的重要性在于它为机器提供了理解和解释视觉世界的能力，这在多个领域产生了深远的影响。而从应用角度看，利用计算机视觉完成的基本任务主要包括图像分类、图像分割、目标检测、目标跟踪以及图像重建等。

5.3.1　图像分类

图像分类指的是将图像归类到预先定义的类别中。图 5.8 展示了 CIFAR-10 数据库中的部分样本,这是一个广泛使用的图像识别数据库,其中包含 10 个不同类别,每一行是同类样本,例如,飞机、汽车、鸟、猫、鹿等,每个类别有 6 000 张图像。每幅图像的大小是 32 像素×32 像素。这个数据集上的分类属于通用图像分类任务。

图 5.8　CIFAR-10 数据库中样本示例

随着分类任务的细化,研究者们提出了细粒度图像分类问题,如图 5.9 所示。面对花卉分类问题时,不同花的颜色、形状、纹理都可能非常相似,难分彼此。

图 5.9　细粒度分类问题

现实世界中的图像分类问题还可能遭遇小样本的考验。比如每一个类别下可能只有几幅图像,而同类样本的颜色、形状等还会有较大差异,此时计算机需要提取出类别本征特征才能提高其在小样本分类问题中的正确率。

手写汉字识别也是一个典型的图像分类应用,国内最早建立的大型脱机手写汉字数据库

HCL2000 就是由本书作者团队构建，该数据库得到了国内外学者的广泛引用，如图 5.10 所示。

图 5.10　HCL2000 手写汉字库示例

此外，物体识别、人脸和人体识别、面部和人体动作理解等都属于图像分类的典型应用，如图 5.11 所示。

物体识别　　　　　　　　　　　人脸和人体识别

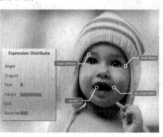

面部和人体动作理解

图 5.11　计算机视觉的典型应用

5.3.2　图像分割

图像分割是指将图像划分成多个区域或对象的过程。图像分割的目的是将图像中的像素组织成有意义的结构，通常是为了更好地理解和分析图像内容。图 5.12 展示了原始图像和对其进行语义分割和实例分割的结果。

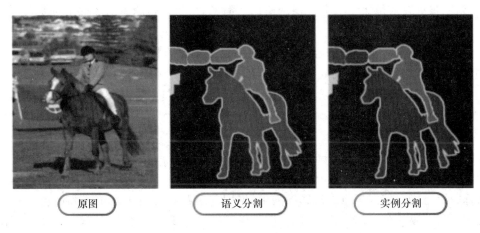

图 5.12　图像分割

所谓语义分割就是将图像中的每个像素分类到不同的语义类别中，从而实现对图像中所有对象的像素级理解。每个像素都被标记为特定类别（如人、车、建筑等）。而实例分割不仅区分类别，还要区分同类下的不同实例，每个实例都被单独识别和分割。因此，实例分割结果用不同颜色区分了左上角的三辆小汽车。

图像分割最常见的实现方法之一是基于卷积神经网络架构的语义分割。语义分割模型通常采用编码器-解码器架构。编码器部分通过连续的卷积和池化操作逐步降低图像的空间维度，同时增加对应卷积核数量的特征通道数，以捕获图像的上下文信息；解码器部分则通过上采样和反卷积逐步恢复图像的空间维度，同时减少特征通道数，使得上采样后特征图与原始图像的大小相同，从而实现在对特征图上的每个像素值进行预测的同时，保留其在原图像中的空间位置信息。最后对上采样特征图进行逐像素分类，以实现像素级分割。

图像分割的最新研究成果 SAM（Segment Anything Model）是 Meta FAIR 实验室在 2023 年 4 月 6 日发布的万物分割模型，由于其在通用物体分割方面的出色表现而迅速受到广泛关注。SAM 的核心特点包括以下 5 点：

① SAM 使用了大规模数据集训练。SAM 在庞大的 SA-1B 数据集上进行了训练，该数据集包含超过 10 亿个掩码（对应分割形状），分布在 1 100 万张图像上。

② SAM 具有较好的零样本迁移能力。SAM 能够处理在训练过程中未遇到的新物体和图像类型，它通过提示工程来适应不同的下游分割问题，展现出强大的泛化能力。

③ SAM 可以接受多种类型的输入提示，例如，点击、框选、多边形工具绘制的边界框或分割区域，甚至文本描述，都可以指导模型分割。

④ SAM 具有高质量的分割结果。SAM 能够生成高质量的物体掩码，适用于图像中的所有对象，包括在复杂场景中的对象。

⑤ SAM 的应用范围非常广泛，不仅可以用于传统的图像分割任务，还可以用于边缘检

测、对象建议生成、实例分割等多种计算机视觉任务。

5.3.3 目标检测

目标检测是指使用计算机视觉技术来识别图像或视频中的物体，并确定它们的位置、大小，辨别它们的类别。在计算机视觉领域中，目标检测在安全监控、自动驾驶、行人检测、医疗成像、遥感图像处理等场景下有着广泛的应用。简言之，目标检测是对图像中可变数量的目标进行定位和分类。

在深度学习出现之前，目标检测主要依赖于手工设计的特征，如 SIFT、LBP、HOG 等，以及一些经典算法，例如，Viola-Jones 算法、HOG 特征算法等。基于深度学习的目标检测算法不必手工设计特征，而是通过区域建议、目标回归、强化学习等不同策略，利用深度神经网络整体实现。

5.3.4 目标跟踪

目标跟踪是指在特定场景的视频序列中，识别并追踪特定目标的位置和运动。其目的是确定视频中目标物体随时间变化的位置，而不受目标可能发生变形、遮挡或光照变化等情况的影响。目标跟踪是一个复杂且具有挑战性的任务，跟踪的目标可能被其他物体部分或完全遮挡，目标的快速运动可能导致跟踪算法难以进行准确预测，复杂的背景或背景中与目标相似的物体可能误导跟踪，光照条件的变化可能影响目标的外观，等等。

5.3.5 图像重建

图像重建是计算机视觉和图形学中的一项关键技术，它从二维图像或视频数据中恢复三维场景的结构。图像重建技术在多个领域中都有广泛的应用，包括三维人体重建、定位与地图构建（SLAM）、超分辨率图像重建。例如，三维人体重建技术是利用照片创建人体的 3D 数字复制品的技术，其在医学、博物馆学等领域均有重要应用。超分辨率图像重建技术是通过特定的算法从低分辨率图像中恢复出高分辨率图像的技术，其广泛应用于医学成像、遥感成像、公共安防等领域。此外，该技术还可以用于包括增强现实、虚拟现实、机器人导航、医学成像、电影制作等。

5.4 人脸识别与生成

5.4.1 人脸检测与特征点定位

人脸检测和特征点定位是人脸识别流程的第一步，它在安防监控、人证比对、人机交互等方面有很高的应用价值，一个优秀的人脸检测系统可以大幅提升后续进行人脸识别时的准确率。

　　人脸检测和特征点定位可以分成两个模块进行。首先是人脸检测，即找出图像或视频中所有人脸对应的位置，该模块输出的是人脸外接矩形框在图像中的坐标，如图 5.13 所示；其次是对检测出的人脸框进行特征点定位，即找出人脸五官中的关键点，如左右眼角、鼻尖、嘴角等。我们将人脸检测出的人脸框，按照人脸关键点对齐到一个统一位置，这样，针对不同身份的人脸都能有较好的姿态鲁棒性，对于后续的人脸特征提取和识别大有裨益。

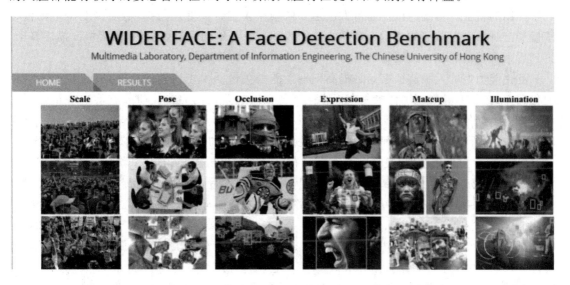

图 5.13　人脸检测主要数据集 WIDER FACE

　　关于人脸检测和特征点定位，早期的非深度学习算法通常是通过滑动窗口对图像从上到下、从左到右进行扫描，然后利用一个人脸分类器来判断窗口里的子图像是否为人脸。由于一个人脸可能检测出多个候选框，所以还需要对检测结果进行去重。这时通常采用非极大值抑制（NMS）方法来合并重复的候选框。这种非深度学习方法速度慢、精度低，同时无法检测出所有不同尺度的人脸。

　　随着卷积神经网络的发展，基于深度学习的检测方法无论在精度上还是速度上都较之前的非深度学习方法有了极大的提升。人脸检测和特征点定位中较为经典的算法之一就是MTCNN，它是一种多任务学习框架，可以同时回归人脸框坐标、是否是人脸以及人脸关键点。它沿用了级联卷积神经网络的思想，设计了三种网络结构，分别为用于快速生成候选窗口的P-Net，进行高精度候选窗口过滤的 R-Net 以及生成最终矩形框和人脸关键点的 O-Net。MTCNN 也采用了基于图像金字塔的多尺度变换，以适应不同大小的人脸检测。这种多任务学习框架可以将人脸检测和特征点定位的各自优势进行互补，从而相互促进各自的识别性能。

5.4.2　特征表达与学习

　　特征表达是对图像中的各种对象给出相应的特征表示。人脸特征的描述一般分为两大类：几何特征和代数特征。

　　（1）几何特征

　　人脸的几何特征是指面部器官之间的几何关系，人脸的眼睛、鼻子、嘴巴等器官相对位置比较固定，其几何特征的描述可以作为人脸的重要特征。当有光照、遮挡、面部表情变化时，人脸的几何特征变化比较大。

（2）代数特征

人脸的代数特征由图像本身的灰度分布决定。可以通过一些算法提取全局和局部的特征。比较常用的特征提取算法是 LBP 算法。

特征学习又叫表征学习或者表示学习，一般是指模型自动对输入数据进行学习，得到更有利于使用的特征。传统的机器学习方法主要依赖于人工特征处理与提取，而深度学习则依赖于模型自身去学习数据的表示。图像特征的表达从一开始的像素表示，到像素特征描述算子，再到后来出现的卷积神经网络都是为了寻找最有效的特征表达。

泛化能力好的人脸特征表达是提高识别性能的关键。由于识别效果受环境、表情等多种变化因素的影响，导致识别任务复杂而艰巨。特征表达阶段的完备性研究有待进一步解决和完善，例如，如何考虑全局特征和局部特征以及图像的平移/伸缩/旋转不变性等。为此，研究者开始致力于研究如何将特征进行加工和处理，以得到更加深层次的表示。

21 世纪最初十年初期，整体方法通过分布假设推导出低维表示，比如线性子空间、流形分析和稀疏表示。在 21 世纪第二个十年初期，基于学习的局部特征描述符被应用到人脸识别中，并通过学习编码来提高特征表达的鲁棒性，从而使特征有更好的特异性和紧凑性。这些浅层特征学习方法仅试图通过一层或者两层表征学习来处理人脸识别问题，并不足以提取出不变的真实身份特征。由于这些技术缺陷，在现实生活中经常会出现错误警报、识别错误的情况。2012 年，深度学习崭露头角，AlexNet 使用卷积神经网络赢得了 ImageNet 大赛冠军。同时，一些基于卷积神经网络的深度学习方法通过多层处理单元级联的方式来进行特征抽取和转换，它们对应不同抽象级别的多个表示形式。通过卷积神经网络映射得到的特征表达，显示出面部姿态、照明以及表情变化的强健不变性。神经网络的第一层类似于浅层表示中的 Gabor 特征；第二层学习更复杂的纹理特征；第三层进一步复杂化，一些简单的轮廓结构开始出现，如高鼻梁和大眼睛；第四层则能解释某种面部属性，对一些抽象的概念做出表示（如肤色、表情等）。这样，较低层会自动学习浅层表达，较高层会逐步学习更深层次或更抽象的表达。最终，这些更深层次的特征表示将为实现优异的识别性能提供支撑。

5.4.3　属性识别与身份识别

人脸是一种非常重要的生物特征，具有结构复杂、细节变化多等特点，同时也蕴含了大量的信息，比如性别、种族、年龄等。目前主流的人脸属性识别算法主要包括：性别识别、种族识别、年龄估计等。性别分类是一个二分类问题，分类器将人脸数据录入并划分为男性或女性。目前的性别识别算法主要有：基于特征脸的算法、基于 Fisher 准则的算法和基于 Adaboost＋SVM 的算法等。准确的种族分类不仅可以有效地获取人脸数据中的人脸特性，还可以获取更多的人脸语义理解信息。种族分类的难点在于：如何准确地描述人脸数据的种族特性以及如何在特征空间中实现准确的分类。基于 Adaboost 和 SVM 的人脸种族识别算法通过提取人脸的肤色信息和 Gabor 特征，以及 Adaboost 级联分类器进行特征学习，最后根据 SVM 分类器进行特征分类。基于人脸图像的年龄估计是一类"特殊"的模式识别问题：一方面，由于每个年龄值都可以看作一个类，所以年龄估计可以被看作一种分类问题；另一方面，年龄值的增长是一个有序数列不断变化的过程，因此年龄估计也可被视为一种回归性问题。有研究者通过对已有年龄估计工作进行总结后认为：不同的年龄数据库和不同的年龄特征、分类模式和回归模式具有各自的优越性,因此将二者有机融合可以有效提高年龄估计的精度。

　　基于深度学习的人脸身份识别过程一般由数据预处理、深度特征提取(图 5.14)和相似性比较三个部分组成。在训练与测试的过程中使用相同的数据预处理过程可以减小如姿势、光照、遮挡等对识别结果的影响,常用的方法包括人脸对齐、姿态归一化、光照增强等,其中人脸对齐应用得最为广泛。人脸对齐是在对原始图片进行人脸检测与特征点定位之后,根据人脸的关键点(常用双眼眼角、鼻尖、嘴角两侧共 5 个点)进行相似变换(也可用仿射变换等其他图像处理方法),将人脸图片处理为关键点在指定位置的近似正脸的图片。深度特征提取是指用深度卷积神经网络模型提取预处理过后的人脸图片中的身份信息,并编码为高维(常用 512 维)的特征向量。常用的网络模型包括 ResNet、VGG16、MobileNet 等,对于不同的应用场景使用不同的网络模型,例如,在实时视频的识别过程中,轻量化的 MobileNet 比其他模型有更好的实时性。人脸识别网络的训练过程也属于一种分类任务,每一类对应训练集中不同的样本类,即对应不同的人。

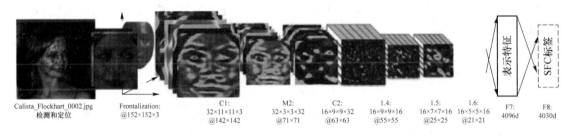

图 5.14　深度人脸识别网络的深度特征提取过程

5.4.4　人脸编辑与生成

　　随着生成对抗网络的技术被不断突破,Pix2Pix、CycleGAN、StarGAN 等人脸编辑模型被陆续提出,涉及年龄、表情、姿态、身份、妆容编辑等方面的应用,并催生了大量优秀的研究成果。人脸年龄编辑旨在获得人脸在不同年龄的变化结果,可以用于娱乐社交软件、影视作品等方面,以获得人脸老龄化样貌,同时该技术也可以辅助跨年龄人脸识别任务。人脸表情编辑的相关应用包括娱乐交互、辅助人脸识别和表情识别等。GANimation 通过在 GANs 中引入面部掩码融合机制来保证表情合成的真实性。人脸姿态编辑,通过仿真出人脸不同姿态或者执行正脸化,辅助大姿态人脸识别和人脸检测的任务。人脸身份编辑技术,即"AI 换脸"技术,通过把目标人像转移至另一人像的面部以达到以假乱真的效果。

　　人脸照片—素描转换是一个典型的异质图像合成与识别问题,其在数字娱乐和安全执法上的各种应用引起了社会的广泛关注。在数字娱乐方面,人们希望自己的照片可以即时得到素描化图像,以实现随时随地的分享;在安全执法方面,一个典型的应用场景是将目标嫌疑犯照片自动识别到罪犯照片数据库中。然而,在大多数情况下,警方仅能获得部分遮挡且低质量的图像,这大大提高了人脸识别问题的难度。人们想到,搭建一个照片与素描之间的映射,让人脸素描作为一个替代样本来查找目标嫌疑犯。基于此构想,警方可以先根据目击证人的描述画出人脸素描,然后利用素描图像在罪犯照片数据库中进行识别与匹配,进而搜寻到对应的目标嫌疑犯。因此构建人脸素描和人脸照片之间的映射非常必要。

5.5 视觉大模型

Transformer 及其变体的出现为语言大模型的研究和实践提供了坚实的基础。计算机视觉领域的学者们开始探索如何将 Transformer 等大型模型引入计算机视觉领域，以应对传统深度学习模型在处理大尺寸图像以及全局上下文任务中面临的挑战。

当前，基于 Transformer 的视觉大模型已经取得了巨大的成功，在图像分类、目标检测、语义分割等任务上取得了可以与传统方法相媲美，甚至超越传统方法的性能。这些模型通过自注意力机制等的创新设计，能够在处理图像时更好地捕捉全局信息，并具有更强的泛化能力。

视觉大模型的出现不仅推动了计算机视觉领域的发展，也促进了文本、语音、视频等多模态数据之间的交叉融合。多模态大模型的成功表明了深度学习模型在跨领域任务中的通用性和有效性，为未来研究提供了新的思路和方法，同时也为实际应用带来了更多的可能性，对社会产生了积极影响。

5.5.1 Transformer 在计算机视觉中的应用

Transformer 是由谷歌（Google）在 2017 年时提出的，旨在解决自然语言处理中序列到序列的长距离依赖问题的模型，其以自注意力机制而闻名。2020 年，Google 团队提出了一种基于 Transformer 架构的计算机视觉模型 Vision Transformer（ViT）。ViT 模型借鉴了 Transformer 的成功经验，将序列到序列的模型应用到图像处理任务中，在图像分类领域取得了显著的成果。

ViT 模型的核心思想是将图像分割成多个图像块（Patches），然后将这些图像块线性投影成固定长度的向量序列，也即 token。这些序列随后被输入 Transformer 模型中进行处理。ViT 模型在大规模数据集上进行预训练后，可以迁移到各种下游任务中，如目标检测、语义分割等。

ViT 模型结构如图 5.15 所示，该模型从下至上，主要包括以下四个关键部分：

图像块嵌入（Patch Embedding）：将输入图像分割成大小相同的图像块，并将这些图像块转换为一维向量序列。

位置编码（Positional Embedding）：为了保持图像块之间的空间关系，加入位置编码。

Transformer 编码器（Transformer Encoder）：利用自注意力机制处理图像块序列，捕捉全局上下文信息。

多层感知器（Multi-Layer Perceptron Head，MLP Head）：将 Transformer 编码器提取的特征向量进行非线性变换，可以将高维的特征表示映射到更低维的空间，从而执行分类或其他任务。

ViT 模型的出现标志着 Transformer 架构在计算机视觉领域的成功应用。ViT 模型在图像分类、目标检测等多个任务上均取得了卓越的性能，为计算机视觉领域的发展注入了新的活力。

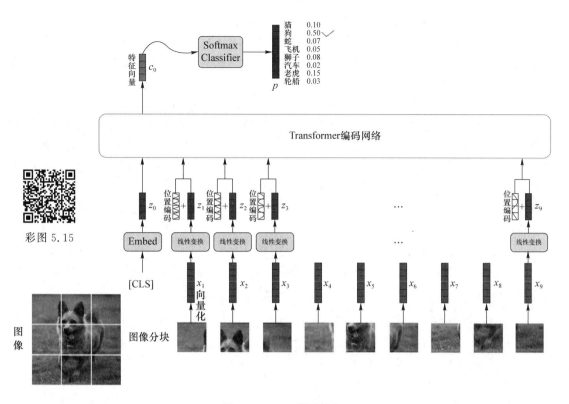

彩图 5.15

图 5.15　ViT 模型结构

5.5.2　视觉大模型的发展

尽管 ViT 模型在图像分类等任务中取得了突破性的进展,但仍然存在一定的限制和挑战。

模型对大尺寸图像处理能力有限,ViT 模型输入的 token 是固定长度的,但真实数据中图像尺度变化非常大。当处理较大尺寸的图像时,ViT 模型的性能可能会下降,这是因为较大的图像通常需要更多的注意力机制和更长的序列长度来充分学习图像的特征。解决这个问题的方法包括使用分层注意力机制来处理更大的图像,或者探索分级的处理策略,使模型能有效处理各种尺寸的图像。

模型的位置编码有一定的局限性,ViT 模型使用位置编码为图像序列提供位置信息,帮助模型更好地理解图像中不同位置的像素之间的关系。然而,位置编码的设计不灵活,难以适应不同尺寸和形状的图像,尤其是对于那些具有复杂结构的图像。改进位置编码的方法包括设计更加灵活的位置编码策略,或者探索不依赖于位置编码的替代方法,如局部注意力机制。

模型计算成本高,ViT 模型需要将图像分割成固定大小的图像块,并将它们转换为序列输入,然后再应用 Transformer 模型。对于较大尺寸的图像而言,这将产生较高的计算成本。为了解决这个问题,可以尝试改进分块策略,探索更高效的图像分块方法,或者设计更轻量级的 Transformer 结构。

近年来,ViT 模型的各种改进版本不断涌现,并且持续推动着计算机视觉领域的研究和应用发展。Swin Transformer 是一种基于分层注意力机制和交叉窗口局部注意力模块的视觉大模型。其分层注意力机制将输入图像划分为不同级别的分辨率块，并在每个级别应用独立的 Transformer 编码器。此分层结构使得模型在处理大尺寸图像时具有更好的可扩展性，同时减少了模型的计算复杂度。通过在不同级别应用独立的注意力机制，模型能够有效地捕获不同尺度的特征信息。

借鉴传统卷积神经网络的局部性思想，该模型还引入了一种交叉窗口局部注意力模块来替代传统的全局自注意力机制。在交叉窗口局部注意力机制中，模型不是直接对所有位置进行自注意力计算，而是将注意力限制在一个窗口内，并在不同的窗口之间进行交叉计算。如图 5.16 所示，在 l 层中计算每个红色框内的自注意力，而 l+1 层中要计算自注意力的红色框有变动。这种交叉窗口的设计能减少模型的计算复杂度，有效地提高模型对图像中局部细节的处理能力，同时捕捉图像中不同位置之间的远距离依赖关系，从而提高模型捕捉图像中的局部和全局信息的能力。

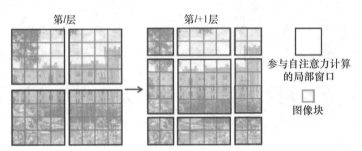

图 5.16　自注意力的移动窗口计算说明　　　　彩图 5.16

此外，Swin Transformer 具备更深的层次结构，它由多个阶段组成，每个阶段包含若干个分层的 Transformer 编码器。这种深层次的结构能够帮助模型更好地学习图像的语义信息，并且在处理复杂任务时取得更好的性能。

金字塔视觉 Transformer(Pyramid Vision Transformer，PVT)模型结合了图像处理中经典的金字塔结构和 Transformer 模型，通过在不同层级的特征图上应用 Transformer 模型来捕捉不同尺度的语义信息。这种金字塔结构可以帮助模型更好地理解图像中不同尺度的物体，并提高模型在目标检测和分割等任务上的性能。

PVT 引入的金字塔结构将输入图像分解为多个不同尺度的特征图。这些特征图经过不同层次的处理，分辨率从低到高逐渐增加，以捕获图像中不同尺度的信息。每个金字塔层都包含了 Transformer 模块，这些模块对该层的特征图进行自注意力机制处理，从而生成更具有表征能力的特征表示。PVT 通过在不同金字塔层之间引入跨尺度的连接和信息交换，实现了多尺度特征的融合。这种跨尺度的特征融合有助于提高模型对不同尺度信息的感知能力，以及处理大尺度变化图像时的性能。

PVT 通过金字塔结构和 Transformer 模块的结合，实现了多尺度特征融合和自注意力机制，不仅提高了模型处理不同尺度信息的能力，而且在处理大尺寸图像时具有很好的可扩展性，同时保持了 Transformer 模型在语义理解方面的优势。

为了探索 AI 模型的性能极限，Google Research 在 2023 年将 Vision Transformer 参数量扩展到了 220 亿，并提出 ViT-22B 模型。实验结果表明，该模型在图像语义分割、视频分类等任务中准确率极高，在公平性、鲁棒性和可靠性方面表现优异。

5.5.3　多模态大模型

随着社交媒体、物联网等应用的兴起,用户生成的多模态数据不断增加,这些数据往往蕴含着丰富的语义和情感信息。传统的单模态模型无法完整地捕获这些信息,因此需要一种能够综合利用多种模态数据的模型来更好地理解和处理这些信息。多模态大模型的概念应运而生。研究者们开始探索一种能够同时处理语音、图像、文本等多种模态数据的统一模型结构,以实现更全面、更高效的信息利用和处理。

对比语言-图像预训练(Contrastive Language-Image Pretraining,CLIP)是多模态大模型的典型代表,它的核心思想是通过对图像和文本进行对比学习,使得模型能够理解图像和文本之间的语义联系。具体地,CLIP 模型通过最大化相关图像和文本的内部相似性,最小化不相关图像和文本之间的相似性,从而学习到一个能够将图像和文本嵌入同一语义空间的模型。CLIP 模型能够同时处理图像和文本数据,具有很强的泛化能力,可以在多种任务上进行迁移学习,如图像分类、文本检索等。

视觉语言 BERT(Vision-and-Language BERT,ViLBERT)模型是在 BERT 的基础上进行扩展的,通过引入两个并行的 BERT 网络来分别处理图像和文本数据。其中一个 BERT 网络用于处理图像信息,另一个 BERT 网络用于处理文本信息,通过跨模态的交互模块来融合这两种信息,从而实现更深层次的语义理解。ViLBERT 模型能够同时处理图像和文本数据,并且能够在视觉问答、图像文本匹配等任务上取得很好的性能。

统一多模态预训练模型(Unified Multimodal Pre-trained Model,UNIMO)模型是由华为提出的,它是一种统一的多模态预训练模型,能够处理语音、图像、文本等多种模态数据。UNIMO 模型采用了一种被称为"多模态融合"的方法,通过设计多个跨模态的注意力机制来融合不同模态的信息,从而实现对多模态数据的有效建模。UNIMO 模型具有很强的泛化能力和通用性,能够在多种任务上进行迁移学习,如图像分类、文本生成等。

这些典型的多模态大模型都基于深度学习技术,并且都采用了一种将不同模态的信息融合到统一模型结构中的方法,从而实现对多模态数据的综合理解和处理。通过预训练和微调等技术,这些模型能够在多种任务上取得很好的性能,为多模态智能应用提供重要的技术支持。

OpenAI 在 2024 年 2 月发布了 Sora 文生视频模型,引发了社会的广泛关注。Sora 能够根据文本描述生成长达一分钟的连贯、逼真的视频内容。在文本生成视频的过程中,Sora 能模拟三维空间连贯性,生成具有复杂相机运动效果的视频,保持场景中物体和角色在空间中的运动连贯性和一致性。Sora 可以实现视频的扩展、局部更换背景、将图片转成动态视频等功能。此外,Sora 还能在单个生成的视频中创建多个镜头,并保持角色和视觉风格的连贯性。下面是两个 OpenAI 官方发布的 Sora 应用案例。

示例一

Prompt:Beautiful,snowy Tokyo city is bustling. The camera moves through the bustling city street,following several people enjoying the beautiful snowy weather and shopping at nearby stalls. Gorgeous sakura petals are flying through the wind along with snowflakes.

　　输入提示词：在白雪皑皑的繁华东京城里，镜头穿过熙熙攘攘的城市街道，跟随几个人享受美丽的雪天，在附近的摊位上购物。美丽的樱花花瓣随着雪花在风中飞舞。

　　Sora 输出视频截图如图 5.17 所示。

图 5.17　示例一 Sora 输出视频截图

示例二

　　Prompt：The camera follows behind a white vintage SUV with a black roof rack as it speeds up a steep dirt road surrounded by pine trees on a steep mountain slope, dust kicks up from it's tires, the sunlight shines on the SUV as it speeds along the dirt road, casting a warm glow over the scene. The dirt road curves gently into the distance, with no other cars or vehicles in sight. The trees on either side of the road are redwoods, with patches of greenery scattered throughout. The car is seen from the rear following the curve with ease, making it seem as if it is on a rugged drive through the rugged terrain. The dirt road itself is surrounded by steep hills and mountains, with a clear blue sky above with wispy clouds.

　　输入提示词：镜头跟随在一辆带黑色车顶行李架的白色复古 SUV 后面。车在陡峭的山坡土路上加速行驶，路边有松树围绕。轮胎上的灰尘飞溅，阳光照射在 SUV 上，给现场投下温暖的光芒。土路蜿蜒曲折，一路上看不到其他车辆。土路两旁种植的是红木，到处都是成片的绿色植物。从后面可以看到这辆车轻松地沿着弯道行驶，看起来就像是在崎岖的地形上行驶。土路本身被陡峭的山丘和山脉包围，上面是晴朗的蓝天和稀疏的云层。

　　Sora 输出视频截图如图 5.18 所示。

　　Sora 强大的视频生成功能在娱乐、媒体、教育、广告、内容创作等方面具有广泛的应用前景。它为视频内容的创作、编辑和定制提供了一种快速、高效的方法，同时也为创新者和企业家创造了新的商业机会。

图 5.18　示例二 Sora 输出视频截图

本 章 小 结

　　计算机视觉是人工智能中一个十分重要的研究领域,研究内容极其丰富。无论是经典的文字识别、人脸识别,还是基于深度学习的视频分析与生成,计算机视觉所完成的任务均具有很高的实用价值。本章回顾了计算机视觉的发展简史,讲解了图像表示与特征提取的基本方法,介绍了图像分类、图像分割、目标检测、目标跟踪以及图像重建等基本任务。在此基础上,以人脸识别与生成为例分析了计算机视觉系统中的主要技术环节和相应的模型方法,最后对视觉大模型的系统构成和技术特点进行了介绍。

　　本章的教学目的是使学生从研究目标、基本任务、技术环节、模型方法等方面初步建立计算机视觉的系统概念,了解技术发展脉络、关键技术突破和主要的模型方法,理解计算机视觉应用的典型场景。

思 考 题

　　1. 在应用计算机视觉处理图像时,有时同一类物体的外观差异会很大,如不同形状的椅子,为图像识别增添了难度,这种情况该如何解决呢?

　　2. 为什么卷积神经网络(CNN)在图像上表现较好,相对于简单的神经网络(如感知器),CNN 具有哪些优势? 目前 CNN 还有哪些局限或缺点?

　　3. 目标检测中的 Anchor 指什么? Anchor 有哪些作用? 对比 Anchor-based 与 Anchor-free 目标检测算法,二者分别有哪些优缺点?

　　4. 目前 2D 的人脸识别发展相对成熟,然而由于 2D 信息存在深度数据丢失的局限性,无法完整地表达出真实人脸,所以在实际应用中存在着一些不足,如活体检测准确率不高等,针对以上问题,请思考可能的解决方案。

5. 请尝试进行图像分类任务。要求利用卷积神经网络进行特征提取，利用 Softmax 分类器进行分类。数据集可以采用 CIFAR-10（包含 60 000 张 32×32 的小图像，每张图像都有 10 种分类标签中的一种），也可以使用其他图像分类数据集。（备注：图像分类任务的步骤包括图像预处理、特征提取以及预测分类）

第6章

智能音频信息处理

智能音频信息处理是不同于自然语言处理和计算机视觉的另一个重要的人工智能应用领域,其有着长期的研究历史。随着 GPT-4o 的出现,智能语音交互技术再次成为业界关注的焦点。这一里程碑式的进展不仅改变了自然语言、语音处理技术的边界,还有望进一步推动人工智能技术在日常生活中的应用。

本章将首先介绍音频信息处理基础知识,然后重点介绍智能音频信息处理的一些核心技术,如音频信息识别、音频信息生成和智能人机语音交互等。通过本章的学习,希望可以给出"计算机如何表示音频?""如何识别和理解音频中的信息?""如何生成自然世界中丰富多彩的音乐、人声?""人与机器如何进行自然的语音交互?"等问题的答案。

6.1 智能音频信息处理概述

声音,通常指的是人耳能够感知的波动现象。具体而言,声波在空气中传播时表现为一种纵波,其振动方向与传播方向一致。除空气以外,这种波动也可通过固体等其他介质传播,并最终被听觉系统接收和解析。此外,"声"与"音"在概念上是不同的。"声"泛指所有可以被人耳感知的波动,而"音"则特指那些携带特定意义或信息的声音。例如,在语言交流中,不同的音节和语调的组合只有构成了有意义的词汇和句子,才能够传达思想和情感,如图 6.1 所示。

声音信号源于自然界中的声波,这些波动本质上是模拟信号,即在时间和幅度上连续变化的波动。然而,计算机硬件并不能直接处理这种模拟信号,而是需要通过声音传感器,如麦克风,将其采集并转换为电信号,电信号再经过模数转换过程,转化为数字信号后,计算机才能对其进行处理和分析。其中,音频是这一数字化过程的产物,它是离散的数字信号,是原始声音的采样和量化后的形式。

尽管声音和音频在本质上是相同的——它们都携带相同的信息,但它们在表现形式上存在显著差异。声音是连续的模拟信号,反映了物理世界中的真实波动;而音频则是经过离散处理后的数字信号,适合在计算机系统中进行存储、分析和传输,此外,音频信号包括但不限于语音、音乐以及一般的音频,其处理和分析是现代智能音频信息处理技术的核心内容。

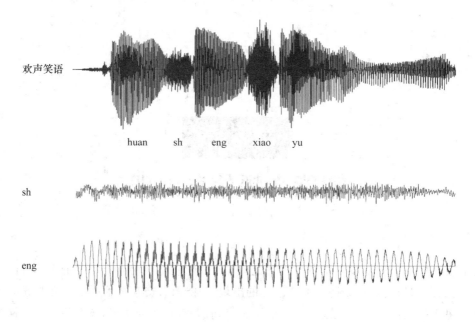

图 6.1　语音信号波形图

　　智能音频信息处理包括了**音频信息识别**和**音频信息生成**两大领域，这两个领域可以看作互逆又互补的过程。在接下来的章节，我们将依次介绍音频信息识别和音频信息生成的相关内容。

6.2　音频信息识别

　　音频信息识别的主要目标是利用数字信号处理和机器学习技术从音频信号中自动提取和识别最基本、最有意义的关键信息。这些音频信号类型包括语音、音乐以及一般音频等。根据识别音频的类型，我们可以将音频信息识别分为**语音识别**、**音乐信息识别**、**音频事件识别**等领域（见图 6.2）。

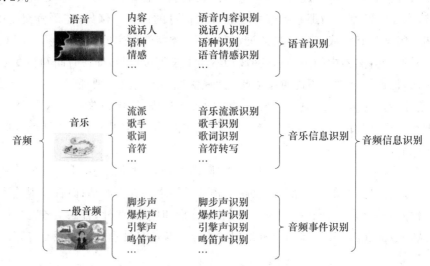

图 6.2　音频信息识别任务类型

在**语音识别**领域,我们可以从语音信号中提取信息,包括将语音内容转化为书面文本,识别不同说话人的身份以及分析说话人的情感状态等。在**音乐信息识别**领域,我们可以从音乐信号中提取信息,包括确定音乐的流派或风格,识别音乐的演唱者以及分析音乐的曲风和特征等。在**音频事件识别领域**,我们则专注于从音频中识别出特定事件,包括脚步声、爆炸声或鸣笛声等。综上所述,由于不同类型的音频往往包含各种各样的信息,因此每种音频信息识别技术都有其细分的识别任务。

总体而言,音频信息识别是一个动态开放的领域,随着需求的不断变化,相关的模式识别技术也在不断地发展和完善。

音频信息识别的首要难题是**音频的随机性**。这种随机性体现在声音信号的多样性和不可预测性上,包括背景噪声,说话人的口音差异、发音变化,以及环境因素的影响等。这些因素共同作用,使得音频信号变得复杂多变,识别难度增加。以语音为例,在日常口语中,同一说话人可能出现说话重复、颠三倒四等问题,而不同说话人之间也存在着口音、性别、年龄等差异,并且在说同一句话时可能会带有不同的情感和语气。以上这些都使得语音千变万化,再加上场景或者身体健康状态的不同,都会导致语音信号呈现出非常多的变化。虽然实际识别任务中,我们往往只需要识别出其中某方面的信息,例如,语音的文本内容、说话人以及情感等,但是这些信息并不是单独存在的,而是和其他信息相互耦合在一起。因此,语音中某信息往往会受到其他信息的影响,在识别任务中表现出音频的随机性,而这加大了音频信息识别的难度。

图 6.3 是两个不同性别的说话人朗读相同语句的语音频谱图,图 6.3(a)是男性发音,图 6.3(b)是女性发音。

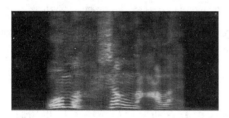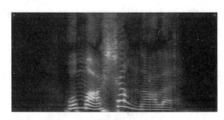

(a) 男性发音　　　　　　　　　　　　　　(b) 女性发音

图 6.3　不同性别说话人的语音频谱图

语音频谱图,简称语谱图,是语音信息处理中非常重要的一个工具,也是语音信号的一种可视化表示形式,它能够直观地展示语音信号的频率成分随时间的变化情况。通常情况下,语谱图以二维图像的形式呈现,其中横轴代表时间,纵轴则表示频率,而不同颜色或灰度等级用来表示不同频率成分的强度或者能量大小。语谱图在语音识别、语音合成以及语音分析等领域都具有重要的意义,它不仅是研究人员理解语音物理特性的重要工具,也是开发语音处理算法不可或缺的基础。

通过图 6.3 的语谱图可以看出,仅仅是说话人性别的变化,语音信号的差异就非常大。假如当说话人使用不同情感表达时,语音信号的差异将会更为明显。

此外,**噪声**对音频信息识别的准确性也有很大影响。常见的噪声类型包括环境混响(如在空旷房间或剧院)、背景噪声(如脚步声、风声)以及人声干扰(当说话者不是目标信号时,该人声甚至可能成为干扰源)。图 6.4 展示了噪声干扰下的语谱图。

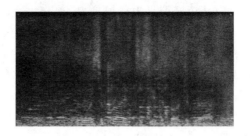

图 6.4 噪声干扰下的语音频谱图

总的来说,音频信息识别是一个复杂而开放的任务,我们需要根据实际需求提取合适的特征、选择合适的识别方法,并处理音频中的各种随机性,从而提高音频信息识别的准确性和实用性。

6.2.1 语音识别

音频内容具有丰富多样的特征,尤其在人声方面,其蕴含了大量可以识别和理解的信息。语音识别是音频信息识别领域中研究较广泛的方向之一,其核心目标是从语音信号中提取有用的信息。具体而言,广义语音识别任务包含多个子任务,按照图 6.5 中的顺序介绍如下:

口音识别,又称方言识别,主要识别说话人的地域背景,不同地区的口音和方言往往能够揭示说话者的地理来源。

语种识别,主要识别语音中使用的是哪国语言,这在多语言环境中尤为重要,因为可以确保系统是否能够处理不同语言的语音输入。

语音识别(语音内容识别),主要识别语音中传达的具体内容,也就是识别语音对应的文字信息。通过先进的信号处理技术和机器学习算法,特别是深度学习模型,现代语音识别系统已经能够在多种应用场景下实现高度精确的识别效果。

情感识别,主要通过提取语音中的情感特征,识别说话人的情绪状态,例如,高兴、悲伤或愤怒等,从而为理解说话者的情感提供支持。

性别识别,主要识别说话人的性别,这在某些应用中有助于提供更为个性化的服务。

声纹识别,又称说话人识别,主要通过分析语音信号来确认说话人的身份,这广泛应用于安全领域,如银行或系统的身份验证。

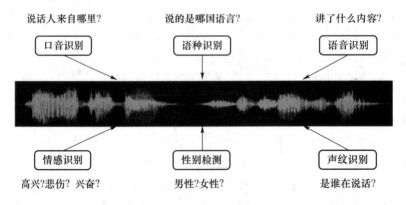

图 6.5 广义语音识别示意图

除以上常见任务外,语音识别任务包含的范围实际上非常广泛,用户可以根据实际需求定义各种特定的语音识别任务。例如,近期研究人员尝试从语音信号中**提取和识别用户的健康状态信息**。在疫情期间,我们可以通过分析嗓音的变化,甚至是简单的咳嗽声,来辅助判断一个人是否感染了新冠病毒。与之相关的另一个应用是利用语音信息识别辅助**心理健康问题筛查**。现代社会生活的快节奏给人们带来了更大的压力,导致许多人心理上出现抑郁和焦虑等问题。这些心理健康问题往往会在声音中有所体现,如抑郁症患者的声音可能会显得更加低沉或缺乏能量。因此,通过人工智能技术,可以从声音信号中识别出这些问题,从而为心理健康问题筛查与诊断提供帮助。

综上所述,广义的语音识别涵盖了众多研究方向和应用场景,这也体现了语音识别任务在社会生活中的重要性和发展潜力。而狭义的语音识别一般指语音内容识别,也就是上文提到的将语音转化为相应的文本或命令的技术,这种技术被称为自动语音识别(Automatic Speech Recognition,ASR)。

语音识别技术的发展历程大致分为以下三个阶段(见图 6.6):

模板匹配阶段(20 世纪 50 年代):这一时期是语音识别技术的起步阶段,主要依赖于简单的模板匹配方法。这一阶段的技术只能识别有限的语音单元,如 10 个数字和 26 个英文字母。

统计模型阶段(20 世纪 70—80 年代):随着计算机技术的进步,语音识别系统开始采用更复杂的统计模型,例如,隐马尔可夫模型(Hidden Markov Model,HMM)。同时,随着大规模语料库的建立,这些应用概率统计方法的模型能够处理更复杂的语音模式,大大提高了识别的准确性。

深度学习时代(20 世纪 90 年代至今):进入 90 年代,深度学习技术的兴起使得语音识别进入了一个新的发展阶段。深度神经网络(Deep Neural Network,DNN)和卷积神经网络(Convolutional Neural Networks,CNN)等模型的引入极大地提升了识别准确性和鲁棒性。21 世纪初,随着智能手机和智能家居设备的普及,语音识别技术广泛应用于各种智能设备,如智能音箱和语音助手。近年来,随着人工智能技术的快速发展,语音识别的精度和速度都有了显著提升。同时,技术也在向多语种和多口音识别方向发展,以适应不同用户的需求。

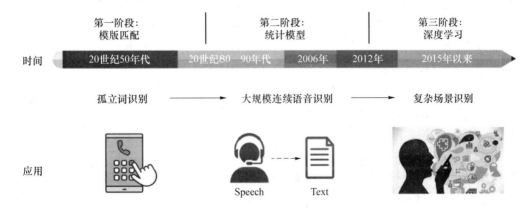

图 6.6　语音识别技术的发展历程

语音识别系统通常包括两个主要阶段:**离线训练**和**在线应用**。在第二阶段的统计模型时代,离线训练多采用语言模型、声学模型分模块训练的方式。在第三阶段的深度学习时代,多采用端到端的方式进行训练。

在传统统计模型时代,语音识别系统的**离线训练阶段**主要任务是通过输入大量数据,学习如何将语音信号与相应的文本或命令进行匹配。该过程包括多个步骤：首先是**数据收集**，研究人员需要收集大量语音数据并标注作为训练集，这些数据应该涵盖不同的说话人、口音和语速，以确保模型能够处理各种类型的语音；其次是**特征提取**，其旨在从原始音频信号中提取不同发音内容之间的区别信息，即声学特征，例如，我们可以通过提取梅尔频率倒谱系数（Mel-Frequency Cepstral Coefficients，MFCCs）等特征来捕捉音频的关键属性；再次是**声学模型训练**，其通过提取的声学特征训练声学模型，使其能够学习声学特征与音素（语音中的基本单位）之间的映射关系；最后是**语言模型训练**，其使系统能够理解从音素序列到文字序列的概率分布，这有助于模型更准确地生成生活中常见且有意义的文本。

完成离线训练后，语音识别系统即可进入**在线应用阶段**。在这一阶段，系统可以**处理用户的实际语音输入**。例如，在系统输入"今天天气怎么样？"的音频信号时，系统会首先提取该语音的声学特征，然后应用上述离线训练好的**声学模型和语言模型**进行处理，最后系统会**通过解码网络找出最可能的词语序列**，并最终生成对应的文本语句呈现给用户。图 6.7 展示了传统语音识别的完整过程。

总之，自动语音识别技术通过一系列复杂的步骤将语音信号转化为可读的文字，从而实现机器对人类语言的理解。这项技术的进步显著提升了人机交互的便利性和智能化水平。

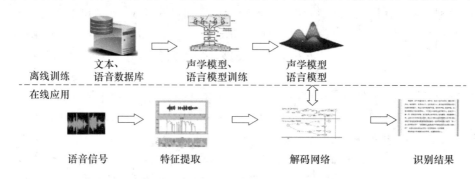

图 6.7　传统语音识别过程

上述语音识别系统包含多个步骤，过程复杂。近年来，基于深度学习的端到端（End-to-end）语音识别模型受到了广泛关注。端到端语音识别模型的核心理念是将整个语音识别过程视作一个整体，而不是分解为多个步骤。具体来说，主要的方法包括基于深度神经网络的技术，如循环神经网络（Recurrent Neural Networks，RNNs）、长短期记忆网络（Long Short-Term Memory，LSTMs）和变换器（Transformers）。这些模型能够自动学习语音信号中的关键特征，并直接输出对应的文本序列。其中，Transformers 因其具有并行计算的优势，在大规模数据集上的训练速度更快，且表现出了卓越的性能。

端到端的模型具有如下优势：

更简化的流程：由于端到端模型不需要手动设计特征提取步骤，因此整体流程更加简化，这种简化使得模型的训练和优化更加高效。

更高的鲁棒性：由于端到端模型能够学习到从原始音频信号到文本的全链路映射，因此它通常比传统模型对噪声和变异的抵抗力更强。

更强的适应性：这种模型可以适应多种复杂的实际应用场景，例如，不同的口音和环境噪声，因为它能够在训练过程中自动学习处理这些复杂场景的方法。

统一的训练框架：端到端的模型将声学模型和语言模型合二为一，使得这两个模型可以联合训练,这种联合训练提高了模型的性能,因为它可以在同一框架下优化声学特征和语言理解的能力。

语音识别技术在当今日常生活中的应用已经非常广泛,尤其是在各种智能终端设备,包括如下典型的应用场景(见图 6.8):

在**语音输入**领域:语音识别技术被广泛应用于语音短信输入、微信语音转写、语音医嘱转写以及庭审语音自动记录等场景,这些应用能够高效地将语音内容转化为文字,提高了信息录入的便捷性和准确性。

在**语音控制**领域:语音命令控制、语音唤醒和智能音箱等应用使用户能够通过语音操作设备,这不仅提高了设备的操作便捷性,还使得交互过程更加自然和流畅。

在**语音检索**领域:语音识别可应用于语音地图导航和新闻节目检索等,用户可以通过语音输入查询地图信息或检索新闻内容,进一步提高了信息获取的效率。

在**语音交互**领域:语音订票、智能语音客服、智能音箱、智能电视以及智能车载系统等被广泛应用,此外,语音翻译技术也为跨语言交流提供了便捷的解决方案,使得用户能够更轻松地进行多语言沟通。

图 6.8　语音识别技术的典型应用场景

6.2.2　说话人识别

除了自动识别语音中的文字信息,我们还能够识别说话者身份,即具备说话人识别(Speaker Recognition,SR)的能力。例如,我们常常可以在没有视觉提示的情况下,通过声音辨别出朋友或老师的身份。这背后其实隐藏着深刻的科学原理。一方面,不同的人的发音器官(如声道和声带)有着不同的尺寸和形状,不同的人的声带的张力和声音频率的范围也各不相同。因此,即使不同的人说同样的话,声音的频率分布也会有所不同,有些人的声音听起来低沉,有些人的则显得尖锐。另一方面,发声器官的使用方式(如说话的语速和发音习惯等)也决定了声音的特征。综上所述,如同指纹一样,每个人的声音特征也是独一无二的,因此也被称为声纹(Voiceprint),说话人识别也常被称作声纹识别(Voiceprint Recognition)。通常情况下,成人的声纹特征会在相当长的时间内保持相对稳定。与指纹或人脸识别相比,声纹识别更适合远程身份认证,如动态口令等。

基于这些原理,智能系统可以通过分析和识别语音信号中的特征来判断说话人的身份。说话人识别技术正是通过分析语音信号的特征来区分不同的说话人。需要注意的是,与语音识别不同,语音识别侧重于文字信息的识别,而说话人识别则专注于识别说话人的身份。

在具体的说话人识别任务中,根据分类目标的不同,我们通常可以细分为以下三类任务(见图 6.9)。"一对多"的检索判断任务旨在验证给定的说话人是否为多个预先注册的某个特定说话人,这种任务通常被称为"说话人辨认"(Speaker Identification)。与之相对的是"说话人确认"(Speaker Verification)任务,这是一个"一对一"的问题,即判断一个声音样本是否属于声称的说话人。此外,还有一种常见的任务叫作"说话人追踪"(Speaker Diarization),其目的是在一段对话语音中,识别不同说话人的边界,并标注出对应的说话人身份,这本质上是一个"多对多"的问题。

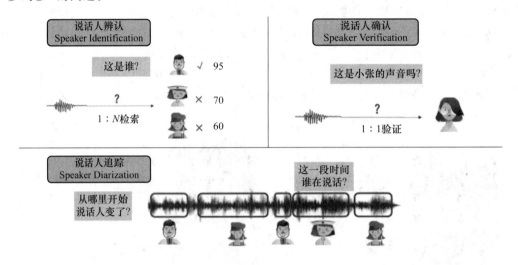

图 6.9　说话人识别中的三类任务

说话人识别系统的结构通常相对简单,一般由三个模块构成。首先是**模型训练模块**,其主要任务是通过特征提取,离线训练好说话人识别模型。通常情况下,我们会对每句话提取特征表示,尽量多地包含说话人信息,并尽量减少信道或噪声等无关信息的干扰。其次是**说话人注册模块**,通过录入说话人的一段语音,系统能够学习并认识该说话人的声音特征,从而为后续的识别做好准备。最后是**在线应用模块**,利用预先训练好的模型,通过打分机制判断输入的声音是否属于特定的说话人。

说话人识别技术在现实生活中有着广泛的应用。例如:在公安领域,它可以用于目标人物的声纹监听和声纹比对等工作;在金融领域,网上银行身份验证等业务可以利用声纹识别技术来保障安全;在日常生活中,一些酒店和商场引入了声纹识别技术,为特定用户提供更加个性化的服务;在智慧驾驶领域,部分汽车的智慧座舱可以基于声纹识别技术,对不同的家庭成员提供个性化的服务。

然而,需要注意的是,尽管声纹识别技术带来了极大的便利性,但同时也伴随着隐私风险。如果声纹数据被不当收集或存储,可能会导致个人信息泄露。声纹数据被非法获取或复制可能导致身份被冒用的风险。例如,一些不法分子可能通过特定技术手段生成自然而逼真的声音(这也正是后续章节即将讨论的语音合成与语音转换技术),利用诈骗电话手段实施财物欺诈。因此,在实施声纹识别系统时,我们必须采取严格的安全措施,以保护用户的数据和隐私。尽管语音合成与语音转换技术可能被不法分子用来伪造声音,但科研人员也在不断提升声音鉴伪能力,以应对这些挑战。声音伪造与鉴伪技术的发展可以看作一种"矛与盾"的关系,它们在相互较量中不断进步。

6.2.3　语音情感识别

除了说话人信息,我们还可以从声音中提取很多其他有价值的信息,特别是关于情感状态的信息。研究表明,人类情感交流中,语言所传达的情感仅占 7%,面部表情占 55%,而声音占据了 38%。这意味着,通过声音,我们就可以捕捉到大量的情感信息。例如:当我们高兴时,通常说话语速较快、声音响亮;而当我们悲伤时,通常语速较慢、语气低沉。这些特征可以被机器学习模型和深度神经网络学习,从而实现对语音中所含情感的有效识别。

情感模型通常有离散情感模型和维度情感模型两种(见表 6.1)。离散情感模型通常基于美国著名心理专家保罗·艾克曼提出的六种基本情感:惊讶、悲伤、愤怒、恐惧、快乐、厌恶进行分类。维度情感模型则通过几个连续的维度来描述情绪,最常见的是三个维度的评价,分别是评价性(Valence)、唤醒度(Arousal)和支配性(Dominance)。评价性表示情绪的好坏程度,唤醒度表示情绪的强度,而支配性则表示个体对情境的控制感。

表 6.1　离散情感模型和维度情感模型的对比

考察点	离散情感模型	维度情感模型
情感描述方式	形容词标签	笛卡尔空间中的坐标点
情感描述能力	有限的几个情感类别	任意情感类别
优点	简洁、易懂、容易着手	无限的情感描述能力
缺点	单一,有限的情感描述能力,无法满足对自发情感的描述	将主观情感量化为客观实数的过程是一个繁重且难以保证质量的过程

语音情感识别的**核心技术**在于利用机器学习和深度学习算法来提取和分析声音中的情感特征。通过大量的训练数据,机器学习模型能够学会区分不同情感状态下的声音模式。深度神经网络,特别是卷积神经网络和循环神经网络,由于其强大的特征提取能力,近年来被广泛应用于这一领域。这些模型可以从原始音频信号中自动提取出情感相关特征,并通过多层结构逐步抽象出更高层次的情感表示,最终实现语音情感识别。

语音情感识别技术在生活中有多种应用。其中一个重要应用场景是在**客户服务领域**。语音情感识别系统可以通过分析客服代表与客户的通话记录,评估客服代表的服务质量。例如,系统检测到客服代表在通话中表现出愤怒或不耐烦的情绪,可能会提示需要对其进行进一步的培训或干预。另一个重要的应用领域是**心理健康支持**。抑郁症等心理障碍常常伴随着声音的变化。语音情感识别系统可以通过定期收集个体的语音样本并对其进行情感分析,辅助医生诊断患者的心理异常,更好地监测患者的心理状态变化,从而及时采取干预措施。

语音情感识别还可以应用于**欺诈检测**,如司法审讯。研究表明,当一个人说谎时,其声音中往往会出现一些特定的变化,如紧张或不确定。通过训练专门识别这些特征的模型,可以提高欺诈检测系统的准确性。

尽管语音情感识别技术已经取得了显著进展,但仍然面临着许多挑战,包括**如何更准确地**

识别跨文化背景下的情感差异，如何处理噪声环境下的语音输入等。随着数据的积累和技术的不断进步，预计这项技术将在未来几年内得到更广泛的应用和发展。

6.2.4 音频事件识别

音频事件识别（Audio Event Detection，AED）是音频信息识别领域的重要分支，其主要目标是通过分析声音信号来自动识别和定位环境中的特定声音事件。随着技术的进步和应用场景的不断扩展，音频事件识别已经逐渐成为一个备受关注的研究领域。

音频事件是在各种环境中出现的不同种类音频的统称。根据声音的来源，音频事件可以是汽车发动机的声音、脚步声、开门声等。这些声音携带了丰富的信息，反映了环境的状态和变化。例如，当听到脚步声时，可以推测有人在走动；当听到玻璃破碎的声音时，可能表示有东西掉落或发生了事故。

音频事件识别，也称为音频事件分类或音频事件检测，指的是从音频信号中识别和定位特定音频事件的技术。由于音频事件种类繁多，实际应用中，我们通常只关注关键音频事件，即关键音频事件识别。所谓关键音频事件是指实际任务需要关注的、重要的音频事件。例如，监控场景下的脚步声、玻璃破碎声等，健康监控场景下的呼吸声、咳嗽声、鼾声等，都是对应场景下的关键音频事件，同时也可以是其他场景下的非关键音频事件（见图 6.10）。

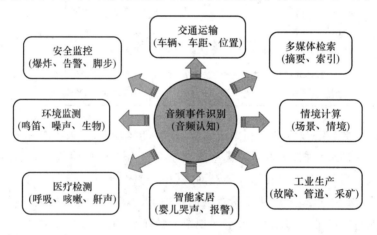

图 6.10　常见音频事件识别

近年来，随着深度学习技术的发展，音频事件识别的研究取得了显著的进步。早期的方法主要依赖传统机器学习算法，如支持向量机（Support Vector Machine，SVM）、高斯混合模型（Gaussian Mixed Model，GMM）等，这些方法需要手动设计特征，性能受到限制。近年来，深度神经网络的引入极大地提升了音频事件识别的精度。例如，基于 CNN 的模型能够自动学习音频特征，而 RNN 则擅长捕捉长时间序列中的依赖关系。此外，端到端的学习框架也逐渐成为主流，这类方法直接从原始音频输入事件标签输出，避免了人工特征工程的过程。音频事件识别多用来进行安全方面的检测和监控，广泛用于智慧城市、智慧生活、智慧工业、智慧医疗等各个领域，也可以用于情境感知、情境计算等。具体而言，在安全监控领域，音频事件识别技术通过检测异常声音如玻璃破碎声、枪声等，可以及时触发警报，提高公共场所的安全性。在生态学研究中，音频事件识别技术可用于监测野生动物的叫声，帮助科学家们了解动物的行为模式和栖息地的变化。智能家居系统也可以通过音频事件识别特定的声音事件，如婴儿哭声、烟雾报警声等，来自动执行相应的操作，如打开摄像头查看情况或发送警报给家庭成员。在工业环境中，音频事件识别技术可通过监测设备发出的声音实时检测故障迹象，提前预警维护需求，减少意外停机时间。

尽管音频事件识别技术已经取得了显著的进步，但仍面临一些挑战。例如，**真实世界中的声音环境复杂多变**，环境混响、背景噪声等都会影响检测性能。如何**提高模型在复杂环境下的鲁棒性**也是一个亟待解决的问题；此外，现有的音频事件数据集中往往存在**类别不平衡问题**，即某些事件的样本数量远少于其他事件，这会导致模型在少数类别上的表现不佳。在实际应用中，音频事件识别系统往往需要实时响应，因此对计算效率也有较高的要求。

总的来说，音频事件识别是一个动态且充满挑战的领域，它的进步不仅推动了技术的发展，也带来了更多实际应用的可能性。随着技术的不断发展和数据的积累，音频事件识别技术在各个领域的应用将变得更加广泛。

6.3　音频信息生成

音频信息生成（Audio Information Generation）是指通过特定的算法和技术手段，从输入的文本、音频或其他形式的信息生成新的音频内容的过程。这一过程涉及从原始数据到目标音频的转换，涵盖了语音合成、音乐生成、歌声合成、语音转换以及歌声转换等多个领域。

在具体实现过程中，音频信息生成可以分为两大类别。

第一类是**音频信息合成**（见图 6.11），即将文本信息直接转换为音频信号，包括**语音合成**、**音乐生成**和**歌声合成**等技术。这类方法的关键在于从纯文本信息中生成具备自然音质的音频内容，要求模型能够理解文本的语义信息、韵律信息及情感表达，并将其转化为逼真的音频信号。

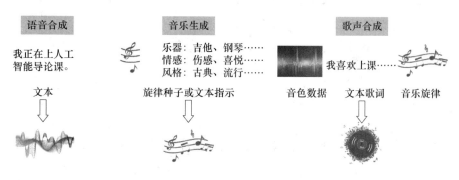

图 6.11　音频信息合成的常见任务

第二类是**音频信息转换**（见图 6.12），即将已有的音频信号转换为目标音频，包括**语音转换**（也称为语音克隆）、**歌声转换**和**音乐转换**等技术。此类方法旨在通过改变音频信号的某些属性，如音色、风格或情感等，生成符合特定要求的音频。例如：通过语音转换技术，我们可以将一个人的声音转换为另一个人的声音；或者通过音乐转换，将一段音乐的风格从古典变为摇滚。

图 6.12 音频信息转换的常见任务

在音频信息生成时，输入的信息往往是不完整的，原始音频缺少生成目标音频所需的大量细节信息。同时，原始音频与目标音频之间存在着巨大的语义鸿沟，这也正是音频信息生成主要面临的挑战。例如，同样一段文字："你今天吃饭了吗？"会被不同人用不同音色、情感说出来，形成各种风格的语音信号。同一首乐曲通过不同的乐器演奏，通常会展现出截然不同的风格。类似地，同一首歌曲被不同的歌手演唱时，也通常会给听众带来不一样的感受。因此，越来越多的研究者开始同时关注上述两种音频信息生成思路，融合借鉴，出现了越来越多利用文本和音频等多模态输入联合控制音频生成的方法。通过在文本与音频模态上应用多模态对齐技术，二者可以在一个系统内协同实现目标音频的生成，模型生成的音频不仅自然生动，而且风格更加可控，从而满足使用者的情感表达、个性化表达和使用场景多样化的音频生成需求。

音频信息生成任务中，评价指标的选择对于衡量合成语音的质量至关重要。图 6.13 列出了音频生成任务中常用的评价指标。

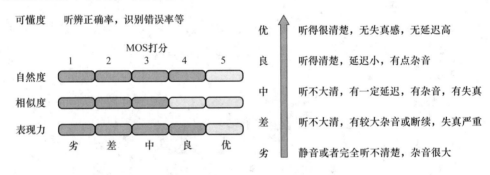

图 6.13 音频生成任务中常用评价指标

可懂度指的是合成语音的可理解性，即语音内容能被人听懂的程度或语音质量。可懂度是衡量合成语音质量的基础指标，关系到语音内容的清晰度。常见的可懂度评估方法包括人工听辨和机器语音识别，进行计算识别的正确率、字错误率（Character Error Rate，CER）和词错误率（Word Error Rate，WER）等指标。现有的语音合成技术在可懂度方面基本已经达到了较高的水平。

自然度则关注合成语音的自然性，即合成语音听起来是否与人类语音无异，涉及语音的流畅度和连贯性等方面。这类似于图灵测试，一般认为理想状态下，听众无法分辨出合成语音与真人语音之间的差异。自然度通常通过平均意见得分（Mean Opinion Score，MOS）来评价，MOS 评分分为五个等级，广泛用于语音质量的主观评价。具体实施时，MOS 评分可以细分为说话人相似性评分（Similarity MOS，SMOS）和说话人自然度评分（Naturalness MOS，

NMOS)。随着智能语音技术的进步,语音合成系统在可懂度和自然度方面都取得了较高的性能。目前,越来越多的研究者们开始重点关注合成语音与说话人音色的相似度以及合成语音的表现力。因此,也有学者侧重从韵律表现力、情感表现力方面进行 MOS 评分。

6.3.1　语音合成

语音合成(Speech Synthesis),也称为文语转换(Text-To-Speech,TTS),是将文本转换为语音的技术。这项技术的目标是让机器能够"开口说话",使得文本内容能够以语音的形式呈现出来。语音合成的实现过程可以通过图 6.14 来描述。

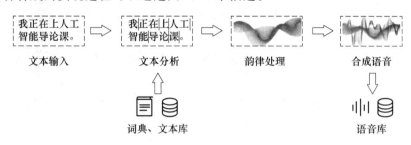

图 6.14　语音合成的实现过程

首先从文本输入开始,例如,输入一段话:"我正在上人工智能导论课。"其次,系统会对文本进行分析,包括词汇分析、句法分析和语法处理等,以理解每一个字或词的含义、句子的结构以及如何断句和停顿。再次,韵律处理阶段会对语音的轻重缓急、抑扬顿挫进行建模和预测,以使合成的语音更自然流畅,这涵盖了重音的设置、语速的变化以及句子中的自然停顿。此外,声学模型将这些分析和韵律处理的信息转换成音频的具体特征。最后,语音合成阶段将这些特征转化为实际的音频信号。

总的来说,为了使生成的语音更加自然和流畅,语音合成技术需要尽可能模拟自然语言的特性。例如,语音合成系统需要处理语调变化、语速调整和情感表达。这些因素共同作用,使得合成语音听起来更像真实的人类说的话。语音合成不仅是将文本转换为语音的技术,更涉及对文本的理解,对韵律的处理以及最终的语音生成。通过这种技术,我们可以让计算机以自然流畅的语音与人交流,服务于各种生活场景,如语音助手、导航系统和智能客服等。

语音合成技术的发展历程大致分为以下三个阶段:

波形拼接方法阶段(20 世纪 80—90 年代):初期的语音合成技术主要依赖于波形拼接方法,这一技术通过直接拼接预录制的声音片段,一定的选音算法调整合适的拼接单元,进而进行平滑处理,最终生成语音。由于是采用真人录音拼接而成,因此合成语音的音色相似度很高,自然度也较高,但是在拼接不平滑的地方,人耳还是能够很快分辨出该语音为合成的。此外,这种方法虽然为语音合成奠定了基础,但因需要录制大规模的高质量合成语料,系统的代价较大,灵活性不佳。

参数合成方法阶段(20 世纪 90 年代—21 世纪最初十年):随着技术的进步,参数合成方法逐渐成为主流,这一技术通过使用隐马尔可夫模型对语音信号的各项参数(如音高、语速、音量等)进行统计建模,从而生成自然的语音。相比于波形拼接方法,参数合成方法主要将声学部分从单元拼接改为统计参数建模,因此,这一阶段的技术在平滑性和稳定性上有了显著提升,避免了波形拼接时不稳定的问题,但仍存在一定的局限性,如声码器的使用使得合成音质不佳。

基于深度神经网络的语音合成方法阶段（21世纪第二个十年至今）：进入21世纪第二个十年后，深度学习技术的应用极大地推动了语音合成技术的发展。基于深度神经网络的语音合成方法，如WaveNet、Tacotron和VITS，能够生成极其自然且富有表现力的语音。VITS是一个端到端的系统，可以直接从文本输入语音输出，无须类似于图6.14中的显式中间表示转换过程，简化了整个合成流程。它通过引入变分推断和流式概率模型，能够在保持高质量的同时生成多样性的语音，在语音合成领域具有很高的实用价值和发展潜力。这些技术能够更好地模拟人类说话的细节，包括语调、节奏和情感，模型性能显著提升，但同时也对训练数据量提出了更高的要求。

当前，语音合成领域的研究重点包括少样本语音合成（Few-shot TTS）、零样本语音合成（Zero-shot TTS）和多语言语音合成（Multilingual TTS）。少样本语音合成旨在解决在训练样本稀少的情况下生成高质量语音的问题；零样本语音合成致力于从未见过的声音或语言样本中生成合成语音；多语言语音合成则侧重于开发支持多种语言的语音合成系统，以扩展应用范围。

对比不同技术阶段的语音合成效果，我们可以看到技术进步带来的显著变化。这些进步不仅提升了合成语音的质量，也推动了语音合成技术在多个领域的广泛应用，其中主要包括以下五个方面：

语音播报是语音合成技术常见的应用之一，包括新闻播报、导航系统的语音指导以及叫号系统中的排队信息播报等应用。通过这些应用，语音合成技术极大地提升了信息传递的便捷性和效率，使得用户能够以更自然的方式接收和处理信息。

有声内容生成是另一重要应用领域。语音合成技术能够生成有声小说及其他类型的音频内容，从而让用户能够以听的方式享受书籍和故事。这种方式不仅丰富了用户的阅读体验，还为无法进行传统阅读的用户提供了便利。

广播剧制作中，语音合成技术结合了音乐生成和音频合成技术，可以自动化生成广播剧的内容，不仅可以生成对话，还能够添加背景音乐和音效，模拟出完整的广播剧效果，这显著提高了广播剧制作效率。

影视剧配音也是语音合成技术的一项关键应用。在影视制作过程中，语音合成技术能够自动生成配音，这对于多语言版本的制作尤为重要，有助于节省时间和降低成本。

自动影视剧创作则是将语音合成技术与视频生成技术（如Sora等）相结合的前沿应用。通过输入脚本，系统可以自动生成影视剧的场景、对话和动作，从而极大地提高创作效率。

在传统语音合成的基础上，**数字人技术**（Digital Human Technology）引入了更高级的视频技术，包括唇形同步、表情控制和肢体动作控制。唇形同步技术使虚拟角色的嘴唇动作与语音内容保持一致，从而增强视觉与听觉的匹配，使虚拟角色显得更加真实。表情控制技术允许虚拟角色表达不同的情感，如喜悦、悲伤或愤怒，从而使互动更加自然和生动。肢体动作控制技术则进一步丰富了虚拟角色的行为表现，使其动作更加多样化和真实，从而增强用户的沉浸感和互动体验。

6.3.2　语音转换

语音转换（Voice Conversion，VC）是指在不改变语音内容的前提下，将源说话人（Source Speaker）的音色转换为目标说话人（Target Speaker）的音色（见图6.15）。例如，动漫作品《名侦探柯南》中的蝴蝶结变声器就是通过语音转换技术改变了声音的音色特征,使得输出的声音具有目标说话人的音色。

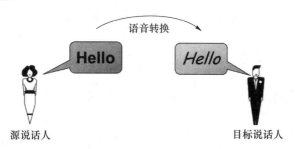

图 6.15　语音转换示意图

根据是否需要平行的源域(Source Domain)和目标域(Target Domain)数据,语音转换方法分为平行的语音转换(Parallel VC)和非平行的语音转换(Non-parallel VC)两类方法。早期方法主要是基于平行语料的,常用方法包括矢量量化、说话人插值和高斯混合模型等。但是由于需要平行数据,这对应用有较大的限制。然而,随着最近深度学习方法在语音转换领域的快速发展,以变分自动编码器(Variational Autoencoder,VAE)、生成对抗网络(Generative Adversarial Networks,GANs)、VITS 以及去噪扩散模型(Denoising Diffusion Probabilistic Models,DDPM)等为代表的方法,通过利用深度神经网络,可以对源域和目标域的内容特征和风格特征进行解耦,并将源域的内容特征和目标域的风格特征相结合以用于重建新的音频,即可以在无须平行数据的情况下训练模型,并通过模型推理得到目标说话人音色的音频。

然而,尽管目前语音转换技术已取得显著提升,可以在一定条件下生成高相似度和自然度的音频,但在实时语音转换(Real-time VC)、跨域语音转换(Cross-domain VC)和零样本语音转换(Zero-shot VC)等领域仍存在很大的提升空间。实时语音转换旨在将语音转换过程实时化,但现有技术在延迟和处理效率方面仍有待优化。跨域语音转换则涉及在不同语言、声线或音域之间进行转换。这一领域的挑战在于确保转换后的语音既符合目标域的特性,又保持原始语音的关键属性。更进一步地,零样本语音转换试图在完全没有目标声音样本的情况下进行语音转换。然而,当前技术还难以在缺少训练样本的情况下生成高质量的转换音频。因此,这些领域的研究仍需进一步深化,以推动语音转换技术的全面发展。

语音转换技术在现代数字媒体和通信领域中具有广泛的应用,尤其在配音和影视剧制作、娱乐领域以及声音隐私保护等方面发挥了重要作用。

在**配音和影视剧制作**中,语音转换技术可以实现角色声音的多样化和个性化,从而增强作品的表现力。例如,在多语言影视作品中,可以通过语音转换技术将原始语言的语音转换为其他语言或方言的语音,从而节省人工配音的成本并加快影视剧制作进程。同时,这项技术还可以在后期制作中为角色添加独特的音色,使得角色更加生动,增强观众的沉浸感。

在**娱乐领域**,语音转换技术也为音乐制作、游戏开发和虚拟主播等方面带来了新的解决方案。例如,歌手的声音可以通过语音转换技术被重塑为不同的音色或风格,使得音乐作品更具多样性和新颖性。此外,游戏中的角色对话和虚拟主播的语音输出也可以通过语音转换技术实现实时变化,增强用户体验和互动性。

在**声音隐私保护**方面,语音转换技术能够有效保护个人隐私。通过将真实的声音转换为无法识别的虚拟声音,用户可以在电话、语音助手或在线服务中隐藏真实身份,从而防止隐私泄露。此外，这项技术还可以用于法律领域，帮助证人保护身份，同时提供必要的语音证据。

在大模型时代，随着深度学习等人工智能技术的快速发展，各种模型对高质量数据的需求也日益增加。语音转换技术在这种背景下成为**数据扩充**的重要手段，可以通过生成多样化的语音数据，提升语音大模型的训练效果。这不仅有助于改善模型的性能，还能够增强其在不同场景下的泛化能力，从而推动语音技术的进一步发展和应用。

6.3.3　歌声合成与转换

音乐在个人和社会生活中具有重要的地位。它不仅是一种艺术形式，更是文化传承和情感表达的载体。无论是音乐的创作、演奏还是欣赏，都能够带来丰富的体验和深刻的意义。传统上，音乐创作被视为专业领域技术，而普通人往往只能扮演欣赏者的角色。然而，随着智能音频技术的快速发展，普通人也逐渐获得了低成本创作音乐的机会。自 2023 年以来，网络上涌现出了一系列智能音乐创作技术，主要包括三种形式：基于歌声转换的歌曲创作、基于 AI 的乐曲创作和歌曲创作。

歌声转换（Singing Voice Conversion，SVC）的研究起源于语音转换技术，即通过模拟某个人的声音来实现声音的复现。语音和歌声虽然在发音技巧和表现形式上存在显著差异，但由于它们在声学特征和生成机制上具有内在联系，因此歌声转换技术与语音转换技术在方法上有诸多相似之处，从而可以相互借鉴与融合。

歌声转换的主要目标是在不改变歌曲内容和旋律的前提下，将源歌手的音色转换为目标歌手的音色。这不仅要保留原有的音乐内容，还要精确地将音色特征进行转换，从而使得最终生成的歌声听起来像是由目标歌手演唱的。

与语音转换领域相类似，近年来，实时歌声转换（Real-time SVC）、跨域歌声转换（Cross-domain SVC）和零样本歌声转换（Zero-shot SVC）等研究领域正得到越来越多研究者的关注。

歌声转换技术得益于语音合成和语音转换方法的发展而快速兴起。例如，2023 年，虚拟歌手"AI 孙燕姿"在网络上迅速走红，紧随其后的还有"AI 周杰伦""AI 王心凌""AI 林志炫"等一系列 AI 歌手。这些 AI 歌手的出现使得各大网络平台仿佛变成了"AI 歌手复出演唱会"的现场，引发了一股全民音乐创作的热潮。

而与歌声转换技术不同的是，歌声合成（Singing Voice Synthesis，SVS）无须让音频作为输入，而是通过乐谱和歌词合成歌声。这项技术源于语音合成领域，但它在实现过程中更加注重音高、音色和音乐表达的特性。这主要是因为在歌声合成中，不仅要求合成的音频在听感上能够模拟真实的歌声，还需要在语音合成的基础上融入音乐表现的多样性。

歌声转换与合成技术的应用不仅丰富了音乐创作的手段，也为娱乐产业注入了新的活力。通过上述技术，用户能够体验到将自己喜爱的歌手的声音应用于各种音乐创作的乐趣，同时也为音乐产业带来了前所未有的创新与机遇。

6.3.4　AI 作曲创作

AI 乐曲创作是音乐生成领域中的重要组成部分，主要研究如何通过**文本描述生成音乐**（Text-to-Music），即将自然语言描述转化为对应的音乐作品。AI 乐曲创作技术涉及将输入的文字描述，如乐器种类、场景设置和旋律提示等，自动转换为音乐。这一过程主要通过将描述中的文本信息转化为不同的音乐元素,从而根据自然语言生成符合要求的乐曲。例如,通过输入一段描述性的文字,系统能够生成与之相符的音乐作品以展示其音乐创作能力。

进入 2024 年后,AI 乐曲创作的应用范围进一步拓展,涵盖了智能歌曲创作技术。这一技术不仅可以根据输入的歌词和音乐风格生成完整歌曲,还能够创造出包括旋律、和声与伴奏在内的几分钟长的完整的音乐作品。目前,Suno[①]、Udio[②] 和天工 SkyMusic[③] 等工具已经实现了这一技术,使得从歌词到成品歌曲的生成成为可能。这些进展标志着 AI 乐曲创作从简单的音乐片段生成扩展到了完整歌曲创作的新时代。

图 6.16 展示了 Suno 的使用演示界面。用户只需在左侧的输入框中输入想要生成音乐的风格或歌词,系统便会自动生成与之对应的音乐,包括音频、歌词和段落划分。例如,输入提示词"A shoe-gazing song containing 'ice' and 'sun'",系统即可生成两首同为 shoe-gazing 风格,但在旋律、歌词、歌手音色和伴奏上各具特色的音乐作品。

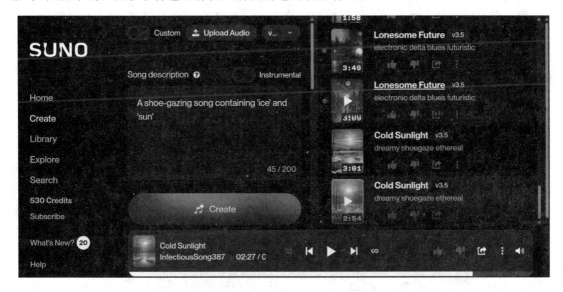

图 6.16　Suno 使用演示界面图

6.4　智能人机语音交互

人机交互(Human-Computer Interaction,HCI)指的是人与计算机系统之间的信息交换过程。这种交互可以通过传统的输入设备,如键盘和鼠标,也可以通过更先进的技术实现,包括语音、图像和视频(如手势识别)等。其中,基于智能语音技术的交互方式被称为**智能语音交互**(Intelligent Voice Interaction),它提供了便捷的交互模式和更友好的用户体验,尤其适用双手被占用(如驾驶时)的场景。

---

① https://suno.com/.
② https://www.udio.com/.
③ https://www.tiangong.cn/music.

6.4.1 智能人机语音交互一般框架

图 6.17 展示了智能人机语音交互系统的一般框架示意图。整个交互过程可以划分为三个关键阶段。首先是**前端识别**（Frontend Recognition），这一阶段涉及对输入音频信号的分析，例如，通过语音识别和情感识别（图中绿色方框为语音模态交互，灰色方框为视觉模态交互）等技术提取有用信息。其次是**理解与响应**（Understanding and Response）阶段，系统使用大语言模型和知识库对前一阶段获得的识别结果进行深入分析，从而生成准确的理解和响应。最后，在**输出交互**（Output Interaction）阶段，系统根据理解和响应结果生成反馈，这通常通过**语音合成**（Speech Synthesis）或**数字人技术**将反馈传达给用户。通过这三个阶段的有机结合，智能人机语音交互系统可以实现人与计算机系统之间的高效、便捷且智能的互动。

语音交互能够显著解放用户的双手。以苹果公司推出的 Siri 为例，它标志着语音助手技术的广泛普及。此后，各大科技公司相继推出了各自的语音助手，这些应用不仅限于智能终端，还扩展到了车载语音助手、智能音箱、智能眼镜、智能手表等智能硬件设备。这些智能硬件本质上是信息的输入和输出平台，进一步拓展了语音交互的应用领域。

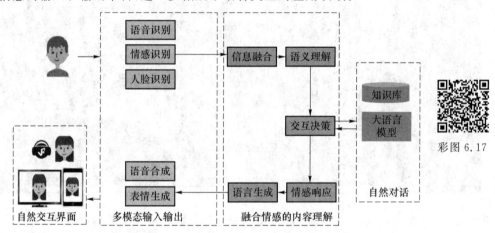

彩图 6.17

图 6.17 智能人机语音交互系统示意图

随着人工智能技术的不断进步，**汽车的智能化也从单一的车载语音助手转向全方位的智能集成**。同时，随着大模型技术的发展，越来越多的语音助手逐渐整合了各种大型语言模型的内容理解与生成能力，从而提供更加智能的信息服务。例如，目前的汽车大多已经成为集娱乐、办公、生活、社交于一体的智能产品。

除了语音模态，智能人机交互的发展趋势是**多模态化**和**高度集成化**，即通过多样化的交互方式来结合更全面的智能核心技术，从而逐步形成**智能体**（Intelligent Agent），让其成为名副其实的智能助手。同时，我们可以将这一技术结合机器人技术，促进**具身智能**（Embodied Intelligence）的研究与发展。在这之中，语音交互作为一种重要的交互方式，发挥着至关重要的作用。

6.4.2 大模型技术下的智能人机语音交互

尽管传统的智能语音交互系统能够识别语音并生成语音反馈，但其主要依赖于预定义的规则或有限的模型,往往无法准确理解复杂的上下文。这些系统通常只能执行特定任务,如识别简单指令、播放音乐、拨打电话等,而在遇到更为复杂的对话时常常显得捉襟见肘。

GPT-4o 是新一代的多模态大模型,通过整合语音处理技术,智能语音交互更为智能化、自然化。其强大的语音识别、语义理解、情感分析以及语音生成能力,能够支持复杂、多轮次的语音对话,甚至可以处理不同语境中的模糊语义和情感表达。与用户进行语音交互时,GPT-4o 不仅能识别语音中的文字内容,还能理解讲话者的意图、情感,并生成合适的回应。它可以根据用户的语调、上下文信息调整响应,使交互更加人性化。这种能力不仅限于常规的问答式对话,各种复杂情境也能够适应。

相较于传统的智能人机语音交互系统,GPT-4o 在各个环节都进行了相应的升级。

对于语音识别,GPT-4o 采用了更加先进的深度学习模型,不仅大幅提升了对语音的识别精度,还能够处理复杂语音环境中的方言、口音等问题。在情感捕捉上,不同于传统交互技术只对语音中的语义信息进行分析,GPT-4o 直接从语音信号中捕捉情感信息,以更好地分析说话人情感,并通过适当调整系统的语音反馈语气,为用户提供更加人性化的回应。同样,深度学习模型的使用和对语音信号的直接分析也提升了系统说话人识别的能力,使得 GPT-4o 可以在多说话人场景下,对每个参与者做出针对性的回应。

在语音合成技术上,GPT-4o 生成的语音更加自然逼真,不仅能够根据对话内容变化语调和语气,还能适应不同的对话场景,提供从轻松到正式的多样化回应,进一步拉近了人与机器的互动距离。

图 6.18 是 GPT-4o 发布的效果演示图,使用者可以在手机上使用 GPT-4o 与其进行流畅对话,GPT-4o 以近乎真人的响应方式,呈现了更为沉浸和真实的智能人机语音交互系统。

图 6.18　GPT-4o 效果演示

GPT-4o 开启了智能人机语音交互的新篇章,主要体现在以下三个方面:

动态上下文感知:通过深度学习和自然语言处理技术,GPT-4o 可以持续跟踪多轮对话中的上下文,不仅能理解当前语境,还能回忆并关联之前的交互信息,从而提供更连贯的对话体验。

深度意图捕捉:传统的语音交互系统往往局限于对表面语义的处理,只能执行简单的任务指令。而 GPT-4o 不仅能够处理表层的文字含义,更能通过分析语音中的情感、语气以及潜在的语义暗示，深入洞察用户的真实意图。这种能力使得 GPT-4o 在面对含糊或间接表达时，仍能准确回应用户需求，展现出人类般的理解和应对能力。

拟人化交互：GPT-4o 不仅在语音识别和理解上表现卓越，更重要的是，它能实现近乎真实的人类交互体验。首先，GPT-4o 的对话节奏更加灵活，能够适时打断用户发言或在合适的时机进行回应，使整个对话过程更自然。其次，它可以通过调整语气、语调和语速来响应不同的情境需求，既能在轻松的场景下以轻快、愉悦的语气回应，也能在严肃或正式的场合中保持稳重、冷静的对话风格。

除 GPT-4o 以外，国内厂商也在不断推动智能语音交互技术。科大讯飞推出"星火极速超拟人交互"。该系统采用统一神经网络架构，实现了语音到语音的端到端建模。官方称，即便在对话中被频繁打断，星火极速超拟人交互依然能够迅速做出反应，模拟出更加符合日常对话情境的交互方式。

此外，星火极速超拟人交互不仅限于传统的语音对话，它还能够模仿不同的音色、语气和人设，如孙悟空、蜡笔小新和小猪佩奇等。这使得它不仅能够提供高效的任务处理，还能带来更为生动、有趣的用户体验。系统甚至可以识别并处理用户的情绪，如高兴、悲伤、生气和害怕等情绪，并根据这些情绪自动带入符合情境的对话，以适合的语气做出回应，使交互更加符合人类的情感需求。

随着大模型技术的持续发展，语音交互将突破现有的技术局限，变得更加智能、拟人化和情感化。同时，将语音交互与虚拟现实、数字人等技术结合，可以为数字生活和虚拟环境带来更加真实、互动性更强的体验。据国际数据公司（IDC）分析，预计到 2030 年，全球智能语音服务市场规模将达约 731.6 亿美元，复合增长率 27%。在不久的将来，相信这项技术将变革各行业的工作流程和服务模式，进一步推动智能社会的构建。

本 章 小 结

音频信息处理是多媒体信息处理的重要组成部分，也是人工智能技术的核心领域之一。智能音频处理侧重于音频信息处理的智能化，旨在探讨如何更高效地获取、处理、识别、生成音频信息，包括语音识别、说话人识别、语音情感识别、音频事件识别、语音合成与转换等任务。本章的教学目的是使学生了解智能音频信息处理的基本概念和技术内涵，并从智能语音识别、音频生成以及人机交互三个方面深入理解智能语音信息处理的关键问题和技术原理。

思 考 题

1. 语音信号中通常包含哪些信息？
2. 如何搭建一个自动语音识别系统？
3. 语音识别面临哪些挑战和困难？
4. 自动语音识别技术和说话人识别技术的区别和联系是什么？
5. 语音合成包含哪些技术环节？
6. 如何评价生成语音的质量？

7. 语音合成技术带来的便利和潜在风险有哪些?

8. 音频识别和音频生成的关系是什么?

9. 智能人机语音交互系统可以融合哪些音频处理技术,实现什么功能?

10. 智能音频处理的发展趋势和挑战有哪些?

第 7 章

人工智能前沿领域

本书在第 4 章、第 5 章和第 6 章分别讲解了自然语言处理、计算机视觉和智能音频信息处理，这些技术属于人工智能传统和经典的研究领域。随着技术的发展，人工智能正在向新领域快速拓展，并展现出广阔的应用前景。本章将以多模态智能交互、数字人和 AI for Science 为例介绍人工智能在这些前沿领域中的技术发展和应用，以使读者进一步了解人工智能发展潮流。具体地：

7.1 节讲解多模态技术如何革新人工智能系统（代理）的感知、决策和交互能力。从基础概念的理解到核心技术的剖析，再到关键模块协同机理的介绍，本节将带领读者一步步了解多模态人工智能如何模仿并扩展人类的感知能力，实现更高效和精准的环境认知和行为响应，最终在复杂多变的环境中展现出更高的智能水平。

多模态技术广泛应用于生物识别、智能交互、人机对话等领域，也是数字人技术的重要基础之一。7.2 节将介绍数字人所涉及的多模态技术，包括多种感官信息的融合，如视觉、听觉、触觉等，这些技术为数字人提供了丰富的感知能力，以使读者了解数字人通过多模态技术能够更全面地理解外部环境，实现更加自然、逼真的交互体验。

AI for Science 是人工智能一个全新的研究方向，在生物、气象、数学等领域的研究成果令人十分振奋，开启了科学研究的全新范式。7.3 节将对 AI for Science 的基本概念和方法进行介绍，阐述科学研究的五个范式，具体讲解 AI for Science 在生物学、流体力学、拓扑学等领域的研究案例，以此向读者展示 AI for Science 的巨大潜能和独特魅力。

7.1 多模态融合与应用

7.1.1 多模态人工智能概述

人们在品尝巧克力的过程中，嗅觉与味觉的协同作用使其不仅能够感受到甜美的滋味，还能嗅到独特的香气。而在进行体育运动时，视觉和触觉的结合能够帮助人们更好地控制身体动作。例如，在打篮球时，通过视觉跟踪球的运动轨迹，同时依靠触觉来调整身体姿势和手部动作，从而实现准确投篮。由此可见，人类之所以能够与复杂的外部环境自然交互是因为有多种感官,例如,视觉、听觉、嗅觉、味觉和触觉等。这些感官可以被视为不同的"模态"。通过多种感官的融合,我们可以更好地感知环境、获取信息,并做出相应的反应。

从人类联想到机器,如果能够赋予机器更多的"感官",是否也可以使它们更好地感知周围环境,并与人类进行更有效的交互呢？显然,答案是肯定的。因此,要让人工智能变得更智能,多模态的输入是必不可少的。人工智能的"感官"可以视为多种不同形式的数据输入,如图像、文本、音频、压力信号、雷达信号等。这些不同形式的数据共同构成了"多模态"输入。多模态人工智能通过模拟人类复杂的感知过程,将多种类型的数据进行整合和处理,从而打造出能够像人类一样全面理解和处理信息的智能系统。

图 7.1 列举了生活中常见的多模态人工智能应用案例。自动驾驶汽车使用摄像头获取道路和周围环境的图像,利用激光雷达感知距离和速度,并通过麦克风进行声音识别和反馈。通过这些不同数据的协同工作,车辆能够理解周围环境,识别行人和障碍物,并智能地做出驾驶决策。智能语音助手(如小米的小爱同学、天猫精灵和苹果的 Siri 等)通过音频识别语音指令,然后以文字或语音的形式与用户进行互动,使用户可以通过语音命令播放音乐或安排日常事务。这个过程展示了语音和文本之间的多模态转换。现代医疗诊断系统也利用多模态数据来提高诊断的准确性。智慧医疗可以融合 X 光、CT 扫描和 MRI 等不同类型的数据,以提供更全面的医学建议。除这些图像数据之外,还可以结合患者的电子病历等文本信息,提供个性化的治疗方案。多模态在工业制造中也有重要作用。工业机器人在生产线上工作时,需要同时使用视觉、力学和温度传感器等多种"感官"来完成复杂任务。例如,装配机器人在组装产品时,通过视觉系统识别零件位置,利用力学传感器感知装配过程中施加的力量,并通过温度传感器监控焊接温度,以确保装配的精度和安全。

(a)　　　　　　　　　　　　　　　(b)

(c)　　　　　　　　　　　　　　　(d)

图 7.1　多模态人工智能的应用

所以，多模态人工智能系统能够同时处理和学习多种类型的数据，并将这些不同模态的数据整合起来，构建出更强大且多功能的人工智能系统。这样的系统能够更深入地理解复杂的现实世界数据，并据此做出更为准确的决策和响应。目前，多模态技术正处于人工智能研究和应用的前沿，掌握和应用多模态人工智能系统已经成为学习人工智能的重要内容。

7.1.2 多模态人工智能的核心技术

多模态人工智能功能强大，这离不开两项关键技术的发展和应用：多模态特征对齐和多模态内容转换。

多模态特征对齐：该技术可以将不同模态的信息在一个共同的空间中进行对齐，使得这些信息具有相似的表示。例如，当机器看到一个人微笑的图像时，它能够将"微笑"这一图片信息和"高兴"这一语义信息联系起来，从而更深刻地理解这个表情所表达的情绪。

多模态内容转换：该技术可以将不同模态的内容相互转换，包括文字与语音、图像与文字之间的相互转换等。以最新 ChatGPT 4 为例，它不仅可以生成文本与用户沟通，还可以将文本转换为语音与人类自然交互，是一个真正的"能听会说"的智能机器人。

1. 多模态特征对齐

以小朋友看图识字的过程为例。假设我们有四张画着动物的卡片和四张写着动物名字的卡片。动物图片是视觉信息，动物名字则是文本语义信息。探索这两种模态的信息如何对齐，就是在学习这两类信息如何配对，这个过程类似于小朋友学习将动物图片和名称对应起来的过程。

图 7.2 动物图片和名称的对应

通过家长不断地提示和纠正，小朋友能够学会正确配对动物图片和相应的名称。在这个过程中，小朋友不仅学习了正确的对应关系，还学会了区分错误的配对。这种学习策略被称为对比学习。

人工智能在进行多模态特征对齐时同样依赖于这种对比学习的策略。以图像和文本这两种模态的对齐为例，研究者首先从互联网上收集大量的图像-文本对。随后，这些数据的高维度表达特征可以通过神经网络构建的图像编码器和文本编码器提取出来。最后，运用对比学习的策略来训练模型，这不仅让对应的图像和文本特征变得更加相似，同时也让不对应的图像和文本特征变得不相似。经过训练后，具有对应关系的图像和文本在特征空间中的距离会变得接近，不同模态的特征信息得以对齐。基于这一对齐的多模态特征空间，研究者可以完成如图像分类、语义分割等一系列下游计算机视觉任务。

2. 多模态内容转换技术与应用

在完成多模态语义对齐之后,系统可以在不同模态之间实现内容转换。这种转换在多个实际应用中发挥着重要作用,例如,图像到文本的转换、文本到图像的转换、声音到文字的转换以及文字到声音的转换。

图像到文本的转换主要用于图像描述生成和视觉问答系统。如图 7.3 所示,在图像描述生成中,系统可以自动生成对图像内容的描述。例如,AI 系统可以描述"两只猫躺在床上"或"一只鸟飞过湖面",这些描述展现了良好的跨模态语义对齐特性。视觉问答系统则更为复杂。它不仅需要理解图像内容,还需要理解针对图像提出的问题。如图 7.4 所示,针对"你知道这幅画是谁画的吗?"或"这张图片有什么不同寻常?"这样的问题,AI 系统不仅需要精准识别图像,还需要理解问题并给出与问题和图像信息相关的答案,这展示了更深层次的语义理解能力。

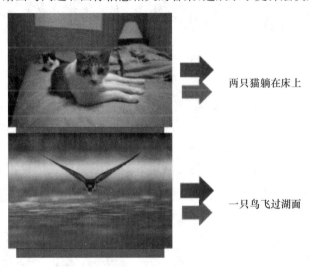

两只猫躺在床上

一只鸟飞过湖面

图 7.3　图像描述生成

问题:你知道这幅画是谁画的吗?

答案:这幅画描绘了一个女人,通常被认为是达芬奇的著名作品《蒙娜丽莎》。

问题:这张图片有什么不同寻常?

答案:这张照片不寻常在一名男子正在一辆黄色出租车的后座上烫衣服,而这辆出租车正沿着公共汽车城市街道行驶。

图 7.4　视觉问答系统

文本到图像的转换是当前非常热门的 AI 应用领域,广泛用于个性化头像生成、广告设计、游戏角色和场景的创作等。如图 7.5 所示,通过简单的文本提示"一个帅气的男生",AI 便能够生成不同风格的头像,包括默认的写实风格、卡通风格和油画风格。这种逼真的文本引导的图像生成让 AI 创作变得更加灵活和高效，不仅降低了创作门槛，还极大地增加了艺术表达的可能性。

▶ "一个帅气的男生"

真实　　　　　　　　　　卡通　　　　　　　　　　油画

图 7.5　文本到图像的转换

多模态人工智能不仅能够生成图像，还可以根据文本指令对图像进行精细编辑。如图 7.6所示，通过简单的文本指令，20 世纪的黑白老照片可以被赋予自然的色彩。此外，图中的汽车和衣服的颜色也可以通过文本指令轻松更改，大幅提高了图像修复和编辑的效率。这使得用户在进行图像编辑时，无须掌握如 Photoshop 等专业的图像编辑技术，便能轻松实现复杂的编辑效果。

彩图 7.6

1957. "Plymouth vs.
Ford on the streets of
Oakland circa."

路中间停着一辆
的汽车。

路中间停着一辆
的汽车。

1925. "Washington,
D.C. Judge Geo.H.
MacDonald."

左边的男人穿着橙色西装，
右边的男人穿着粉色西装。

左边的男人穿着灰色西装，
右边的男人穿着卡其色西装。

图 7.6　文本控制的图像上色编辑

声音到文字和文字到声音的转换在日常生活中也广泛存在,如微信语音转文字和模拟配音。声音和文字的互相转换主要涉及语音识别和语音合成两大技术,分别对应声音到文字和文字到声音的转换。

声音到文字的转换通常通过语音识别技术实现。如图 7.7 所示,以"我爱祖国"这句话为例,首先麦克风会捕捉音频信号,并转换为相应的模拟信号。模拟信号再通过模数转换器(ADC)变成计算机能够处理的数字信号。然而,需要对这些数字信号进行特征提取,以捕捉语音中的关键信息。特征提取的过程是将离散的数字信号转换为一个特征矩阵,这个特征矩阵包含了语音信号中的丰富信息,包括频率、能量、时域特征等。最后通过一个专门的模型对特征矩阵进行解码,成功地将"我爱祖国"这句话转换成文字。

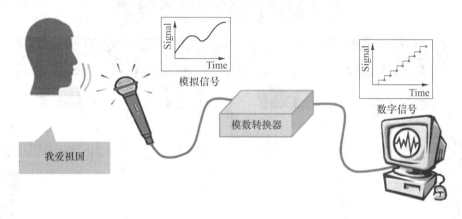

图 7.7 声音到文字的转换

文字到声音的转换的过程主要包括文本信息分析、声学特征转换以及声码器语音信号生成。如图 7.8 所示,通过先进的语音合成技术已经能够生成带有不同语气和情感的语音输出,为智能新闻主播、虚拟角色扮演等应用提供逼真的语音交互体验。

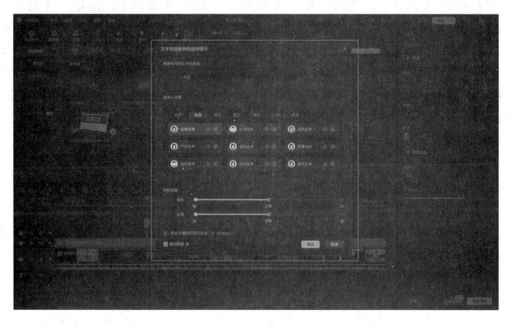

图 7.8 文字到声音的转换

7.1.3 多模态人工智能代理系统

多模态人工智能可以实现不同模态之间的相互转换，展示了 AI 在处理多种信息形式时的强大潜力。随着技术的进步，仅仅具备多模态处理能力的 AI 已不能满足复杂应用场景的需求。这时，多模态人工智能代理（AI Agent）的概念应运而生。这类代理不仅能够理解和处理多模态数据，还可以主动决策、执行复杂任务，并在交互中表现出智能化和自主性。具体而言，多模态人工智能代理系统主要由四个模块组成，如图 7.9 所示。

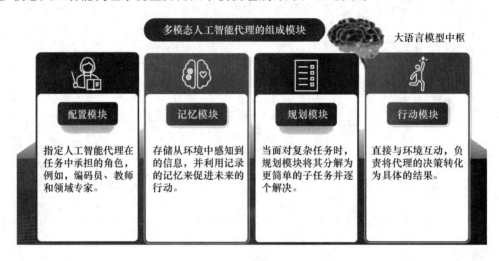

图 7.9 多模态人工智能代理的组成模块

1. 配置模块

配置模块的主要目的是实现角色定义和配置，它需要了解以下三类信息。①基本信息：包括年龄、性别、职业等，这些信息有助于塑造代理的基本身份和背景，从而影响其决策和行为。②社会信息：在多代理系统中，社会信息描述了代理之间的关系和互动，包括代理在团队中的角色、与其他代理的协作关系等。③心理信息：包括代理的个性、态度和情感，这使得代理能够表现出更为人性化和个性化的行为，提升与用户的互动自然度和信任度。了解这些信息可以帮助配置模块定义和调整代理的行为和反应，使其能够在复杂的环境中有效执行任务。

2. 记忆模块

记忆模块为多模态人工智能代理提供经验积累和信息管理的能力，使其决策更加精准和合理。①信息存储：记忆模块负责存储代理从环境中获取的各种信息，这些信息可能包括历史数据、环境状态、与用户的交互记录等，有效的信息存储是保证代理能够准确回顾和利用过去经验的基础。②经验积累：通过分析过去的行为和结果，记忆模块使代理能够不断改进其策略和行动，这种经验积累可以帮助代理在面对类似情况时做出更优的决策。③操作管理：记忆模块的操作包括信息的存储、检索和更新，高效地管理这些操作，确保代理在需要时能够快速访问和利用记忆中的信息，从而提升其响应速度和决策质量。综合这些功能，记忆模块使代理的行为更具一致性和合理性。

3. 规划模块

规划模块使代理能够将复杂任务细化、优化策略并灵活调整以应对挑战。①任务分解：将复杂的任务分解为一系列更简单的子任务，从而更有效地完成整个任务，任务分解使得代理能够逐步解决问题，降低任务复杂性。②策略制定：通过分析任务需求和当前环境状态，规划模块制定最优的行动路径，策略制定确保代理的行为符合预定目标，并且能够应对环境变化。③反馈机制：规划模块引入反馈机制，允许代理在执行计划的过程中接收并处理反馈信息，通过反馈，代理可以动态调整计划，以适应变化和挑战，从而提高任务完成的成功率和效率。

4. 行动模块

行动模块将策略转换为行动并评估结果，以优化决策。首先，行动模块规定代理的行动目标，即通过行动期望实现的结果，这些目标通常依据代理的角色和任务需求设定。在定义了行动目标和行动空间后，行动模块需要将规划模块制定的策略转换为具体的操作步骤，并执行这些操作。这一过程确保了策略能够在实际中得到实施。此外，行动模块还需要分析行动的结果，确定行动是否达到了预期目标，以及对环境造成的影响，这一功能帮助代理不断优化其行为策略，以实现更好的效果。

通过这些模块的协调配合，多模态人工智能代理不仅能够像人类一样处理复杂任务，还能够借助多模态技术展现出更高水平的智能化。多模态技术为代理提供了丰富的感知和表达渠道，使其能够从多个角度理解环境、灵活应对复杂情况，并精确执行任务。配置模块赋予代理明确的角色和背景，记忆模块确保其在任务执行中不断学习和积累经验，规划模块制定策略以应对复杂挑战，行动模块将策略转换为实际操作，从而高效完成任务。多模态技术的深度融合，使得这些代理在各个层面都展现出前所未有的智能水平和适应能力。

总之，多模态人工智能系统通过整合和转换不同模态的数据，展现了强大的信息处理能力，并在智能代理中得到进一步提升。这些代理不仅能够理解和处理多模态数据，还能自主决策、执行复杂任务，在动态环境中表现出高度的智能化。多模态技术与人工智能代理的结合，不仅推动了技术的发展，也为 AI 在实际应用中开辟了广阔前景，为解决复杂的现实问题提供了强有力的工具。

7.2　数字人技术及其应用

当前，伴随着人工智能的发展，各式各样的数字人也以越发逼真的姿态走进我们的视野。如图 7.10 所示，从虚拟偶像"柳夜熙"引领的时尚潮流，到"华智冰"那如天籁般的音乐演奏，再到红雁国音数字人教师"言小腾"耐心陪伴孩子们学习普通话的温馨场景，数字人正以越来越生动的姿态，成为我们生活中不可或缺的一部分。那么，这些数字人是怎么引领各行各业发展的？它们又是怎么制作的呢？本节将从数字人是什么、应用场景、技术原理以及未来与挑战四个维度进行讲解。首先讲解数字人的定义、分类以及核心部分，然后对数字人的应用场景和市场规模进行介绍，继而剖析数字人声音、形象以及动作等的合成所涉及的关键技术，最后对数字人技术发展的前景和面临的挑战进行分析。

图 7.10　常见的数字人

7.2.1　什么是数字人

　　总体而言,数字人是一种利用人工智能等计算机技术模拟人类外貌、声音和行为特征的解决方案,它一般分为卡通数字人和高仿真数字人,其中高仿真数字人是现阶段研究和开发的热点。

　　根据功能和应用场景的不同,数字人可以划分为多种类型,如图 7.11 所示:第一种是虚拟偶像,在江苏卫视跨年演出上出现的虚拟邓丽君就属于这种类型,她高度模仿了邓丽君的声音和形象,并能够完美地复刻邓丽君的歌喉,带给观众完美的视听享受;第二种是虚拟主播,前段时间京东前总裁刘强东的数字人便属于这种类型,其现身直播平台宣传和销售产品,以假乱真的形象制造了话题并带来了大量的流量,提升了网络销售的效果;第三种是虚拟教师,这些数字人教师能够以逼真的形象面向学生进行授课,大幅提升了学生线上学习的感知度;最后一种是虚拟助手,我们熟知的小爱同学、Siri 等智能语音助手拥有外在形象之后就属于这种类型,同时,在企业客服、政务服务等领域使用虚拟助手能够大幅降低人力资源投入并同时保证服务效果。

图 7.11　数字人的类型

数字人生成所需要关注的两大核心部分就是语音生成和视觉生成的效果。以江苏卫视跨年晚会上登场的虚拟邓丽君为例,要真实展现邓丽君的天籁之音,就必须让数字人发出声音的音色、语气和情感具有高自然度和高还原度,这部分就是语音生成需要达到的目标。而邓丽君的一颦一笑以及标志性动作的复刻则是引起观众惊叹的另一个关键要素,这就需要用到视觉生成中人体图像生成等关键技术。通过上述两个环节的相互配合,满足各种场景应用需求的数字人就能被精准地制作出来。

7.2.2　数字人的应用场景

数字人的应用场景涵盖了工作、学习、生活的方方面面,如图 7.12 所示,在教育领域有虚拟教师通过线上平台面向学生进行授课、虚拟学伴在各类智慧应用中陪伴学生学习;在娱乐领域有虚拟歌手和真实歌手一起合唱经典歌曲,虚拟演员降低影视作品的制作成本;在企业领域有数字员工质效并举的处理繁杂事务以降本增效,虚拟主播在各大视频平台全天候链接消费者;在政务领域有虚拟客服、虚拟发言人等来高效服务民众,提升政府工作满意度;在文旅领域有虚拟导游、虚拟 IP 等跨越时空的线上旅游宣传,助推各地旅游业的发展。总而言之,数字人技术对各行各业的数智化转型以及降本增效都有明显的助推作用。

图 7.12　数字人的应用场景

如图 7.13 所示,通过一组源自《2024 年中国虚拟数字人产业发展白皮书》的数据可以直观地看出数字人应用规模的成长速度以及在各行各业的渗透情况。在 2021 年,数字人的核心市场规模只有 62.2 亿元,在 2023 年就几乎翻了四倍,达到了 205.2 亿元。这一数据目前还在急速增长中,预计到 2025 年会在 2023 年的基础上继续翻番,达到惊人的 480.6 亿元。同时,北京市、上海市等一线城市政府部门也明确发文,支持数字人产业的发展,重点关注数字人赋能的行业领域。因此,掌握数字人相关技术的人才将在未来的学术界或工业界中拥有独特的竞争力。

到2025年，北京市数字人产业 上海重点发展数字精品、数字时

规模将突破亿元500亿元 装、数字虚拟人等新时尚

数据来自《2024年中国虚拟数字人产业发展白皮书》

图 7.13　数字人产业的发展情况

7.2.3　数字人的技术原理

《阿凡达》《猩球崛起》等电影中的纳美人和猩猩凯撒都是通过一种叫作"动作捕捉"的技术来制作的。首先需要演员佩戴上动作捕捉设备，其次在脸部或者身体上贴上标识点来确定关键位置，再次由演员表演一些特定的动作并通过动作捕捉设备采集，最后计算机再将采集的动作数据和数字人形象数据进行融合处理以生成电影中的各种虚拟形象。

对于电影、电视，尤其是高投入、大制作的特效电影剧组来说，采购一系列的动作捕捉设备所需的成本是能够很好地覆盖的。但是对于一些小成本电影、网剧团队乃至个人视频制作爱好者来说，购买这样专业的设备就存在困难了。目前最先进的数字人制作方法只需要使用一张图片或者一段2分钟左右正常说话的视频，就可以制作各式各样的数字人代替人类进行授课、直播或者以其他的形象出现在各类视频作品中了，见图7.14。

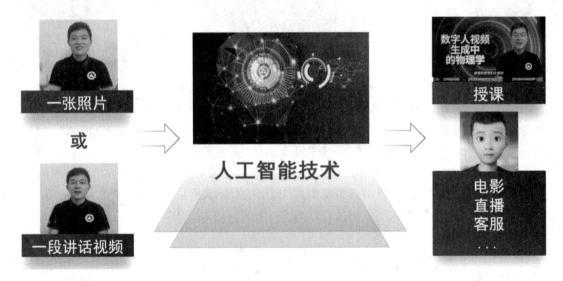

图 7.14　数字人的制作方法

那么,使用一张图片或者一段视频制作数字人的技术原理具体是怎么样的呢?

首先,我们需要采集真人的图像和语音信息,它们可以同时采集,也可以分开采集。同时采集即直接录制带声音的说话视频,这种方式对说话人的要求较高,要同时保证形象和声音的质量;而分开采集则只需要在采集过程中顾及一个方面即可。

数据采集完成之后,我们就可以利用人工智能算法来训练包含说话人特征的数字人合成模型了,这个模型包含语音合成/克隆和说话头生成两大部分。语音合成/克隆模型主要基于采集的说话人音频数据提取核心语音特征,然后基于一段输入文本进行构建即可生成和说话人相似的声音。而说话头生成模型则是通过提取人物形象和动作特征,并设计一个中间模块来建立语音、面部动作等驱动信号和这些特征的关联关系。

这样,我们就可以仅输入一段文字或者模仿动作捕捉过程给出一个参考动作视频来驱动这个算法模型合成数字人了。目前,基于上述做法的数字人应用封装模态主要有两种,一种是用于生成一段数字人视频,这通常用在电影、网课制作等场景;另一种是用于对话交互场景,这要求数字人形象和动作能够实时合成,从而满足智能助手、政企客服等场景的应用需求。

1. 语音合成/克隆

数字人要模仿原始人物的声音,就需要使用到语音合成/克隆技术。相信大家应该都看过经典电视剧《西游记》,剧中六小龄童老师通过特殊声音将孙悟空这个形象演绎得活灵活现,那么是否可以让数字人模仿一下悟空的声音呢?

图 7.15 所示,要让数字人模仿孙悟空的声音,就需要从《西游记》电视剧中提取 20 分钟不包含背景音乐的悟空说话语音。然后使用语音识别技术将其转化为音素(对中文来说就是拼音),这些音素是实现语音合成/克隆的关键单元。同时,使用一个特征提取算法从这段语音中提取出悟空特有的音色、语调和语气等关键特征,这些特征能够指导模型完美地模仿悟空的声音特性。

这 20 分钟的语音仅仅用来提供悟空的声音特征,实际合成的时候可能还需要包含所有的汉字,因此,需要使用包含各种不同声音样本的大规模语音合成数据集来训练一个基础的语音合成模型。

下一步是使用提取的每个音素与音色、语调和语气等特征关联关系对语音合成模型进行调整。这个过程相当于为模型加上了"个性化滤镜",让语音合成的每一个字都带有说话人的声音特征。最终,我们就可以使用这个语音克隆模型合成与悟空高度相似的语音了。

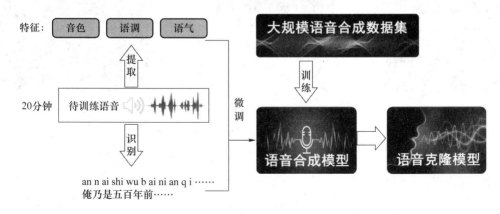

图 7.15　语音合成/克隆的原理

　　除了合成与目标人物高度相似的语音，我们还可以通过调整模型的一些参数让合成的语音具备一些特定的情感或情绪，从而进一步拓展语音克隆的应用场景。目前一种比较主流的做法是跨说话人情感迁移，即在大规模语音合成数据集中找到具备某种情感的语音集合，将这类情感特征提取并应用到语音克隆过程中，从而让克隆之后的语音也具备同样的情感或情绪。

　　使用语音合成/克隆技术可以很方便地将说话人的声音特征复刻下来，从而让数字人说出和真人高度相似的语音，以致让观众很难分辨出各种视频中出现的声音是真人录制的还是计算机合成的。

　　除了直接用在数字人语音合成中，语音克隆技术还可以在各种场景下发挥作用，比如对于一段中文配音的视频，如果想面向全球的观众进行投放，传统的方式是重新邀请熟悉各国语言的配音人员进行配音，这需要耗费很高的时间成本和经济成本。有了语音克隆技术，我们就可以在保留原始嗓音的基础上直接转换为其他语种，大幅降低了制作成本。

2. 说话头生成

　　说话头生成是另一项数字人关键技术。这个技术的核心目标在于简化人物形象采集过程，只需要拍摄真人的一张照片或者一段视频即可提取人物的关键特征，然后使用语音、视频等方式对这些特征进行驱动，以合成所需的数字人。目前比较常见的说话头生成技术包括语音驱动图像、视频驱动图像以及语音驱动视频三种。

　　语音驱动图像是制作成本最低的一种说话头生成方案，它仅需使用一张照片和一段语音即可生成和语音对应的说话人视频。比如我们想让前段时间大火的《狂飙》电视剧中的高启强模仿喜剧演员沈腾在节目中说的话，就只需要从《狂飙》电视剧中截取一张高启强的图片，然后把它和沈腾在节目中的音频一同送入说话头生成模型，高启强"讲喜剧"的合成视频就被制作出来了，如图 7.16 所示。

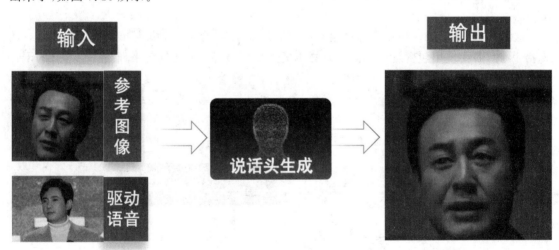

图 7.16　高启强讲喜剧的视频制作流程

　　这个过程中关键的两个环节是通用人脸关键点和音频对应关系的挖掘以及参考人脸图片风格特征的提取。训练一个通用人脸关键点和音频对应关系的模型是第一步。它通过从互联网采集海量人物说话视频来获得一个音频和人脸关键点运动关联关系的模型，利用这个模型可以明确了解语音的每一个音素和人物嘴部和脸部肌肉动作的映射关系。然后利用一个人脸风格提取模块来提取参考图片中人脸的长相特征，得到被称为特征图和风格代码的人脸特征数据。

在上面的例子中,将罗翔老师的讲话音频输入通用人脸关键点和音频对应关系模型中,就能获得一个和音频对应的人物讲话脸部关键点运动序列,紧接着将从高启强的图片中提取的特征图和风格代码应用到关键点上,以构建一个高启强说话的运动场,最后再渲染为高启强说话的视频。

说话头生成的第二种方法为视频驱动图像,这种方法在很大程度上就可以替代传统的动作捕捉方法,从而让小团队甚至个人制作出所需的特效或者动画视频。最后一种说话头生成方法为语音驱动视频。严格说来,这个视频不是用来被驱动的,而是用来训练语音和人物形象对应关系的。这种技术能够让电影中的人物用不同国家的语言说话,从而实现影视作品的本土化引进和国际化输出。

很多人都有在电影院观看外文原音国外电影的经验。这时,一般都需要依赖于中文字幕。如果把语音克隆和说话头生成技术结合在一起,那么就可以得到一个音色和原声很像,且演员嘴形也完全同步的普通话版本电影。比如我们要让霉霉的英文采访视频变成中文采访视频,如图 7.17 所示。首先,使用语音克隆模型将她的音色复刻下来,同时使用翻译工具将说话内容翻译为中文,然后,使用语音克隆模型将中文文字合成为普通话语音,再次,使用这段原始的英文采访视频训练说话头生成模型,最后,利用生成的普通话语音驱动说话头生成模型生成最终的普通话采访视频。

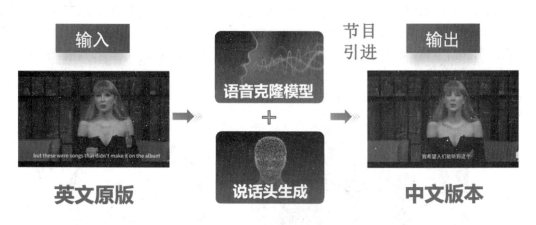

图 7.17　基于语音克隆和说话头生成技术的视频翻译

7.2.4　数字人的未来与挑战

尽管数字人技术尚处于其发展历程的初期阶段,但它已悄然融入我们日常生活。无论是学习探索、职场奋斗还是休闲娱乐,其影响力无处不在。展望未来,数字人将在生活伴侣、职场辅助、教育革新、医疗健康、娱乐产业、元宇宙构建以及文化交流等广阔领域中进一步大放异彩,成为推动社会进步的重要力量。

然而,伴随着数字人技术的迅猛发展,一系列问题与挑战也随之出现。高清显示的极致追求向数字人技术提出了更为严苛的标准;在数字人创作过程中,海量个人数据的安全性成为亟待解决的难题;同时,技术滥用所引发的肖像权侵犯及诈骗等违法行为,更是对社会秩序与个人权益构成了威胁。对此,我们需要保持高度警觉。同时,我们也要相信随着数字人技术的日益成熟，相关法律法规体系也将不断完善，能够为数字人技术的健康发展保驾护航，确保其造福而不是危害人类社会。

7.3 AI for Science

AI 的未来将远超我们的想象，从诗词创作到科学突破，人工智能正在深刻地改变着我们的世界。AI for Science 是近年来兴起的一种研究方向，旨在将人工智能技术应用于科学研究和发现的各个阶段。了解 AI 在科学领域的应用可以帮助我们加速科研进程，推动创新发现、解锁更深层次的科学认知。

本节将从什么是科学开始，介绍科学研究的四个范式，讨论目前科学研究中的难点，以及科学研究的第五范式 AI for Science 如何赋能科学研究，最后分别介绍 AI for Science 在生物学领域、物理领域以及数学领域加速科学研究的例子。

7.3.1 什么是科学

前面的章节里，我们了解了什么是 AI，那么什么是科学呢？简而言之，科学寻求的是关于世界及其运行规律的知识，目标是揭示世界的本质。其中生物学也叫生命科学，研究生命的所有方面。物理学是研究大自然现象及规律的学问。数学是研究数量、结构、变化、空间以及信息等概念的一门学科。科学所带来的一系列发明和发现极大地改变了我们的社会，包括药物、手机、互联网的发明，以及太空火箭的出现等。

图 7.18 给出了两个大家熟知的科学研究的例子。

(a) (b)

图 7.18　豌豆实验与苯分子环状结构

19 世纪，生物学界的主流是"混合遗传"学说。但是奥地利神父孟德尔认为后代若只是简单综合父母代的性状，重复下去，那么所有生物的性状都应趋于相同，这与大自然不相符。8 年时间里，孟德尔在前前后后测试了 20 000 多株豌豆后，终于总结出遗传学两大定律：一是基因分离定律，二是基因自由组合定律。孟德尔定律的发现对遗传学的发展产生了深远的影响。此外，它也体现了科学研究中重复和验证的重要性。

1865 年，德国化学家凯库勒提出全新的苯分子的环形结构。凯库勒声称自己在梦中看见一条蛇咬着自己的尾巴，由此发现了苯分子的环形结构。很多科学家都声称自己的科学想象来自梦中,比如门捷列夫梦见元素周期表,玻尔梦见原子结构模型等。

孟德尔和凯库勒的科学发现过程展示了两种不同的科学探索路径。

孟德尔的豌豆实验是科学研究中"实验得结果到归纳总结再到结论"的经典例子。他通过精心设计和长期的实验,逐步揭示了遗传规律。这种方法强调通过反复实验获取数据,归纳总结出科学原理。然而,这种方式通常耗时长,并且在实验的过程中可能走上错误的道路。

与此不同的是,凯库勒的苯环结构发现则是"突然的灵感到假设证明再到结论"的典型代表。他在半梦半醒间灵光乍现,产生了对苯分子结构的假设,随后通过实验验证了这一假设。这种方法虽然高效,但依赖于极少数人的灵光乍现,具有偶然性和不可复制性。

7.3.2　科学研究的传统范式

接下来介绍一下科学研究的各种范式。我们现在经常听说"范式"这个词,它由英国物理学家托马斯·库恩在他的经典著作《科学革命的结构》中首次提出。在科学界,范式是指在某个时期内最有权威性和影响力的理论框架。图灵奖得主詹姆斯·格雷在《第四范式》这本书里提出科学研究的发展可以划分为四个主要范式,每个范式都代表了科学探索和发现的新方法,如图 7.19 所示。科学研究的四个范式代表了科学发现与知识获取的不同阶段,每个范式都伴随着特定的方法和工具,推动着科学的进步。

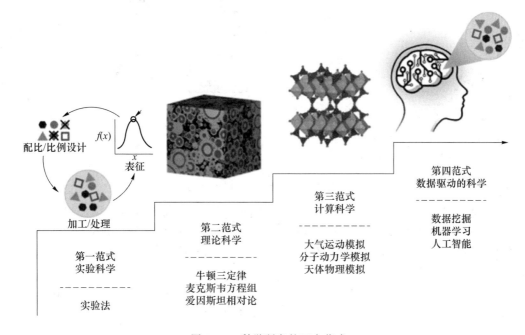

图 7.19　科学研究的四个范式

第一范式是实验科学,是传统的科学研究方法,通过设计实验、收集数据来验证假设。这个范式强调可重复性和可验证性,是科学研究的基础。

第二范式是理论科学,这个阶段的科学研究更注重于利用数学模型和公式来解释和预测自然现象。例如,牛顿三定律、麦克斯韦方程组和爱因斯坦相对论等。

第三范式是计算科学,随着计算机技术的发展,科学家们能够通过计算机对复杂现象进行模拟仿真,推演出了越来越多复杂的现象。计算科学使得对大气运动、分子动力学和天体物理等复杂系统的研究成为可能。

第四范式是数据驱动的科学，又称大数据科学，通过数据挖掘、机器学习和人工智能等技术，从海量数据中发现规律和知识。第四范式更加注重数据驱动，而不是理论驱动。

这些范式展示了科学研究方法的演变和进步，每个范式在不同的历史阶段为科学发展提供了不同的动力和工具。

科学家用简洁的数学描述，如非线性方程来描述自然现象的规律，这个过程叫作"建模"。比如描述流体运动的纳维-斯托克斯方程，描述超导现象的金兹堡-朗道方程全是非线性方程。而这些复杂的非线性偏微分方程无法直接求解，那应该怎么办呢？可以通过科学计算，对这些方程做各种各样的数值模拟，如图 7.20 所示。

冯·诺依曼和尤拉姆合作提出了著名的蒙特卡洛法，把要求解的数学问题转换为概率模型，在计算机上实现随机模拟以获得近似解，如通过蒙特卡洛方法求 π 的值。

有限元法通过将一个连续的物理系统分割成有限个小的、相互连接的单元，每个单元由有限个节点连接而成，从而实现对连续系统的离散化处理。在每个单元内假设一个简单的近似解，然后通过组合这些单元的解来逼近整个系统的解。

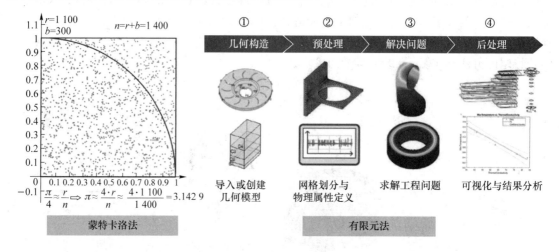

图 7.20　蒙特卡洛法和有限元法

现实世界中的系统通常极其复杂，具有多个相互依赖的变量和非线性动态行为。要创建一个准确的模型，需要对系统的所有关键特征有深入理解，并能够用数学语言将其表达出来，即数学建模。即使建立了模型，进行数值模拟也很具有挑战性，因为可能会遇到数值稳定性、收敛性和精度的问题，并且模拟复杂系统通常需要大量计算资源和时间。

人工智能中的深度学习方法能否帮助我们在科学研究中做各种各样的建模和数值模拟呢？带着这个问题，我们来了解一下科学研究的新范式，也就是 AI for Science。

7.3.3　科学研究的新范式

科学发现是一个多方面的过程，包括假设形成、实验设计、数据收集和分析等多个相互关联的阶段。人工智能通过增强和加速这一过程中每个阶段的研究，在科学发现中发挥着重要作用。科学研究的第五范式，即 AI for Science，也被称为"科学智能"。它融合了前四个范式的特点，包括第一范式的实验观测、第二范式的理论指导、第三范式的数值模拟以及通过第四范式的机器学习进行智能驱动。

2023 年 8 月,Nature 期刊发表的《人工智能时代的科学发现》一文回顾了近年来 AI 对科学研究的革命性影响,分别总结了 AI 辅助的科研数据收集与整理、学习科学数据的有意义的表示、基于 AI 的科学假设生成以及 AI 驱动的实验和模拟四个方面,如图 7.21 所示。

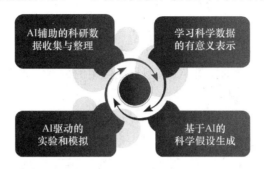

图 7.21 人工智能驱动科学研究的各个阶段

7.3.4 AI for Science 加速科学研究

AI for Science 标志着科学研究进入了一个智能化的新阶段。通过 AI 技术,科学家能够更高效地处理复杂问题,进一步推动科学发现和创新。接下来,我们介绍 AI for Science 的三个具体实例。

1. 加速生物学研究

2021 年 7 月 22 日,Nature 期刊发表 DeepMind 公司开源的 AlphaFold2 蛋白质预测算法和数据库,该项基于 AI 的预测蛋白质折叠结构的工作,受到了生物学以及人工智能学者的广泛关注。

蛋白质是大型复杂分子,它的具体作用很大程度上取决于其独特的 3D 造型结构。蛋白质的结构是怎样形成的呢? 根据生物学知识,如图 7.22 所示,DNA 经转录成为 RNA,RNA 再翻译成氨基酸序列,氨基酸序列最终经过折叠,形成稳定的三维结构,氨基酸序列已经能够决定折叠后的蛋白质结构,所以可以从氨基酸序列直接预测出最终的结构,这个预测就是蛋白质折叠问题。

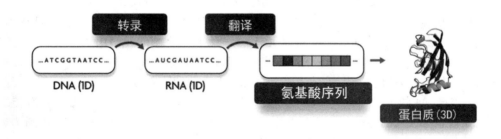

图 7.22 蛋白质折叠问题

研究蛋白质的折叠问题对于科学家研究药物发现,了解基因变异的影响,对蛋白质相互作用建模,以及人工合成蛋白质等工作都有非常重要的意义。

在这一问题提出后的 50 多年时间里,科学家们一直在进行探索,但蛋白质结构预测进展非常缓慢。人体总共有 2 亿多个蛋白质,但到 2020 年,人类只掌握了其中几十万个蛋白质的结构。两年一次的蛋白质结构预测挑战赛 CASP，旨在推动全球的蛋白质结构预测。

DeepMind 公司的 AI 系统 AlphaFold 在 2018 年将蛋白质预测的平均准确率从 60% 提升到了 73%，但是他们并没有满足于这样的战绩，到了 2020 年又将平均准确率提升到了 90%，进而结束了该比赛。

AlphaFold2 使用由世界各地科学家们辛苦解析出来的几十万种蛋白质的序列和结构进行训练，它是一个端到端的神经网络结构，如图 7.23 所示，采用了基于注意力机制的方案，注意力机制是像 ChatGPT 这样的主流 AI 模型也在使用的方案。现在，它能够根据氨基酸序列自动准确地预测蛋白质的结构。

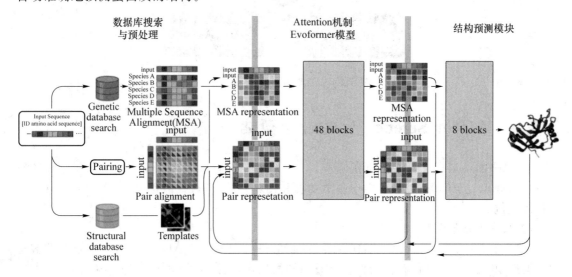

图 7.23　AlphaFold2 模型结构

2024 年 5 月，新一代 AlphaFold3 问世，其使用了 AI 革命最核心的组合架构——Transformer＋Diffusion。AlphaFold3 能够以前所未有的原子精度，预测出所有生物分子的结构和相互作用。AlphaFold 的故事是人工智能如何与人类智慧相结合，共同推动科学进步的一个生动例证。

2. 加速物理研究

2023 年 7 月，Nature 杂志正刊发表了华为云盘古大模型研发团队研究成果——《三维神经网络用于精准中期全球天气预报》。它是首个精度超过传统数值预报方法的 AI 模型，并且速度相比传统数值预报提速 10 000 倍以上。

流体力学是物理力学的一个分支，是研究流动物体运动规律的科学。通过应用流体力学原理，大气科学能够精确模拟大气行为，为天气预测提供科学依据。

既然基于 AI 的盘古气象大模型要和传统数值预报方法对比，那我们先来看看传统数值预报是如何预报天气的。大气主要就几个参数，密度、压力、温度、湿度和风速，找到描述它们关系的方程，求出和时间相关的解，就可以预测天气，这就是我们前面提到的科学研究中的建模。大气学家归纳出来一系列的大气方程组，如图 7.24 所示，而这些方程组大部分都是非线性偏微分方程，它们的求解至今仍是公认的数学难题。

在人工智能踏入之前要求解偏微分方程，采用的是数值模拟的方法，对于天气预报来说就是数值天气预报，需要先将大气离散化，也就是按经纬度把空间划分成一个个网格，方程组经过推导可以转换成差分方程，知道初始时刻的数据，迭代计算未来所有时刻的天气。而转换成差分方程的过程非常烦琐并且计算量极大。数值天气预报的计算量有多大？以欧洲气象中心的预报系统 IFS 为例,从 2020 年起,全球被划分为 9 千米的网格,同时每个网格垂直有 137 层,这样就有 9 亿个要预测的点,时间间隔 10 分钟,预测未来 10 天的天气,还需要迭代 1 440 次,每一次迭代计算的公式也并不简单,计算量直接爆炸。因此,欧洲气象中心 104 万核的超算,要耗费 3 小时来预测天气。

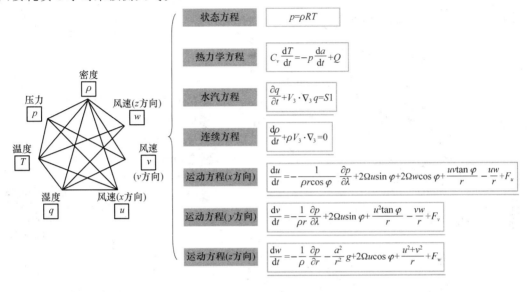

图 7.24　大气方程组

面对这个问题,AI 采取了另一个思路,只要神经网络足够多,就可以拟合出这世上任何一个复杂函数。图 7.25 是盘古气象大模型的一个简单结构图。这个大模型采用适应地球坐标系统的三维神经网络来处理复杂的不均匀三维气象数据。使用层次化时域聚合策略来减少预报迭代次数,从而减少迭代误差,FM1、FM3、FM6 和 FM24 分别表示提前时间为 1 小时、3 小时、6 小时、24 小时的预测模型,使用这些时刻的预测模型聚合得到不同时间的预测天气状态,图 7.25 为 56 小时后的天气状态。

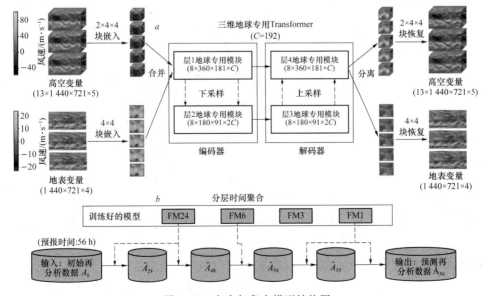

图 7.25　盘古气象大模型结构图

其他气象大模型在设计上各有特色，但总体来说都和盘古气象大模型一样，是基于视觉 Transformer 的标准编码器-解码器结构。

图 7.26 列举了目前一些主流气象大模型，分别从模型大小、时间跨度、空间覆盖、空间分辨率和时间分辨率五个维度来对比。六个模型的空间覆盖都是全球，FengWu-GHR 模型最大，空间分辨率最高，Climax 时间跨度最大，NeuralGCM 时间分辨率最高。

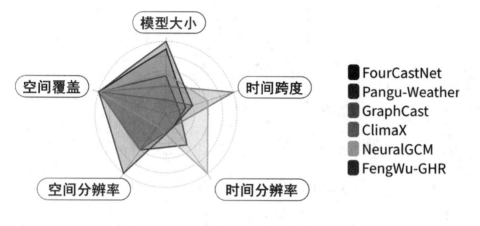

图 7.26　主流气象大模型的对比　　　　　　　　　　　　　　彩图 7.26

随着越来越多气象大模型的出现，人工智能必将推动气象的行业变革和质量变革，我们期待更准确的天气预报系统。

3. 加速数学研究

AI 技术在纯数学研究中也取得显著成果。数学家联手 AI 从零开始提出并证明重要猜想，AI 正在进入纯数学研究的前沿。AI 通过训练一个机器学习模型来估计假设函数 f 在特定数据分布 P_z 上的值，帮助指导数学家直觉。如图 7.27 所示，这个流程包括由数学家完成的函数假设、推测候选函数和证明定理，以及由计算完成的生成数据、训练模型和通过归因发现规律。

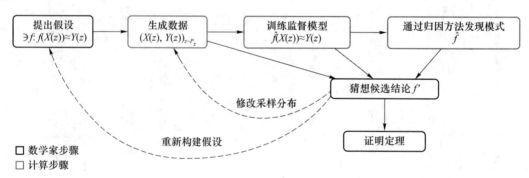

图 7.27　机器学习模型指导数学家直觉流程

以 AI 在拓扑学领域的新发现为例。结（Knot）是低维拓扑中的基本对象之一，它是嵌入在三维空间中的扭曲环。由于结普遍存在于自然界和人造物中，那么结的几何形状能告诉我们关于代数的什么信息吗？

经过数据训练的机器学习模型揭示了一个特定的代数量 Signature，这个量与结的几何形状直接相关，这是目前理论所不知道的，如图 7.28 所示。通过使用机器学习中的归因技术，数学家发现了一个新量——自然斜率,它是一直被忽视的一个重要几何结构描述。

z:结	$X(z)$:几何不变量 **几何**				$Y(z)$:代数不变量 **代数**		
	体积	陈-西蒙斯不变量	子午线平移	...	**特征符号** **新代数量**	琼斯多项式	...
	2.029 9	0	i	...	0	$t^{-2}-t^{-1}+1-t+t^2$	...
	2.828 1	$-0.015\ 32$	$0.738\ 1+0.883\ 1i$	...	-2	$t-t^2+2t^3-t^4+t^5-t^6$	...
	3.164 0	0.156 0	$-0.723\ 7+1.016\ 0i$	...	0	$t^{-2}-t^{-1}+2-2t+t^2-t^3+t^4$	...

图 7.28　结的几何形状与代数表示

与此同时,AlphaTensor 系统也为一个已有 50 年来的数学问题找到了新答案:两个矩阵相乘的最快计算方法。1969 年,德国数学家沃尔克·施特拉森发现了一种新的二乘二矩阵乘法算法,与原始的八步乘法相比,该新算法只需要七步乘法,如图 7.29 所示。将该算法应用于八乘八矩阵时,与标准算法相比,乘法步骤可减少 1/3。

$$\begin{bmatrix} A_1 & A_2 \\ A_3 & A_4 \end{bmatrix} \times \begin{bmatrix} B_1 & B_2 \\ B_3 & B_4 \end{bmatrix} = \begin{bmatrix} C_1 & C_2 \\ C_3 & C_4 \end{bmatrix}$$

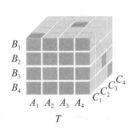
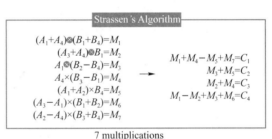

Strassen's Algorithm

$(A_1+A_4)\otimes(B_1+B_4)=M_1$
$(A_3+A_4)\otimes B_1=M_2$
$A_1\otimes(B_2-B_4)=M_3$
$A_4\times(B_3-B_1)=M_4$
$(A_1+A_2)\times B_4=M_5$
$(A_3-A_1)\times(B_1+B_2)=M_6$
$(A_2-A_4)\times(B_3+B_4)=M_7$

$\longrightarrow$

$M_1+M_4-M_5+M_7=C_1$
$M_3+M_5=C_2$
$M_2+M_4=C_3$
$M_1-M_2+M_3+M_6=C_4$

7 multiplications

图 7.29　施特拉森矩阵相乘优化算法

直到 2022 年 10 月,随着 AI 技术的发展,该问题才得以进一步优化,AlphaTensor 使用了一种称为强化学习的技术进行训练,这种方法类似于玩游戏。强化学习通过在 AI 系统对完成给定任务的不同方式进行惩罚和奖励,驱动程序朝着最佳解决方案前进。最终,AlphaTensor 一共改进了 70 多种不同大小矩阵的计算方法。

想象一下,未来的数学家们在 AI 的辅助下,能够更深入地探索数学的边界,解决那些曾经被认为是不可能的问题,这是多么令人兴奋的事情!

7.3.5　AI for Science 专家观点及产业布局

作为一个新兴的研究方向,我们来看看专家的观点。

中国科学院院士鄂维南院士指出,机器学习特别是深度神经网络,是一种适用于求解高维问题的数学工具。机器学习的成熟,让很多以前难以甚至是无法计算的复杂问题能够被很好地建模,并且得出足以指导现实世界中工程实践的有效预测,从而前所未有地促进科学发现和技术创新。简单说就是：AI for Science。

前阿里巴巴集团副总裁、达摩院城市大脑实验室负责人、IEEE Fellow 华先胜说："对于科学研究而言，能使小概率事件有可能变成一个概率较大且更科学的事件，就是 AI for Science 的意义所在。"达摩院预测，未来三年人工智能将在应用科学中得到普遍应用，在部分基础科学中开始成为科学家的生产工具。

微软执行副总裁兼首席技术官凯文·斯科特的观点是："AI for Science 是一次深植于微软使命的尝试，这将充分利用人工智能能力来开发新的科学发现工具，从而让科学界能够应对人类面临的最重要的一些挑战。微软研究院成立 30 多年来，始终保持着好奇和探索的传统。我相信，跨越地理和科学领域的 AI for Science 团队，将为这一传统做出非凡的贡献。"

我们再来看看科研机构的 AI for Science 布局。

北京科学智能研究院成立于 2021 年 9 月，由鄂维南院士领衔，致力于将人工智能技术与科学研究相结合，共同聚焦物理建模、数值算法、人工智能、高性能计算等交叉领域的核心问题。

上海科学智能研究院结合复旦大学生命科学、药学、医学、材料学、经济学等一流学科的优势，建设一流 AI 技术平台，为科学研究提供高能发动机，以医药研发为首个关键应用场景，构建从基础研究、技术攻关、人才培养、产业链接、孵化器到创新基金的 AI for Science 创新生态体系。

微软研究院科学智能中心于 2022 年 7 月成立，致力于通过在机器学习和自然科学交叉领域取得新的基础性研究进展，彻底改变人类理解自然世界以及与自然世界互动的方式，展现机器学习与自然科学交叉融合的"诱人"新能力。微软研究院科学智能中心是一个全球团队。

本 章 小 结

本章从多模态人工智能技术入手，讲解了其核心技术和代理系统。真实世界中存在多种模态的数据，多模态人工智能技术通过整合来自不同模态的数据，能够更全面地理解复杂环境和情境。这种跨模态的整合能力使得人工智能系统能够模拟人类的多感官认知方式，从而在处理复杂问题时表现出更高的准确性和效率。

在数字人领域，模态间映射和对齐技术对于实现跨模态交互至关重要。未来，随着算法的不断优化，数字人将能够更准确地理解用户的输入，并生成符合用户期望的跨模态输出。情感计算是数字人技术的重要组成部分，它使数字人能够理解和表达情感。

AI for Science 是 AI 的一个崭新的领域，随着大模型技术的迅猛发展，AI 对语言和数据的理解分析能力已经达到可以替代人类进行科研的水平。基于 AI 的自动化科学研究具有不可估量的发展空间和实用价值，是 AI 十分重要的前沿领域。

本章的教学目的是使同学了解人工智能的发展前沿。通过学习多模态 AI 代理、数字人、AI for Science 等领域的知识，了解多模态信息处理中信息融合、模态对齐等技术，理解科学研究的五个范式，培养 AI for Science 领域的学习和研究兴趣。

思 考 题

1. 在日常生活中有哪些多感官协调配合处理的任务？如果只用单一感官任务的难度是否会加大？

2. 多模态人工智能系统是否可以实现文本控制的图像和声音同时生成？这一生成技术将会为哪些领域提供服务呢？

3. 假定要设计一个 AI 经济分析师的智能代理，那么它的配置模块、记忆模块、规划模块和行动模块分别需要具备哪些功能呢？

4. 语音合成/克隆技术的发展已经十分成熟，在模拟声音时保真度非常高，那么这项技术还能在生活中的哪些场景发挥作用呢？同时，这项技术又可能带来哪些风险呢？

5. 说话头生成技术能够让人物活灵活现地呈现在荧幕上，那么除了本节介绍的应用场景，大家还知道哪些场景可以应用这项技术呢？

6. 科学研究的四个范式分别是什么？AI for Science 的科学研究范式与这四个范式之间有什么联系和区别？

7. 你认为 AI for Science 是否可以全面推动科学研究的发展？是否会有更加颠覆的科学研究范式出现？

第 8 章
机器学习与深度学习

本章讲解当代人工智能技术的主要内容和基本方法——机器学习。机器学习通过分析数据来发现模式或规律,并利用这些发现来做出预测或决策。传统机器学习方法的主要特点是需要人工设计大量特征,通过专业知识、数据观察、实验等方式,来构造或选择最有效的特征集合,主要依赖于专家的经验和直觉,对资源消耗较低,不需要大规模的计算资源和数据集。深度学习是当代机器学习的主要形态,其基于神经网络,特别是多层神经网络(深度神经网络),通过模拟人脑的工作方式,实现复杂的函数逼近和数据表示学习。深度学习以大数据和强大算力为支撑。

相信无论专业背景是什么,人们都会对"机器如何模拟人的智能行为?""计算机是如何看懂和听懂的?""什么限制了人工智能技术的进一步发展?"等问题感兴趣,而机器学习和深度学习的原理和算法是解答这些问题的根本依据。

8.1 节将深入阐述机器学习基本概念和人工智能技术的核心特点,讲解机器学习的三大支柱、三要素和推理方式。8.2 节从分类、回归、聚类和降维四个机器学习任务,介绍多个经典机器学习模型及其用法。8.3 节讲解深度学习的基本原理和基本方法,列举深度学习常见模型,包括在计算机视觉任务中广泛应用的卷积神经网络模型,以及在自然语言处理任务中使用的多个序列模型。

8.1 机器学习基本概念

8.1.1 人工智能与机器学习

1. 把握人工智能的工具属性

人工智能技术能够实现形形色色的应用。它们有的像人、有的像狗,有的可以送快递、做苦力,有的能够回答各种问题,还有的可以进行高雅的艺术创作。那么读者是否思考过,我们周边千差万别的貌似人工智能的应用,究竟哪些属于人工智能技术,哪些不属于人工智能技术?或者说人工智能技术的核心特点是什么呢?

在研究人工智能时,一些哲学家和社会学家倾向于先确立精确定义,然后开展研究。人们看到,人工智能在工业界和学术界中曾多次面临困境,而人工智能几经兴衰的重要原因实际上在于人类对于"智能"的定义偏差和复杂性理解上的限制。然而,令人失望的是,至今仍然缺乏被广泛认可的人工智能定义。缺乏被普遍认可的人工智能定义是否意味着无法进行人工智能研究呢?

正如本书第 1 章所阐述,与其纠结人工智能的定义,不如从人工智能这一名词的本义出发,紧紧把握其能力属性、工具属性和实用属性,这更有利于理解人工智能的本质。在研究领域中,并不需要困扰于何为人工智能、何为非人工智能,只要能解决智能问题、解放人工劳动,那么就是有益的技术。人工智能技术的发展离不开智能问题的推动作用。那么,对人工智能技术推动最大的智能问题是什么? 它们中的关键问题又是什么呢?

2. 人工智能的经典任务——下棋

图灵在人工智能研究初期就提出通过与人类进行国际象棋对弈来展现人工智能的水平。1997 年,IBM 开发的"深蓝"(Deep Blue)首次战胜了人类国际象棋大师卡斯帕罗夫。"深蓝"是一台 RS/6000SP 超级计算机,每秒可以搜寻及估计随后的 12 步棋,而一名人类象棋高手大约可估计随后的 10 步棋。强大算力为"暴力穷举"算法提供了基础。此外,"深蓝"还融入了丰富的象棋知识、残局以及改进的开局数据库,并且在特级大师的仔细检验下进行了 1 年的测试。深蓝被描绘成"暴力方法"的集成,很多学者并不认为这是真正的智能。人工智能发展历史上经常出现一种有趣的现象:某个智能问题一旦被"解决",人们便不再认为它是智能问题,这被称为"人工智能效应"(AI Effect)或"奇异悖论"(Odd Paradox)。

2016 年以来,阿尔法围棋(AlphaGo)相继战胜李世石、柯洁等顶尖人类选手,这证明机器在棋类上已经超越人类,也预示着人工智能时代即将来临。围棋在常见棋类中具有最高的搜索空间复杂度和决策复杂度,这使得暴力穷举搜索方法并不适用。另外,围棋大师的很多博弈知识都难以言表,不易被机器直接利用,比如围棋中"大局观"就依赖于非精确计算的"直觉"。阿尔法围棋的胜利主要归功于其强大的深度学习算法,该算法使机器能够从海量围棋棋局数据中不断学习,持续优化博弈算法,进而提升棋艺,如图 8.1 所示。

图 8.1　阿尔法围棋的胜利离不开深度学习技术

3. 人工智能的经典任务——模式识别

模式识别,也被称为模式分类,旨在判别给定对象的所属类别。20 世纪 20 年代,人们开始研究光学字符识别（Optical Character Recognition，OCR），以实现机器阅读，常用的 OCR 数据库如图 8.2 所示。随后的图像识别、语音识别和文本分类等应用任务是传统模式识别的主要研究问题。

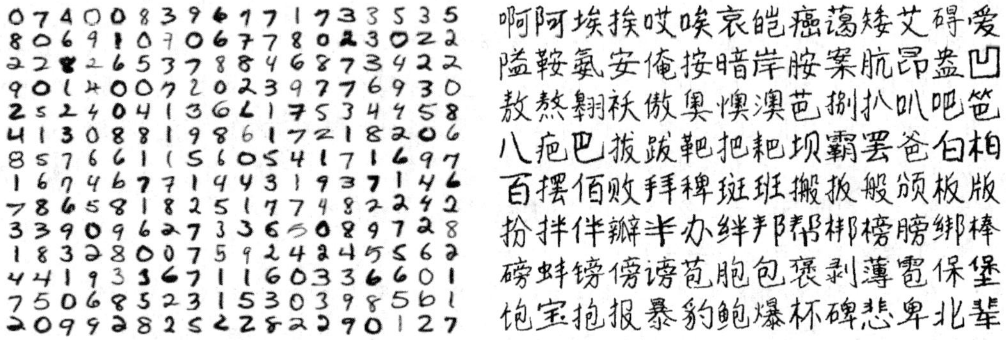

(a) 手写数字数据库MNIST　　　　　　(b) 脱机手写汉字库HCL2000

图 8.2　常用的 OCR 数据库

模式识别对于人类来说似乎轻而易举，毫无难度。这样能算是一种智能任务吗？认知是人类最基本的心理过程，包括感觉、知觉、记忆、思维、想象和语言等环节，而模式识别就属于认知范畴。当前机器的水平是感知，未来终将达到认知水平。

下棋与模式识别，哪一个更难一些呢？对于人类来说，显然下棋要比模式识别更困难。但是对于机器来说，似乎模式识别要比下棋更有挑战性。机器对解决困难的事情的能力很强，对解决容易的事情的能力很弱，这被称为莫拉维克悖论（Moravec's Paradox），如图 8.3 所示。

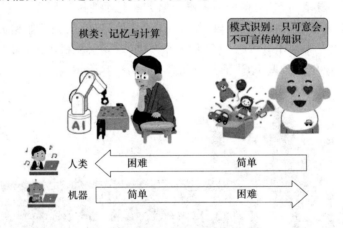

图 8.3　莫拉维克悖论

4. 解决智能任务的关键是获取知识

对于机器执行下棋任务，人类下棋的知识可以归纳为棋谱，而棋谱便于用计算机算法或程序来实现。对于模式识别任务，如何让机器获取分类的知识呢？例如，一个刚会说话的孩子问："什么是山呢？"如果老学究告诉他："山乃小丘也。"孩子能明白吗？显然不能。模式识别的难点也在于此。分类知识过于琐碎，难以直接表达给计算机。怎么解决这个问题呢？可以借鉴人类的方法。例如，孩子再问什么是山，那么给孩子几个实例或图片，告诉他，这个是山，或这个不是山，是水，那么孩子就能轻松学会了。对于人类来说，这是实例学习方法，如图 8.4 所示。

解释法
稚子问：何为山？
对曰：山乃小丘也。

实例法
稚子问：何为山？
对曰：右上为山，
右下为水。

图 8.4　人类的学习方法

在解决模式识别问题的过程中，研究人员发展出利用数据自动训练分类模型的方法体系，从而形成了现代机器学习理论。尽管机器学习最初是为了解决模式识别问题而提出的，但随着技术的成熟，机器学习的应用范围逐渐扩大。目前，机器学习已经成为推动人工智能发展的核心技术之一。人工智能发展的关键瓶颈在于知识获取的方式，而机器学习是一种基于数据或经验获取知识的技术。正是由于机器学习技术的重大突破，人类才进入了人工智能时代。因此，要学习人工智能理论，应该从机器学习入手，掌握其基本概念和方法，了解其技术发展脉络和方向，从而理解人工智能的基本原理，把握其关键技术。

8.1.2　机器学习的三大支柱

1. 机器学习的概念

长久以来，学习都是人类的专长。那么，机器也会学习吗？什么是机器学习呢？我们来看看机器学习的基本概念与机器学习的三大支柱。机器学习研究如何让计算机系统通过数据获得改善智能函数或模型性能的"知识"或"规律"，并运用智能函数进行预测或决策？其中，算力、数据以及方法是机器学习的三大支柱，如图 8.5 所示。它们相互依赖，共同推动了人工智能和机器学习的发展。在本书中，相比算力与数据，我们更关注机器学习方法。

2. 机器学习的三大支柱

首先，机器学习的硬件基础是计算机系统。机器学习是一种面向应用实践的技术，它依靠计算机系统完成各种任务。因而，计算机的发展水平就决定了机器学习的主要方式。当前计算机的主要能力在于计算，因此无论是"学习"还是"预测"，都需要研究者将其设计成精巧的计算问题予以实现。其次，机器学习的知识来源是数据。按照形式或来源可以将数据分为监督数据、非监督数据、结构化数据、非结构化数据、观测数据和生成数据等多个种类。拥有什么样的数据就需要采用什么样的学习范式。数据的质量和

图 8.5　机器学习的三大支柱

数量对机器学习的效果有着直接的影响。高质量、多样化的数据可以提高模型的预测和决策能力。最后，机器学习中的核心是"方法"，也就是本书中所定义的智能函数。智能函数将机

学习描述成数学问题，为利用计算机解决学习问题奠定了基础。智能函数是一种带参数的函数，利用数据来求取参数的过程就是学习，并且学到的知识就体现为模型参数的取值。在学习过程完成后，智能函数就可以用于对新数据进行预测或决策，从而解决智能问题。

3. 机器学习方法

机器学习方法通常由智能函数的模型形式、学习准则和优化算法三个要素构成，其中智能函数也常常被称为模型。用公式简化表示为

$$机器学习方法＝模型形式＋学习准则＋优化算法 \tag{8.1}$$

智能函数就是一种带参数的函数。智能函数的模型形式用于将学习表述成数学问题，为利用计算机解决学习问题奠定了基础。整个学习过程和学习结果都体现在智能函数上。调整好参数的智能函数用于预测或决策，从而解决智能问题。学习准则用于评估怎样的参数或知识更有利于解决智能问题。优化算法是指利用数据求解模型参数的计算方法。不同机器学习方法之间的区别主要体现在其模型形式、学习准则和自动求解算法的不同，我们将在 8.1.3 节详细介绍这三个要素。

4. 机器学习任务的类型

机器学习任务的类型包括监督学习、非监督学习、强化学习以及各种前沿学习任务。监督学习的训练数据中需要同时包括模型的输入及对应的期望输出，训练结束后模型能够对给定的输入产生相应的预测输出。监督学习的本质是学习输入到输出的映射规律。监督学习包括分类和回归等问题。例如，在分类问题中，输入的是标记为苹果的样本，我们期望模型的输出是苹果，如图 8.6 所示。

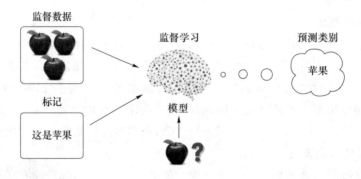

图 8.6　监督学习

非监督学习的数据集通常不包括人为标注的信息，属于自然得到的数据。非监督学习一般不直接用于解决应用任务，而是用来确定或优化模型的某个部分。例如，在图 8.7 中的"聚类分析"，输入是没有类别标签的各种水果，输出是按照相似性聚合成的几个小类。非监督学习的本质是学习数据中的规律或结构。

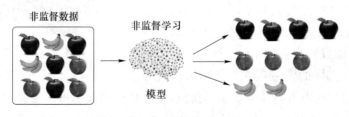

图 8.7　非监督学习

在强化学习中,模型也会针对每一个输入产生一个输出,但智能任务并不是由一次输出来解决的,而是通过一系列的输出之后最终来完成的,而且每次输出都会对环境及下一次的输入产生影响。例如,下棋时,模型的每一次输出都是为了最终取胜,但只有到最后一步才知道前面的每一步是否取得了效果。强化学习的本质是学习最优的序贯决策。

深度学习技术兴起后,机器学习的任务形式与人类学习的任务更加接近,机器学习的任务种类更加多样化等。随着大模型时代的到来,出现了人工智能生成内容(Artificial Intelligence Generated Content,AIGC)、人工智能驱动的科学研究(AI for Science)和具身智能(Embodied Intelligence)等新的任务形式。

8.1.3　机器学习方法的三要素

1. 第一要素:智能函数

人工智能已经具备五花八门的功能。为了利用计算机实现人工智能,就要将各种神奇的功能表示为可计算的形式,这就是前面重点讲到的智能函数。计算机能够计算函数,因此也就实现了人工智能。

我们已经知道智能函数就是参数可自动优化的函数,也叫模型。对于模式识别问题,输入 x 可以是图像、声音或文字,输出 p 是对 x 所属类别的判断。

$$p = f_{\theta}(x) \tag{8.2}$$

如图 8.8 所示,在猫狗识别中,先将光信号转换为数字矩阵,数字矩阵作为输入传给智能函数,智能函数输出为 p,我们可以约定,当 $p=0$,说明图像是猫;当 $p=1$ 时,说明图像是狗。

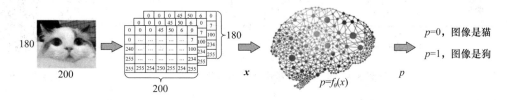

图 8.8　模式识别中的智能函数

对于下棋问题,先将当前的棋局转换为数字矩阵,作为智能函数的输入 x。智能函数的输出 p 对应于落子策略。回归问题同模式识别问题一样,也是经典的机器学习任务。与模式识别问题的主要区别在于,回归问题中的输出不是代表类别的离散数值,而是连续的实数。例如,根据工业生产、交通排放、天气等因素预测大气污染程度。

人类智能的基础是大脑。大脑是由亿万个神经细胞构成的。神经元的功能可以表示成智能函数形式,也被称为人工神经元模型。人工神经元模型是一个带有参数的智能函数,其参数包括权值参数及偏置等。这些参数取不同的值,人工神经元就具有不同的功能。一个神经元的功能是有限的,但将多个神经元组合起来构成神经网络,就可以完成更复杂的功能。人脑由数百亿个神经元构成,每个神经元有多达几千个突触,也就是参数,因此人脑学习功能强大。包含 10 亿以上参数量的规模庞大的人工神经网络被称为大模型。同样道理,大模型智能函数能够完成各种智能功能。

2. 第二要素：学习准则

如何衡量学习的效果呢？衡量人类学习成绩的方法是否能够用到机器学习中呢？怎样才能提高机器学习的效果呢？接下来我们看一看学习准则。

在猫狗识别的例子中，如图8.9(a)所示，我们首先需要搜集一些猫的图片，并将其映射到特征空间中，如图8.9(a)中绿色样本点所示。再搜集一些狗的图片，也将其映射到特征空间中，如图8.9(a)中红色点所示。一般来说，同类样本聚集在一起，而不同类别的样本彼此分开。下面我们选用线性智能函数。当参数取不同值时可以得到不同的直线，且不同的直线分类错误不一样。当我们选择错误率最少的函数作为学习结果时，这种学习准则就叫作经验风险最小化学习准则。

在直线拟合问题中，如图8.9(b)所示，当直线的参数取不同数值时可以得到不同的直线。但是直线与样本点间具有误差，也就是垂直的竖线。当我们选择误差平方和最小的作为学习结果时，这也是经验风险最小化学习准则。

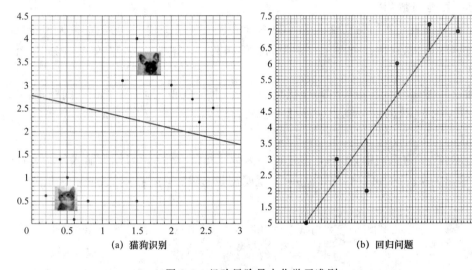

(a) 猫狗识别　　　　　　　　　　(b) 回归问题

图 8.9　经验风险最小化学习准则　　　　　　　　　　彩图 8.9

孔子在《论语》中说："举一隅，不以三隅反，则不复也。"意思是说："我举出一个墙角，你们应该要能灵活地推想到另外三个墙角，如果不能的话，我无法再教你们。"孔子要求的"举一反三"是指拿已知的一件事理去推知相类似的其他事理，比喻善于由此及彼，触类旁通。孔子是中国古代伟大的思想家、政治家、教育家，门下弟子三千，其佼佼者被誉为孔门十哲七十二贤。人类教育家的思想也可以用来教育机器进行学习吗？有趣的是，答案是肯定的。对于机器来说，仅仅对见过的数据判断准确，并不说明学习效果好，只有对没见过的数据依然能判断准确，这才叫真正的学习效果好。这种举一反三的能力在机器学习中叫泛化性。

采用泛化性来衡量学习的效果，就会发现经验风险最小化准则并不总是最好的学习准则。在分类问题中，如图8.10的左图所示，由于采用线性函数，因此即使选择分类错误最小的直线，也仍然存在很多错分样本，导致泛化性不好。这说明线性函数不足以解决本问题。这种现象叫欠拟合。如图8.10的中图所示，我们选择二次曲线作为智能函数，其对训练数据达到了最好的效果。根据人类的直觉，图8.10中图的泛化性也是最好的。由于增加了智能函数的复杂程度，因此从图8.10左图到图8.10中图，泛化性改善了。那么我们是否会想当然地认为只要增加分类函数的复杂程度，就会得到更好的学习效果呢？我们继续看图8.10的右图。自由曲线可以看成复杂度最高的智能函数。在图8.10的右图中，我们选择自由曲线作为分类函数。可以看到,其对于训练数据达到了最少的错误。然而它对于没见过数据,分类的准确程度并不高。这种死记硬背,囿于一隅的现象就叫过拟合。过拟合发生时,智能函数过拟合于训练数据,而没有很好的泛化性。类似的现象在回归问题中也存在,图 8.11 的左图属于欠拟合,图 8.11 的中图具有最好泛化性,图 8.11 的右图发生了过拟合。

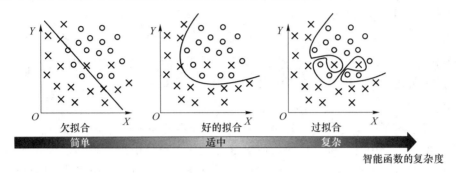

图 8.10　分类问题的泛化性分析

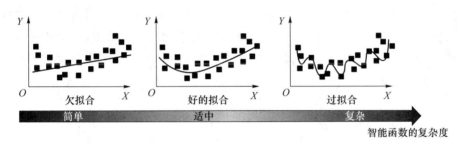

图 8.11　回归问题的泛化性分析

　　解决过拟合的方法是:在经验风险最小化准则基础上限制智能函数的复杂度,这就是容量控制学习准则,也叫作复杂度控制准则。也就是说,在训练样本有限的情况下,不能使用复杂度过高的智能函数。例如,在图 8.12(a)中,选择容量更大,或者说更复杂的自由曲线作为智能函数,对于训练样本的分类错误率为零,但它的泛化性不好。在图 8.12(b)中,选择容量更小,或者说更简单的线性函数作为智能函数,对于训练样本的分类错误率较高,但泛化性更好。在应用中,容量控制学习准则是在经验风险最小化准则基础上再增加一个限制模型复杂度的容量控制项。容量控制项也叫作正则项。

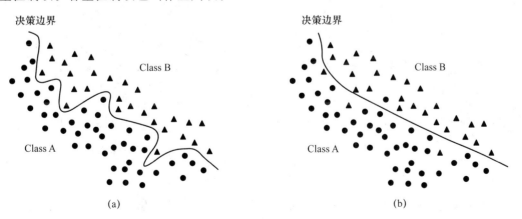

图 8.12　经验风险最小化学习准则

3. 第三要素：自动求解算法

有了学习准则，我们得到了衡量最佳参数的标准。接下来讨论如何自动找到最佳参数。例如，在分类问题中，我们希望找到分类错误最少的参数。在回归问题中我们需要找到误差平方和最小的参数，这类求最小值或者最大值的任务属于数学上的最优化问题。机器学习问题归结为最优化问题，其形式通常记为

$$\min_{\boldsymbol{\theta}} R(\boldsymbol{\theta}) \tag{8.3}$$

其中，R 是根据学习准则设计的目标函数，其输入是需要求解的参数 $\boldsymbol{\theta}$，输出是对参数 $\boldsymbol{\theta}$ 的评价指标。最优解记为 $\boldsymbol{\theta}^*$，$\boldsymbol{\theta}^*$ 等于使得函数 $R(\boldsymbol{\theta})$ 取最小值时的参数。

$$\boldsymbol{\theta}^* = \arg\min_{\boldsymbol{\theta}} R(\boldsymbol{\theta}) \tag{8.4}$$

高中已经学习了简单的最优化问题求解方法，现在看看机器学习中都有哪些常用方法。大一时学习的微积分中有一种常用的最值求解方法——费马引理。费马引理表明，如果最值参数位于极小或极大值点，则该点的导数为零。因此通过求导的方法可以得到最佳参数。

对于复杂的问题，可以采用多步迭代方法，例如，梯度下降法。如图 8.13 所示，当我们用一个神经元模型实现样本分类时，只要找到合适的参数 $\boldsymbol{\theta}$ 就可以了。当初始参数不符合要求时，可以根据错分的样本产生一个调整信号，从而更新参数。一般来说，一次调整很难达到要求，需要持续调整更新参数。找到合适参数后，我们就得到了能够解决智能问题的智能函数。

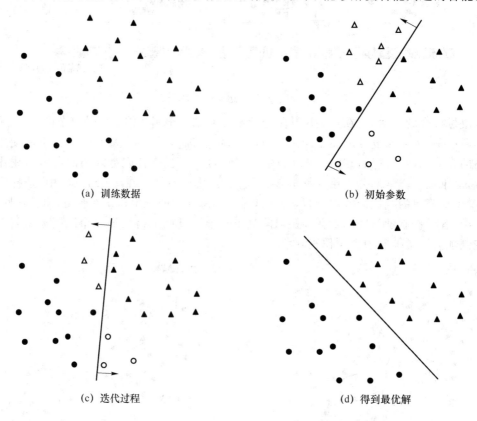

    (a) 训练数据   (b) 初始参数

    (c) 迭代过程   (d) 得到最优解

图 8.13　迭代学习过程

当前计算机具有强大的算力，因此也可以依靠算力进行暴力搜索方法，比如遗传算法、模拟退火等。机器学习中存在很多类似的既有趣又有效的方法，如果有兴趣可以自己主动了解一下。

8.1.4　机器学习的推理方式

机器学习的目的是获得知识并应用知识,那么机器获得和应用知识的方式与人类是否具有相似性呢? 为了回答这个问题,让我们看看机器学习的推理方式。

1. 人类知识的来源

罗素在其著作《哲学问题》中举了一个有趣的例子。养鸡场有一只小鸡,它发现每天主人都会给它喂食,无论刮风还是下雨,也无论冬天还是秋天,从来没有过例外。在小鸡自认为获得足够的事实依据之后,它灵感触发,认识到家鸡世界的伟大发现:"主人每天都会喂食。"那么聪明小鸡是否发现了真理呢? 非常不幸的是:这只刚刚长成的鸡当天就成为主人的美食。这个故事说明了什么呢?

首先,归纳推理是人类认识客观世界必不可少的手段。小鸡类比物理学家,"喂食规律"对应了"运动定律"和"引力定律",如图 8.14 所示。请思考我们物理学中的所有定律是不是都根源于科学家对自然界的观察? 其次,这个例子挑战了归纳推理的可靠性。我们依靠归纳推理发现的物理学定律,会不会像喂食定律一样突然在某一天就完全失效或者发生改变了呢? 刘慈欣在《三体》中也引用了这个例子,并将修改物理规律作为最终极的星际战争武器。然而,此处我们的关注重点是人类通过归纳推理获得知识的这一基本方式,所以要暂时忽略归纳推理的可靠性问题。

聪明的小鸡 罗素笔下的善于归纳推理的小聪明,被刘慈欣等科幻小说作者所引用。

艾萨克·牛顿 (Isaac Newton, 1643—1727年)英国物理学家、数学家、哲学家,被誉为百科全书式的"全才"。

图 8.14　归纳推理是人类知识的来源

2. 机器学习系统的两个推理过程

机器学习与人类获取知识的方式具有相似性。机器学习的推理包括两个过程:从数据到模型的学习过程以及基于模型进行预测或决策的过程。

图 8.15 所示,从数据到模型的学习过程是指从样本实例构成的数据集合出发,通过一些算法的处理,最后得到能够解决智能问题的模型的过程。例如,在猫狗识别中,利用一些标注图像就可以训练出能够对各种猫狗图像进行分类的模型。从推理方式看,这个过程属于由个别到一般的归纳推理。人类在认识自然界时也会采用归纳推理,并通过感觉或经验得到知识。例如,物理学家通过观察苹果落向地面从而推测出天体运动的规律。

机器学习中的数据就对应于人类学习中的感觉或经验,而通过学习算法获得的"模型"就含有关于分类的知识。由此可见,机器学习和人类学习的推理方式非常相似,因此也应该遵循类似的规律。唯物主义认为感觉应该先于认识，在机器学习中数据则是知识的源泉。

图 8.15 中的另一侧是从模型到预测的过程。从推理方式看，这个过程属于由一般到特殊的演绎推理。机器学习的目的是自动获得能够解决智能问题的系统。因此，对于模式识别问题来说，仅仅得到模型和知识还不够，这个模型还必须能够解决实际问题，比如准确预测新样本的类别。预测既是机器学习的目标，也是检验学习效果的手段。对于未见过的样本，预测的准确性越高，说明机器学习的泛化性就越好。这说明"实践是检验真理的唯一标准"。

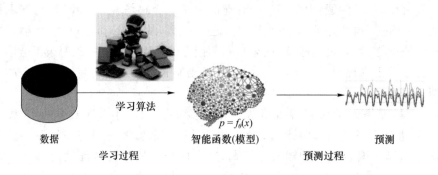

$$p = f_\theta(x)$$

数据   智能函数(模型)   预测

学习过程   预测过程

图 8.15 学习过程与预测过程

机器学习是建立在统计学基础上的归纳推理，其理论基础是统计学。例如，机器学习要求预测的样本要与学习的样本具有独立同分布属性，这就可以避免罗素小鸡的尴尬。某种意义上，机器学习中基于数据和实例的归纳推理更具有可靠性。

通过以上内容，你是否同意机器学习是当前人工智能的核心内容，学习人工智能要从机器学习开始呢？

8.2　机器学习经典模型

机器学习的重要目标是模型从数据集中寻找规律、模式和特征，并完成任务。在传统的计算机程序运行中，我们给出一串指令，计算机便遵照这些指令一步步执行下去。但机器学习接收的不是指令，而是数据！也就是说在某种程度上，机器学习像人一样通过观察和处理事情来提高能力。另外，机器学习模型的功能虽然是从数据中推导出来的，但通常需要借助人类的经验。

构建机器学习模型一般需要四个步骤，即需求分析、算法选择、数据预处理和模型部署。

需求分析是起始点，需明确使用机器学习模型解决的具体问题与目标。比如使用过去三年的房价预测未来一个月的房价，根据用户过去一个月浏览和购买的商品，给用户推荐其感兴趣的商品等。

接下来是算法选择，通过分析任务以及挖掘数据，可以更精准地匹配适合数据特性的算法模型，从而确保后续分析能产出有价值的结论和成果。

数据预处理是不可或缺的一步，需要对选定的数据集进行必要的整理与清洗，数据的质量会直接影响模型的效果。一旦数据集准备就绪，机器学习模型就可以开始学习和提取数据内在规律和特征。

最后,模型部署阶段标志着从理论过渡到实践,在实际场景中反复测试并优化模型是模型应用于实际场景的必要环节。

8.1.3 节已经对线性智能函数和二次曲线智能函数做了初步的介绍,本节将从分类、回归、聚类和降维四个角度介绍多个经典机器学习模型。与当前非常热门的大模型相比,这些经典机器学习模型可以在更少的数据集上运行,消耗的资源更少,并且可解释性很强。当前经典机器学习模型仍广泛应用于各个领域,尤其是在医疗、金融等对可解释性要求较高的场景。在了解这些经典机器学习模型特点后,可以尝试使用这些模型解决实际问题。

8.2.1　分类

分类模型是数据挖掘和机器学习中的一种基本方法,它通过已知的分类标号为输入的数据集建立分类的数据模型。分类模型的目标是将数据的每个个体都尽可能准确地预测到一个预先定义的目标类中。常见的分类任务包括二元分类,即将数据分离成可以区别的两组,以及多元分类,即二元分类的一般化,将数据分离成可以区别的多组。定义为:已知一批样本 $\{(\boldsymbol{x})_i, y_i\}, i = 1, \cdots, n\}$,其中 $\boldsymbol{x}_i \in R^d$,即 $\boldsymbol{x}_i$ 为 d 维实数向量,$y_i \in \{1, \cdots, k\}$,k 为不同类别的个数。通常称 $\boldsymbol{x}$ 为样本的属性/特征向量,y 为样本的标签值。通过训练样本得到最优分类器:$y = \hat{f}(\boldsymbol{x})$,建立以分类器为核心的分类系统,以预测属性已知而标签未知的新样本 $\boldsymbol{x}_{n+1}$。典型的机器学习分类算法包括:K 近邻(K-Nearest Neighbor,KNN)、决策树(Decision Tree),支持向量机(Support Vector Machine,SVM)。

1. K 近邻

KNN 是最简单的机器学习算法之一,也是基于实例的学习方法中最基本的文本分类算法之一。KNN 是一种有监督的分类算法,其核心思想是:一个样本 x 与样本集中的 k 个最相邻的样本中的大多数属于某一个类别 y,那么该样本 x 也属于类别 y,并具有这个类别样本的特性。简而言之,一个样本与数据集中的 k 个最相邻样本中的大多数的类别相同。算法流程如下。

(1)确定训练数据及其对应的类别标签。如图 8.16 所示,不同形状的数据点对应了三个类别,标签为 w_1,w_2 和 w_3。需要确定 X_u 属于哪一类。

(2)计算待分类的测试数据与各个训练数据之间的距离。如图 8.16 所示,计算 X_u 与各个数据之间的距离。

(3)将距离从小到大进行排序。

(4)设定参数 k,从训练集中挑选出最相近的 k 个数据。如图 8.16 所示,设定 $k = 5$,标注了距离最近的 5 个数据点。

(5)确定前 k 个数据相应类别出现的频率。如图 8.16 所示,前 5 个数据中,有 4 个属于 w_1 类,1 个属于 w_3 类。

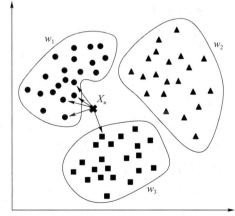

图 8.16　KNN 算法示意图

（6）以少数服从多数原则，将出现频率最高的类别作为预测进行分类。如图 8.16 所示，X_u 属于 w_1 类。

KNN 的优点：方法简单，易于理解及算法实现；适合对稀有事件进行分类；特别适合多分类问题。缺点：需要计算待分类样本与所有已知样本的距离，计算量大；样本容量小或样本分布不均衡时，容易分类错误，后者可通过施加距离权重进行改善。

2. 决策树

决策树是一种常用的树形结构分类与回归方法。其中每个内部节点表示一个属性上的判断（即一个特征），每个分支代表一个判断结果的输出，每个叶节点代表一种类别（在分类问题中）或具体的数值（在回归问题中）。通过递归地选择最优特征，并根据该特征对训练数据进行分割，使得每个子数据集有一个最好的分类，从而构建出决策树。比如图 8.17 展示的是一个是否可以得到机器学习算法工程师岗位面试机会的决策树。

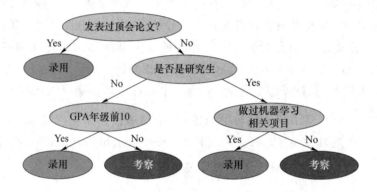

图 8.17　判断机器学习算法工程师岗位申请者是否有资格面试的决策树

决策树的优点：结构简单易懂，可以直观地理解算法的工作原理；构建过程相对简单，不需要复杂的数学背景知识；能够同时处理数据型和常规型属性，适用于多种数据类型；输出结果以树形结构呈现，便于理解和解释。缺点：当决策树过于复杂时，容易出现过拟合现象，导致虽然模型在训练集上表现良好，但在测试集上表现不佳；对于连续变量的预测问题，决策树的性能可能不如其他算法；对于有时间顺序的数据，决策树需要较多的预处理工作。

3. 支持向量机

SVM 是对数据进行二元分类的广义线性分类器，由 Corinna Cortes 和 Vapnik 等在 1995 年首先提出。该算法在解决小样本、非线性及高维模式识别中表现出许多特有的优势，并能够推广应用到函数拟合等其他机器学习问题中。与人工神经网络（Artificial Neural Network，ANN）相比，SVM 速度更快，更具可解释性，并且具有确定性。SVM 的基本原理是在高维空间中找到一个超平面，将不同类别的数据分隔开。这个超平面是由支持向量定义的，即离超平面最近的那些样本点。SVM 试图找到一个使支持向量到超平面的总距离最大的超平面，从而实现对数据的最佳分类。如图 8.18 所示，方形样本点所代表的类别和圆形样本点所代表的类别在低维空间是线性不可分的，即比较复杂的分类问题。SVM 将原始数据投影到另一个高维空间，在这个空间里，超平面可以将方形样本点和圆形样本点分隔开来。

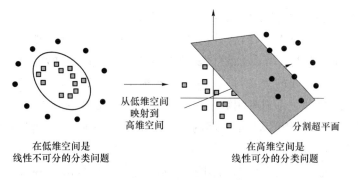

图 8.18　SVM 的基本原理

如图 8.19 所示,对于方形样本点所代表的类别和圆形样本点所代表的类别,ABCD 四张图展示了四种不同的分类平面。因为 SVM 的主要优点之一是它是一个最大边际分类器,也就是说,SVM 所得到的分类平面应距离两类数据点都比较远,这样对于数据局部扰动的忍耐性就较好,能够以较大的置信度将数据进行分类。因此,D 是 SVM 找到的最好的分类平面。

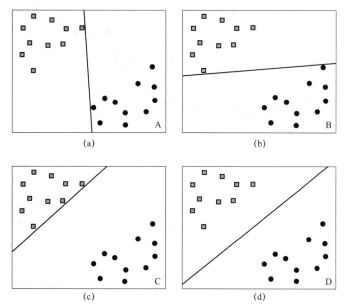

图 8.19　同一分类问题的四个不同的分类平面

SVM 的优点:其具有较好的泛化能力和鲁棒性,对于噪声数据具有较好的处理能力;通过引入核函数,SVM 可以处理非线性可分的数据;SVM 只关心距离超平面最近的支持向量,对其他数据不敏感,因此对噪声数据具有较强的抗干扰能力。缺点:对于大规模数据集,SVM 的训练时间较长,因为需要求解一个二次规划问题;SVM 的性能对参数和核函数的选择较为敏感,不同的参数和核函数可能导致模型性能差异较大。

8.2.2　回归

在机器学习领域,回归(Regression)是一种预测数值型数据的监督学习算法。8.2.1 节所学习的分类处理的是离散值（类别标签），而回归处理的是连续值。在某些情况下，可以通过设置阈值将回归问题转化为分类问题，或者将多分类问题转化为回归问题（如预测概率分布）。

　　回归分析的目的是找出一条最能够代表所有观测数据的函数曲线（回归估计式），用此函数代表因变量和自变量之间的关系，即找出一个或多个自变量（输入变量）与因变量（输出变量）之间的最佳关系，这种关系通常用数学模型表示。按变量多少分类，回归可分为一元回归和**多元回归分析**。按自变量和因变量之间的关系类型分类，回归可分为**线性回归分析**和**非线性回归分析**。

　　举一个较为简单的一元线性回归的例子。英国统计学家 Galton 研究了父母平均身高与子女身高的关系 $y=ax+b$，其中，y 为子女平均身高，即因变量，为需要解释的变量；x 为父母平均身高，即自变量，用于预测因变量的变化；a 和 b 为系数。通过这个模型，我们可以预测给定自变量值时的因变量值，并揭示变量 x 对变量 y 的影响大小，还可以由回归方程进行预测和控制。如图 8.20 所示，直线为对数据点做线性回归后的结果。

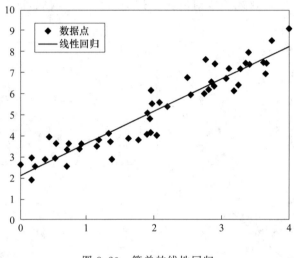

图 8.20　简单的线性回归

8.2.3　聚类

　　聚类是无监督学习，其目的是将数据集中的样本划分为若干个相似的簇。与之相比，分类是监督学习。聚类不需要预先定义的类别标签，而是根据数据的相似性自动划分簇。聚类结果可以作为分类任务的输入，用于发现新的类别或异常值。

　　聚类分析的定义如下：将一批样本（或变量）按照在性质上的"亲疏"程度，在没有先验知识的情况下，自动划分为不相交的子集。每个子集称为一个"簇"。簇内个体具有较高的相似性，簇间的差异性较大。样本性质上的"亲疏"程度通常被称为距离度量，可使用马氏距离、余弦相似度、模糊距离、投影朴素欧式距离、Sup 距离等。常见的聚类方法包括：K-means 聚类（K-means Clustering）、层次聚类（Hierarchical Clustering）、基于密度的空间聚类算法（Density-Based Spatial Clustering of Applications with Noise，DBSCAN）等。本节简单介绍最为经典和常用的 K-means 聚类方法。

K-means 算法是最经典的聚类方法,其基本思想为以空间中 k 个点为中心进行聚类,对最靠近他们的对象归类,其中 k 需要人为设定。通过迭代的方法,逐次更新各聚类中心的值,直至得到最好的聚类结果。其计算过程如下。

(1) 指定最终聚类数 k。

(2) 用户指定 k 个样本作为初始类中心或系统自动确定 k 个样本作为初始类中心。

(3) 系统按照离 k 个中心距离最近的原则,把离中心最近的样本分派到各中心所在的类中,形成一个新的 k 类。

(4) 重新计算 k 个类的类中心(以各类均值点作为类中心)。

(5) 重复(3)～(4)步,直到达到下列条件之一:

① 达到指定的迭代次数;

② 达到终止迭代的条件;

③ 误差平均值局部最小。

如图 8.21 所示,为 $k=3$ 时,不同的初始类中心得到的不同聚类结果。由此可见,对于 K-means 算法,k 的大小和初始类中心对于最终聚类结果的影响非常大,所以通常会测试不同 k 的数值,使用不同的初始类中心,并进行多次实验。

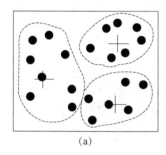 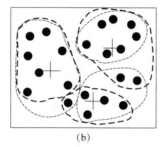 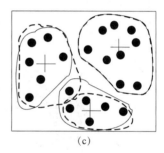

(a) (b) (c)

图 8.21 不同 K-means 聚类核心

K-means 算法的优点:原理简单,容易实现,计算复杂度相对较低,收敛速度快,适用于处理大规模数据集;聚类结果清晰,每个数据点都被明确地分配到某个簇中,便于后续的分析和处理;可以应用于多种类型的数据集,包括文本、图像等,只要数据可以表示成多维空间中的点即可;通过调整 k 的值,可以控制聚类结果的粒度,从而适应不同的需求;可以与其他技术结合使用,如特征选择、降维等,以提升聚类效果。

K-means 算法的缺点:在实际应用中,选择合适的 k 值往往是一个难题,因为不同的 k 值会导致不同的聚类结果;性能受初始聚类中心的选择影响较大,如果初始点选择不当,可能会导致算法陷入局部最优解;由于算法采用距离作为相似性的度量,因此异常值(即远离大多数数据点的数据)可能会对聚类结果产生较大影响。

K-means 算法假设簇是球形的,或者至少簇的密度在各个方向上大致相同,因此它通常不适用于形状复杂或密度不均匀的数据集。在高维空间中,数据的分布往往非常复杂,传统的距离度量(如欧氏距离)可能不再适用,导致 K-means 算法的效果不佳。由于初始点的随机选择,即使对于相同的数据集,多次运行 K-means 算法也可能得到不同的聚类结果。K-means 是一种无监督学习算法,它不需要事先知道数据的标签信息。然而,这也意味着它无法利用标签信息来优化聚类效果。如果数据集中包含部分标签信息,那么可能需要考虑使用半监督或监督学习方法来改进聚类效果。

8.2.4 降维

在机器学习中，降维是一种重要的数据预处理技术，旨在通过减少数据集中的特征数量（即维度）来简化数据结构，同时尽量保留数据中的关键信息。这一过程有助于降低计算成本，提高算法效率，并可能改善模型的泛化性。降维的目的：

（1）减少计算复杂度。高维数据在处理时计算量大，降维可以显著降低计算需求。

（2）提高模型性能。减少不相关的或冗余的特征，可以使模型更容易找到数据的内在模式。

（3）数据可视化。低维数据更容易通过图表等方式进行可视化，有助于理解和分析数据。

（4）避免维度灾难。在高维空间中，数据的稀疏性和距离度量问题可能导致算法性能下降，降维有助于缓解这一现象。

常见的降维方法包括主成分分析（Principal Component Analysis，PCA）、线性判别分析（Linear Discriminant Analysis，LDA）、奇异值分解（Singular Value Decomposition，SVD）等。本节介绍最为经典的 PCA 方法。

彩图 8.22

（a）数据在三维空间(x_0，x_1，x_2三个维度）

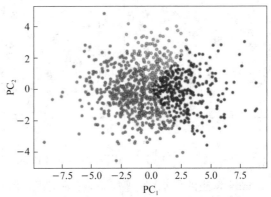
（b）使用PCA降维为二维（PC_1，PC_2两个维度）

图 8.22　四种颜色代表的四种数据从三维降维为二维

PCA 是一种非常经典且广泛应用的降维方法，是一种将高维数据转换为低维数据的技术，同时保留尽可能多的信息。它通过线性变换将原始数据转换到一个新的坐标系统中，使得数据在新坐标系下的方差最大化，从而保留数据的主要信息并去除噪声和冗余信息。例如，在数据可视化中，PCA 可以将高维数据映射到二维或三维空间中，便于人们理解和分析数据，如图 8.22 所示，使用 PCA 将三维的数据降维到二维；在特征选择中，PCA 可以剔除冗余特征，提高模型的效果；在数据压缩中，PCA 可以将数据集压缩到更低的维度，节省存储空间和计算资源。PCA 降维的算法步骤大致如下：

（1）数据标准化：首先对原始数据进行标准化处理，将每个特征的均值变为 0，方差变为 1，这是因为 PCA 是一种基于协方差矩阵计算的方法，而协方差矩阵对变量的尺度非常敏感，因此需要对数据进行标准化处理以消除尺度的影响。

（2）计算协方差矩阵：计算标准化后的数据的协方差矩阵，协方差矩阵描述了数据各个特征之间的相关性,它的对角线元素是各个特征的方差,非对角线元素则表示不同特征之间的协方差。

(3) 计算特征值和特征向量:对协方差矩阵进行特征值分解,得到特征值和对应的特征向量,特征向量描述了数据的主要方向,而特征值表示了特征向量的重要程度(即数据在这些方向上的方差大小)。

(4) 选择主成分:按照特征值的大小选择前 k 个特征向量作为主成分,这些特征向量对应的特征值越大,表示它们所描述的方向包含的信息越多,通常可以根据特征值的累计贡献率来确定要保留的主成分数目。

(5) 投影数据:将原始数据投影到选定的主成分上,得到降维后的数据集,这个新的数据集由原始数据的主要方向构成,每个主成分都是原始特征的线性组合。

PCA 是一种无监督学习算法,不需要数据的标签信息,能够显著降低数据的维度,同时保留数据的主要信息。PCA 的算法原理相对简单,易于理解和实现。但 PCA 的效果和性能很大程度上依赖于数据的分布情况,当数据呈现非线性关系时,PCA 可能无法捕捉到数据的主要结构。PCA 是一种基于协方差矩阵的方法,只能处理数值型数据,对于类别型数据或文本数据不适用。对数据进行降维难免会丢失一些信息,所以在降维过程中,PCA 也可能会丢失一些对后续任务(如分类、聚类)有重要影响的信息。

8.3　深度学习

深度学习是现阶段机器学习的主要形态,它使用人工神经网络(Artificial Neutral Network,ANN)来模拟人脑中的神经元连接,以实现数据的复杂处理。传统的机器学习算法需要人工设计特征提取器,而深度学习则通过多层神经网络自动学习数据的特征表示。这使得深度学习在处理高维、非线性、复杂数据方面更具优势。深度学习的"深度"指的是网络结构中的多层神经元,这些层能够自动学习数据中的抽象特征表示,而无需人工干预。这种自动特征提取的能力使得深度学习在处理图像、声音、文本等复杂数据方面表现出色。随着计算能力的提升和大数据的普及,深度学习正在逐渐成为人工智能领域的主流技术之一。本节将讲解深度学习常见模型,即几种前馈神经网络(Feed-Forward Neural Networks,FFNN),包括单层感知机(Perceptron)、多层感知机(Multilayer Perceptron,MLP)、在计算机视觉领域广泛应用的卷积神经网络(Convolutional Neural Networks,CNN)模型和在自然语言处理领域广泛应用的序列模型。

8.3.1　单层感知机

人脑神经元,也称为神经细胞,是神经系统的基本结构和功能单位,它们在人体内发挥着至关重要的作用。人类大脑中有近 860 亿个神经元(也有说法认为有约 1 000 亿个),这些神经元构成了极其复杂的神经网络,是各种大脑功能的承担者。为了实现类似人类的智能,随着对人脑工作方式理解的深入,科学家们尝试对人脑神经元进行建模。人工神经元(Artificial Neuron)是深度学习、神经网络和机器学习领域的核心组件之一,它是对生物神经元的简化和抽象,用于模拟生物神经元的基本功能。

1943 年,美国神经生物学家沃伦·麦卡洛克(Warren Mcculloch)和数学家沃尔特·皮茨(Walter Pitts)对生物神经元进行建模,首次提出人工神经元模型(M-P 模型)。他们认为,脑细胞的活动模式类似于电路中的开关机制，这些细胞能够以多样化的方式相互连接，从而执行复杂的逻辑操作。基于这一洞见，他们利用电路原理构建了一个简化的神经网络模型，并大胆预言，大脑的所有功能活动终将能够通过这种方式被全面解析。如图 8.23(a)所示，对于生物神经元，当神经元细胞体通过轴突传到突触前膜的脉冲幅度达到一定强度，即超过其阈值电位后，突触前膜将向突触间隙释放神经传递的化学物质。图 8.23(b)是一个简单的人工神经元模型，在接收输入后，人工神经元会做某种运算，然后得到输出。

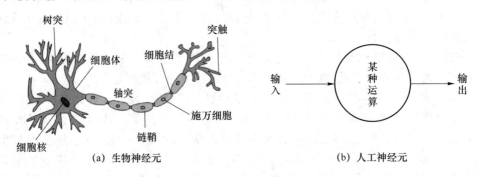

(a) 生物神经元　　　　　　　　　　(b) 人工神经元

图 8.23　对人脑神经元进行建模

1957 年，弗兰克·罗森布拉特(Frank Roseblatt)最早提出可以模拟人类感知能力的神经网络模型，并称之为感知机。感知机是神经网络的起源，引发了神经网络第一次高潮。感知机由两层神经网络组成，输入层接收外界输入信号，输出层是一个 M-P 神经元，权重和偏置可以通过"学习"得到，如图 8.24 所示。

那么，M-P 神经元可以做什么运算呢？其功能非常简单，可以分为线性运算和非线性运算两部分，线性运算使用乘法和加法，非线性运算部分通常使用某种函数，如图 8.25 所示。

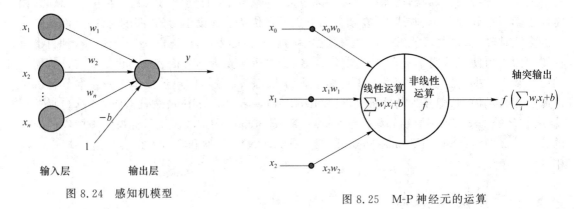

图 8.24　感知机模型

图 8.25　M-P 神经元的运算

在 M-P 神经元中，非线性运算使用阶跃函数(sgn)，数学表达式如下：

$$\mathrm{sgn}(y) = \begin{cases} 1, & \sum_{i=1}^{n} w_i x_i - b \geqslant 0 \\ 0, & \sum_{i=1}^{n} w_i x_i - b = 0 \\ -1, & \sum_{i=1}^{n} w_i x_i - b < 0 \end{cases} \tag{8.5}$$

因为感知机只对人脑单个神经元进行建模，能力非常有限，不能解决线性不可分的问题，所以在实际场景中无法被广泛应用。一个人工神经元不够用,那我们应该如何改进呢?

8.3.2 多层感知机

单层感知机只能对线性可分的数据进行分类,如果增加神经元数量,增加网络层数,是否可以提升模型的能力呢? MLP 是一种基本的 ANN 模型,它由输入层、至少一个或多个隐藏层以及一个输出层组成。MLP 的每一层都包含多个神经元(节点),层与层之间是全连接的,即每个节点都与下一层的所有节点相连。多层感知机具有较强的非线性建模能力和泛化能力,可以处理复杂的非线性关系,并自动提取数据的高层次特征。

如图 8.26 所示,单层感知机的结构较为简单,单个人工神经元完成的线性运算用 Σ 符号表示,主要包括输入数据与权重相乘并求和。$f(\cdot)$ 是激活函数,主要实现非线性运算功能。MLP 包含一个输入层、一个或者多个隐藏层和一个输出层,每层都可以包含多个神经元。多层感知机的结构如下:

(1)输入层(Input Layer):接收原始数据或特征,并将其传递到下一层,每个输入节点代表一个特征,输入层的节点数由特征的维度决定。

(2)隐藏层(Hidden Layers):连接输入层和输出层的中间层,每个隐藏层包含多个神经元(节点),每个神经元都与上一层的所有节点连接,并输出一个加权和经过激活函数处理的值,隐藏层的数量和神经元的数量可以根据问题的复杂度和数据的特征进行选择。

(3)输出层(Output Layer):接收来自最后一个隐藏层的信号,并输出模型的预测结果,输出层的节点数通常由任务的性质决定,比如二分类问题通常只有一个节点,多分类问题有多个节点。

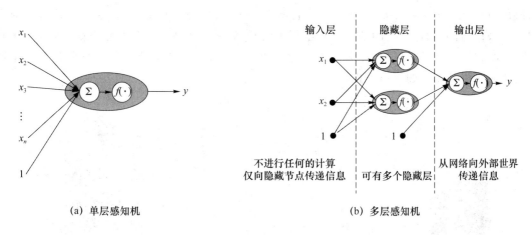

(a) 单层感知机   (b) 多层感知机

图 8.26 单层感知机与多层感知机的网络结构图

MLP 作为最经典的 FFNN,有较为明显的缺点,比如参数开销大,全连接结构导致训练成本高且易过拟合;训练时间长,复杂度和梯度下降算法影响收敛速度;对初始化和超参数敏感,需仔细调整以获得最佳性能;作为黑箱模型,决策过程难以解释;深层网络面临梯度消失和爆炸问题,影响训练效果。因此,针对计算机视觉和自然语言处理任务,学者们陆续提出了更优秀的模型。

8.3.3 卷积神经网络模型

第5章计算机视觉中已经介绍过 CNN 的来源和基本结构，CNN 特别适用于处理大型图像，是计算机视觉任务中最常用的经典模型，其设计灵感部分源自人类视觉系统的工作原理。CNN 的卷积和池化操作可对图像进行层次化的特征提取和表示，其具备并行处理的能力，能够快速识别图像中的关键信息，还能自适应地学习并优化特征表示。此外，CNN 还展现出空间与颜色的强大感知能力，这些特性使得 CNN 在处理视觉任务时能够模拟并优化人类视觉系统的运作方式。

在 CNN 被提出以前，学者们首先尝试使用经典 FFNN 自行识别图像特征并完成图像分类的任务。使用 FFNN 完成数字手写体识别的任务，最终的识别准确率可以达到 90% 以上，而最简单的 CNN 网络的识别数字手写体的准确率可以达到 99% 以上。同样是神经网络模型，为什么 CNN 在计算机视觉的任务中的表现如此出色呢？

人类世界通常被描述为三维，这是一个基于我们对空间感知和理解的基本概念。三维空间指的是具有长度、宽度和高度的空间，这三个维度共同构成了我们日常生活中所经历的物理世界。图片作为二维信息的载体，通过其宽度和高度的维度来展示视觉内容。这些二维空间信息包括了图像中物体的形状、大小、位置关系以及它们之间的空间布局。二维空间信息对于看懂图片非常重要，比如眼睛一般都在鼻子上边，嘴在鼻子下边。也就是说，图像上每个像素点及其四周的像素点，构成了图片的局部特征。

如图 8.27 所示，使用 FFNN 完成数字手写体任务时，输入图像的尺寸为 28×28，一共有 748 个像素点，所以 FFNN 输入层的神经元个数设为 748，输入层每个神经元接收一个像素点的值作为输入，FFNN 的多个隐藏层将自行学习可以区分不同数字手写体的特征。对于 FFNN 来说，输入图像的空间二维信息全部丢失了，如图 8.28 所示，再也无法看出某个像素点上下左右的像素点，所以很难提取到图像的空间二维特征。那么，CNN 是如何保留图像空间二维特征并将其用于图像特征提取的呢？

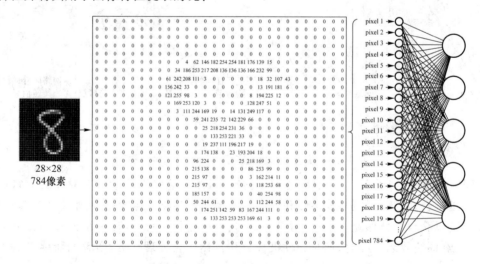

28×28
784像素

图 8.27 使用前馈神经网络识别数字手写体 8 的图片

```
0 0 0 0 0 0 0 0 0 0 0 0 0 0 0 0 0 0 0 0 0 0 0 0 0 0 0 0 0 0 0 0 0 0 0 0 0 0 0 0 0 0 0 0
0 0 0 0 0 0 0 0 0 0 0 0 0 0 0 0 0 0 0 0 0 0 0 0 0 0 0 0 0 0 0 0 0 0 0 0 0 0 0 0 0 0 0 0
0 0 0 0 0 0 0 0 0 0 0 0 0 0 0 0 0 0 0 0 4 62 146 182 254 254 181 176 139 15 0 0 0 0 0 0 0 0 0 0 0 0 0 0
0 0 0 0 34 186 253 217 208 136 136 136 166 232 99 0 0 0 0 0 0 0 0 0 0 0 0 61 242 208 111 3 0 0 0 0 0
18 32 107 43 0 0 0 0 0 0 0 0 0 0 156 242 23 0 0 0 0 0 13 191 181 6 0 0 0 0 0 0 0 0 0 0 121 255
98 3 0 0 0 0 8 194 225 12 0 0 0 0 0 0 0 0 0 169 253 120 0 0 0 128 247 51 0 0 0 0 0 0 0
0 0 0 0 0 3 111 244 169 19 0 14 131 249 117 0 0 0 0 0 0 0 0 0 59 241 235 72 142 229 66 0
0 0 0 0 0 0 0 0 0 0 0 25 218 254 231 36 0 0 0 0 0 0 0 0 0 0 0 0 0 0 133 253
221 33 0 0 0 0 0 0 0 0 0 0 0 19 237 111 196 217 19 0 0 0 0 0 00 0 0 0 0 0 0
0 174 138 0 23 193 204 18 0 0 0 0 0 0 0 0 96 224 0 0 0 25 218 169 3 0 0 0 0 0
0 0 0 0 215 138 0 0 86 253 99 0 0 0 0 0 0 0 0 215 97 0 0 0 3 162 214 11 0 0 0
0 0 0 0 0 0 0 215 97 0 0 0 0 118 253 68 0 0 0 0 0 185 157 0 0 0 0 40 254 98
0 0 0 0 0 0 0 0 50 244 61 0 0 112 244 58 0 0 0 0 0 0 0 174 251 142 59
83 167 244 111 0 0 0 0 0 0 0 0 0 0 0 6 133 253 253 253 169 61 3 0 0 0 0 0 0 0 0
0 0 0 0 0 0 0 0 0 0 0 0 0 0 0 0 0 0 0 0 0 0 0 0 0 0 0 0 0 0 0 0 0 0
```

图 8.28　数字手写体 8 的图片的像素点值

1. 经典卷积神经网络

如图 8.29 所示,CNN 由卷积层和池化层堆叠而成,在输出层之前,通常会设计几个全连接层做特征融合。将输入图片做多个卷积操作后得到输出特征图,图 8.29 中,输入数字手写体 8 的图片,使用 8 个卷积核,做 8 次卷积操作后,得到了 8 个特征图。然后池化操作将 8 张特征图下采样,得到了尺寸减小一半的 8 张特征图,再次进行卷积操作。使用 24 个卷积核进行 24 次卷积操作后,得到了 24 张输出特征图,之后再使用池化操作进行下采样,得到 24 张特征图。在全连接层中,24 张特征图的像素点都与下一层隐藏层的全部神经元相连,最后再与输出层的全部神经元相连,可以得到输出结果。因为数字手写体共有 10 种,所以输出层有 10 个神经元,哪个神经元输出的数值最大,则表示这个神经元所对应的数字手写体类别的概率最大。

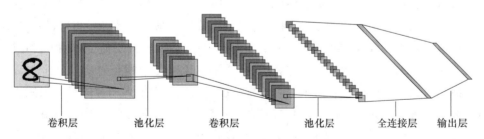

卷积层　　　　池化层　　　　卷积层　　　　池化层　　　全连接层　输出层

图 8.29　卷积神经网络结构图

（1）卷积操作

卷积操作使用卷积核从图像左上角开始,按设定步长滑动卷积核,并与覆盖的图像区域进行元素相乘后求和,生成输出特征图的每个像素值,如图 8.30 所示。第一列为输入图像,第一行的输入图像有具体像素点的值,第二行的输入图像使用 x_{00},x_{01} 等符号表示像素点的值。与之相对应的第二列为卷积核,第一行是有具体权重值的卷积核,第二行是 w_{00},w_{01} 等符号表示的卷积核的权重值。第一次卷积操作从输入图像的左上角开始,黄色框里的 3×3 的特征图与卷积核对应位置元素相乘,然后求和,计算方式如下:

$$f_{0,0} = x_{00}w_{00} + x_{01}w_{01} + x_{02}w_{02} + x_{10}w_{10} + x_{11}w_{11} + x_{12}w_{12} + x_{20}w_{20} + x_{21}w_{21} + x_{22}w_{2,2}$$

$$(8.6)$$

代入数值后计算方式如下:

$$1 \times 1 + 1 \times 0 + 1 \times 1 + 1 \times 0 + 1 \times 1 + 0 \times 0 + 1 \times 1 + 0 \times 0 + 1 \times 1 = 5$$

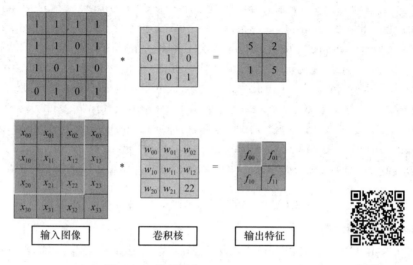

图 8.30　卷积操作　　　　　　　　彩图 8.30

　　下面我们把卷积操作扩展到一般的情况。对于输入图像,我们用 x_{ij} 表示输入图像的第 i 行第 j 列元素。对于卷积核,我们用 w_{mn} 表示卷积核的第 m 行第 n 列元素。卷积操作后得到的输出特征,我们用 f_{ij} 表示输出特征图的第 i 行第 j 列元素。对于图 8.30 的例子,卷积操作需要扫过图片 4 次,分别为左上、右上、左下、右下,每次卷积操作可以计算得到一个值,所以 4 次卷积操作输出 4 个值,得到输出特征图的尺寸为 2×2。那么,CNN 的卷积操作在神经网络中是怎么实现的呢?

　　如图 8.31 所示,对于 4×4 的输入图像,共有 16 个像素点值,FFNN 和 CNN 的输入层都是 16 个神经元,FFNN 输入层的 16 个神经元都与隐藏层的第一个神经元相连,神经网络需要自行训练和学习边上的权重,共 16 个权重值需要学习。CNN 输入层的 16 个神经元中只有 9 个神经元与下一层的第一个神经元相连,这 9 条边的权重就是卷积核对应的 9 个值。也就是说,CNN 会从数据中自行学习卷积核对应的权重值。每次只对输入图像的局部区域进行卷积操作有什么好处呢? 首先,局部区域内的像素点在空间上有关联,这样,神经网络会在局部区域内使用卷积核提取特征,保证无论特征出现在输入图像的哪个局部区域,都可以被发现和提取,这种特性被称为**局部连接**。其次,对于不同的局部区域,为了提取相同的特征,会使用相同的卷积核,以保证相同的特征不论出现在哪里都可以被提取,也就是说,需要学习的权重是一样的,这种特性被称为**权值共享**。例如,图 8.30 中的输入图像,使用相同的卷积核从 4 个局部区域提取特征,就可以覆盖全部的输入图像。对应到具体的神经网络结构,例如,图 8.32,每次卷积操作会将输入层的 9 个神经元与隐藏层的 1 个神经元相连,第一个隐藏层共有 4 个神经元,4 次卷积操作时,边上的权重是共享的,也就是说,使用相同的卷积核从不同的局部区域

提取相同的特征。局部连接和权值共享作为 CNN 卷积操作的最基本特征,其定义如下:

局部连接:卷积核只与输入图像的一个局部区域进行连接,从而提取该区域的特征。

权值共享:同一个卷积核在输入图像的不同位置滑动时,其权重值(即卷积核中的值)保持不变,这使得网络在提取特征时具有空间不变性。

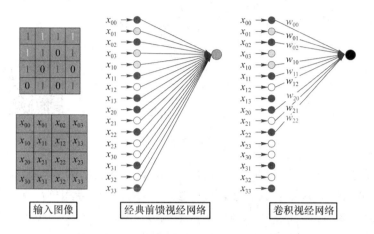

图 8.31 经典前馈神经网络与卷积神经网络对比 　　彩图 8.31

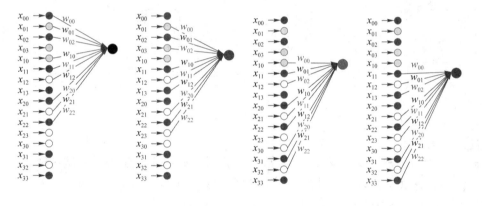

图 8.32 CNN 的输入层与隐藏层之间的四次卷积操作 　　彩图 8.32

再来更直观地对比一下经典 FFNN 的全连接层与 CNN 的卷积层的区别。图 8.33 中的 FFNN 输入层的每个神经元都与隐藏层每个神经元相连,输入层有 9 个神经元,隐藏层有 4 个神经元,所以输入层与隐藏层之间有 4 乘以 9 等于 36 条边。而 CNN 卷积层的神经元是局部连接的,图 8.33 中每个橙色的隐藏层神经元只与绿色的输入层的四个神经元相连,这样,卷积层的输入层与隐藏层之间有 4 乘以 4 等于 16 条边。并且,提取同一种特征,卷积层会使用同一个卷积核扫过整张图像,卷积核就是边上的权重所组成的矩阵,也就是说,提取同一个特征时,权重是共享的。那么,16 条边只剩下 4 个需要学习的参数了。在图 8.33 中这个例子里,卷积层需要学习的参数量只有全连接层需要学习的参数量的 1/4。因此,卷积操作不光可以提取任意位置的二维特征,需要学习的参数量也比全连接层少很多。这就是为什么卷积神经网络更适合处理图像数据。

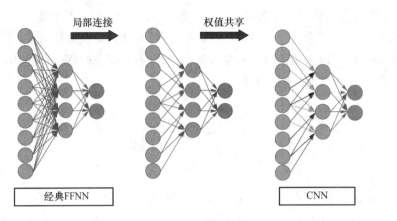

图 8.33　经典 FFNN 与 CNN 可学习的参数对比　　　　彩图 8.33

　　FFNN 中的运算可以分为线性运算和非线性运算。对于 CNN 来说，输入图像与卷积核进行卷积操作后，得到的是线性运算的结果。为了更好地拟合数据，每个卷积核都有一个神经网络自行学习的**偏置**。图 8.34 将偏置设为 3，输出的每个值都需要加上 3，之后再把输出结果作为 ReLU 激活函数的输入，ReLU 激活函数的输出就是最终输出的特征图。

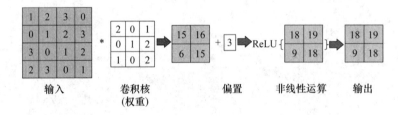

图 8.34　CNN 卷积操作的偏置与非线性运算

（2）池化操作

　　池化操作是 CNN 中另一种重要的操作，它通常在卷积层之后使用。池化层通过对输入特征图进行下采样（即减少其空间维度），来进一步减少参数数量和计算量，同时保留重要信息，但池化操作在 CNN 中并不是必需的。池化操作的主要特性如下：

　　特征降维：减少特征图的空间尺寸，从而减少后续层的计算量和参数量。

　　特征不变性：通过池化操作，可以在一定程度上保持特征的尺度不变性、旋转不变性等，提高模型的鲁棒性。

　　最常见的池化操作包括最大池化（Max Pooling）和平均池化（Average Pooling），如图 8.35 所示。

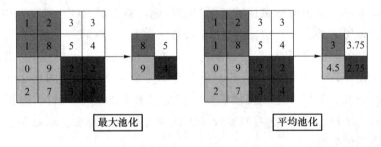

图 8.35　最大池化与平均池化的示例

最大池化：在池化窗口内选择最大值作为输出，这种方式可以捕捉窗口内的最显著特征，对纹理信息的保留较好。

平均池化：在池化窗口内计算所有值的平均值作为输出，这种方式更侧重于背景信息的保留。

卷积操作和池化操作在 CNN 中起着至关重要的作用，它们共同协作，使得 CNN 能够有效地处理图像数据，并提取出有用的特征表示。那么，CNN 的每一层都提取到了什么特征呢？神经网络是一个黑盒，它自己无法解释自己的学习过程，有学者尝试将卷积神经网络每一层提取到的特征可视化，如图 8.36 所示。

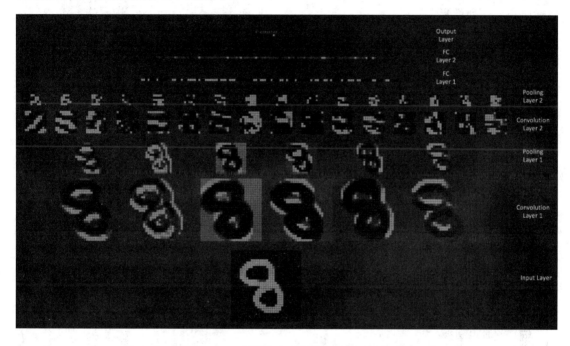

图 8.36　可视化 CNN 识别数字手写体 8 的图片时提取到的特征

这是一个非常简单的卷积神经网络，有两个卷积层、两个池化层和两个全连接层。发亮的部分是卷积神经网络提取到的特征。第一个卷积层提取了一些边缘信息，第一个池化层突出了这些特征。第二个卷积层从前一个池化层输出的特征图所提取的特征更为抽象，之后的池化层又进一步突出了特征。在输出结果之前，通常会再设计几个全连接层来整合特征。

彩图 8.36

这个网络结构于 1998 年由 Yann LeCun 提出，是最早的卷积神经网络之一，被广泛应用于识别支票上的手写金额和信件邮政编码。

2．多通道卷积

（1）卷积操作的参数

卷积操作的主要目的是从输入数据中有效地提取出重要的特征，并通过减少参数的数量、增强鲁棒性、实现空间层次结构等方式，提高模型的性能和效率。对于给定大小的输入图像，卷积操作有多个需要人为设定的超参数，包括卷积核尺寸（Kernel Size）、步长（Stride）、填充（Padding）。

卷积核尺寸：卷积核尺寸指的是卷积核的宽度和高度（通常宽度和高度相等，即卷积核是方形的）。卷积核在输入特征图上滑动,进行元素级别的乘法后求和(如果有偏置项的话要加上),得到输出特征图上的一个值。卷积核的尺寸决定了感受野(Receptive Field)的大小,即卷积核能够看到的输入特征图的区域大小。较小的卷积核通常用于捕获细节信息,而较大的卷积核则用于捕获更全局的信息。如图 8.37 所示,输入图像尺寸为 5×5,卷积核尺寸为 3×3。

步长:步长指的是卷积核在输入特征图上滑动时,每次移动的距离(在水平和垂直方向上)。步长决定了输出特征图的尺寸。步长为 1 时,卷积核会逐个像素地滑动;步长大于 1 时,卷积核会跳过一些像素进行滑动,这会导致输出特征图的尺寸变小。步长是调整输出特征图尺寸的一个重要参数。如图 8.37 所示,步长为 2,也就是说,连续两次卷积操作的图像局部区域横向相差 2 列像素点。

填充:填充是指在输入特征图的边界外添加额外的零值(或其他值,但通常是零),以增加输入特征图的尺寸。这样做的目的是控制输出特征图的尺寸,以及确保输入特征图的边缘信息在卷积过程中不会丢失。填充的多少(即填充的层数)是一个可以设置的参数。没有填充(Padding=0)时,输出特征图的尺寸会小于输入特征图;有填充时,输出特征图的尺寸可以等于或大于输入特征图,具体取决于填充的层数和步长。如图 8.37 所示,在输入图像外围填充了一圈 0,使输入图像尺寸从 5×5 扩大到了 7×7。

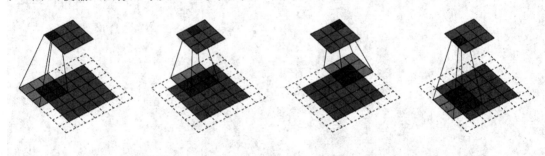

图 8.37　卷积操作

（2）多通道卷积

彩色图像,特别是 RGB 彩色图像,通常由三个颜色通道组成:红色(Red)、绿色(Green)和蓝色(Blue)。这三个通道分别代表图像中不同颜色分量的强度或亮度。在数字图像处理中,这三个通道被编码为三个二维矩阵(或称为二维数组),每个矩阵的元素值代表对应颜色分量在图像中每个像素点上的强度。多通道卷积是指对具有多个通道(如 RGB 图像的三个颜色通道)的输入数据进行卷积操作的过程。每个通道的数据会分别被对应的卷积核进行卷积,然后将各通道的卷积结果相加,得到最终的输出特征图。与单通道卷积类似,但区别在于输入数据和卷积核都是多维的。卷积核的一个维度对应输入数据的一个通道,卷积操作在每个通道上独立进行,然后将各通道的卷积结果相加,实现特征的融合。

在多通道卷积计算中,卷积核的通道数需要与输入图像的通道数一致。如图 8.38 所示,输入数据由两个单通道的图像组成,尺寸为 3×3×2,卷积核尺寸为 2×2×2。在每个通道上,卷积核沿着输入数据的长和宽方向滑动,步长为 1,填充为 0。计算卷积核与对应区域数据的乘积和(加上偏置),得到该通道的卷积结果。然后,将所有通道的卷积结果相加,得到最终的输出特征图,其尺寸为 2×2。输出特征图的通道数由卷积核的数量决定,图 8.38 中只使用了一个 2×2×2 的卷积核,只能提取一种特征,所以输出的特征图尺寸为 2×2×1。之后,还需要在输出特征图的每个像素点加上相同的偏置值,并输入激活函数中,从而完成卷积操作的线性运算与非线性运算。

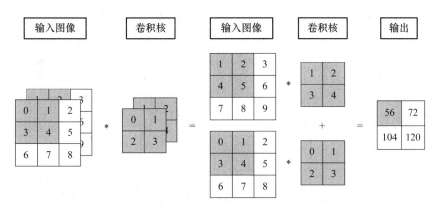

图 8.38　对两个通道做卷积操作

3. 卷积神经网络的改进

LeNet-5 被提出后,受限于当时的算力和数据,并没有发挥出其全部潜力。杰弗里·辛顿 (Geoffrey Hinton)的学生亚历克斯·克里泽夫斯基(Alex Krizhevsky)于 2012 年参加 ImageNet 大规模图像识别挑战赛 ILSVRC-2012(ImageNet Large Scale Visual Recognition Challenge-2012),提出改进的 CNN 网络,并获得冠军,所提出的 CNN 模型被称为 AlexNet,其 Top 5 错误率为 15.3%,远超第二名(26.2%)。AlexNet 是深度学习技术在图像分类上取得真正 突破的开端。

如图 8.39 所示,AlexNet 包含 5 个卷积层和 3 个全连接层,为当时较深的网络结构,能学 习复杂特征。AlexNet 首次利用 GPU 进行训练,显著提升训练速度;采用双 GPU 并行训练, 克服显存限制,加速训练过程;采用 ReLU 激活函数,解决梯度消失问题,加快收敛。在全连 接层使用了 Dropout,减少过拟合,提高泛化能力。还引入局部响应归一化(Local Response Normalization,LRN)层,通过归一化局部神经元活动,增强模型泛化。此外,使用重叠池化减 少过拟合,提升性能,并通过随机裁剪、翻转、颜色及光照变换等技术,增加数据多样性,提高模 型鲁棒性。

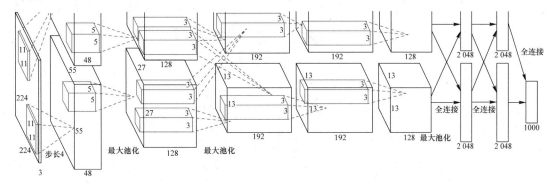

图 8.39　AlexNet 模型结构图

2012 年后,学者们开始更加积极地探索深度学习模型结构、优化方法以及理论基础,推动 了深度学习领域的迅速发展。随着深度学习技术的成熟,工业界开始广泛采纳这一技术。各 大科技公司纷纷将深度学习应用于产品和服务中,如搜索引擎、社交媒体内容推荐、自动驾驶、 智能客服等领域。为了增强 CNN 模型的性能,后续的改进方向包括通过加深网络来增强模 型的非线性拟合能力,代表性网络包括 VGG16、VGG19、ResNet;使用不同尺寸的卷积核增强网络提取多尺度特征的能力，并引入 1×1 卷积增强模型非线性拟合能力，代表性网络包括 GoogLeNet、Inception；为了在移动端、嵌入式、自动驾驶等资源受限的场景中使用 CNN 模型，SqueezeNet、MobileNet 等轻量级 CNN 被提出。在此基础上，目标检测模型 Faster R-CNN、YOLO 等模型被提出，旨在从图像或视频中定位和识别出感兴趣的目标对象。随着深度学习技术的快速发展，目标检测模型取得了显著的进步，并广泛应用于无人驾驶、安防监控、医学影像分析等多个领域。

8.3.4 序列模型

在神经网络展现出巨大潜力后，学者们尝试将神经网络用于解决自然语言的问题，比如完形填空、机器翻译等任务。如图 8.40 所示，约书亚·本吉奥（Yoshua Bengio）等于 2003 年就尝试使用 FFNN 解决完形填空问题。模型主要由输入层、嵌入层、多个中间层和输出层组成。文字输入神经网络中后，嵌入层将生成输入词语对应的词向量；中间层包含一层或多层，生成输入层的中间表示，完成特征的学习和提取；输出层使用 Softmax 激活函数，生成每个词语的概率分布。语言和文字确实具有时序特性和上下文特性，这两种特性在语言交流和文字表达中起着至关重要的作用。时序特性主要指的是语言和文字在时间维度上的排列顺序和逻辑关系。上下文特性则指的是语言和文字在理解和运用过程中需要依赖的周围环境、背景信息或前后文关系。为了从语言和文字中提取时序特性与上下文特性，文字转化为词向量后并不是一个一个输入到神经网络中的，而是将连续几个文字的词向量拼接为一个更大的向量一同输入神经网络，也就是告诉神经网络这些文字是有关联的。

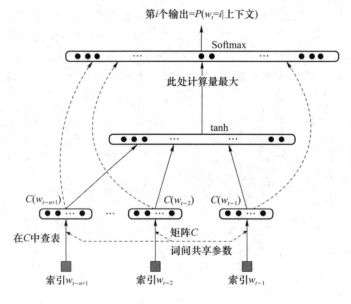

图 8.40　神经概率语言模型图

在这种网络结构中，神经网络能学习到的时序和上下文特征取决于拼接的词语有多少，拼接的词语的长度是一个固定值，使网络能学习到的时序和上下文特征非常有限，所以网络的适用范围非常有限。在这样的背景下，学者们对经典序列模型循环神经网络（Recurrent Neural Network，RNN）进行改进，并提出了长短期记忆网络（Long Short-Term Memory，LSTM）、门控循环单元（Gated Recurrent Unit，GRU）。RNN 作为序列处理的基础模型，具有记忆功能和序列处理能力；LSTM 通过引入门结构来有效捕捉长序列之间的语义关联；而 GRU 则以简洁的结构和高效的计算速度在序列建模中展现出强大的性能。

1. 递归神经网络

FFNN 和 CNN 的结构图可以简化为图 8.41(a)，输入为 x_1 时，输出为 y_1，y_1 只受到 x_1 的影响；输入为 x_2 时，输出为 y_2，y_2 只受到 x_2 的影响；输入为 x_3 时，输出为 y_3，y_3 只受到 x_3 的影响。在这种情况下，x_1 输入神经网络后，神经网络学习到的特征并不会传递到其他时刻，即不会对 y_2 和 y_3 产生影响，这种模型结构无法记住不同时刻的输入，所以无法学习不同时刻的输入之间的时序特性，如果网络的输入是文本，则无法学习输入数据的时序特性和上下文特性。为了解决这个问题，学者提出了 RNN 模型，其简化的网络结构如图 8.41(b)所示，输入为 x_1 时，输出为 y_1，y_1 只受到 x_1 的影响；输入为 x_2 时，输出为 y_2，因为第一时刻的输入 x_1 在神经网络中计算得到的隐状态传递到了第二时刻，所以 y_2 会受到 x_1 和 x_2 的影响；依次类推，输入为 x_3 时，输出为 y_3，y_3 会受到 x_1，x_2 和 x_3 的影响，这样，任意时刻的输出，会受到从第一时刻到当前时刻的所有时刻的输入的影响。

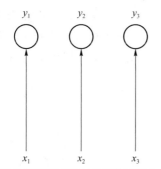

(a) 不考虑前后关系的神经网络(FFNN，CNN)　　(b) 考虑前后关系的循环神经网络(RNN)

图 8.41　简化的 FFNN,CNN 与 RNN 网络结构图

图 8.42 展示了 RNN 模型随着时间展开后的三维结构。黑色的部分是不同时刻的 RNN 模型，红色的点是不同时刻 RNN 模型的隐藏层。下面注意一下蓝色的部分，RNN 在 x_{t-1} 时刻的隐状态传递到了 x_t 时刻，又传递到了 x_{t+1} 时刻，所以 RNN 网络可以捕获时序特性，特别适合处理时序数据，比如语言和文字、传感器不同时刻采集的数据、汇率数据、房价数据等。

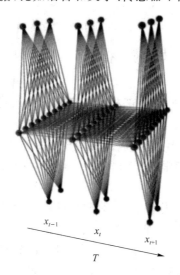

图 8.42　不同时刻的 RNN 模型　　　　　　彩图 8.42

RNN 的网络结构使其仅适用于考虑较短时间段的历史信息,如果时序数据很长,RNN 只能记住最近几个时刻的输入信息,所以模型的效果并不好。也就是说,RNN 的记性太差了,往往只能记住最近的一些输入,如果句子太长,它无法记住句子开头的内容。因此,学者们尝试在模型中加入门控单元,让神经网络自行学习如何使用门控单元控制哪些信息可以被遗忘,哪些信息该被记住,进而提出了 LSTM 和 GRU 两个模型,这两个模型能够更有效地处理长期依赖关系。LSTM 使用遗忘门(Forget Gate)、输入门(Input Gate)和输出门(Output Gate)控制信息被保留还是遗忘,如图 8.43(a)所示的三个 σ,每个门都有一个独立的记忆单元,用于控制信息的流动。这使得 LSTM 在结构上相对复杂,但也因此具有更强的信息控制能力。LSTM 在需要精确控制信息流动和长期依赖关系的任务中表现优异,如语言建模、机器翻译等。GRU 引入了重置门(Reset Gate)和更新门(Update Gate)来控制信息的保留和丢弃,如图 8.43(b)所示的两个 σ。它将输入门和遗忘门合并为单一的更新门,从而简化了模型结构,这使得 GRU 在参数数量和计算复杂度上相对较低。GRU 在一些简单的序列建模任务中可能表现得足够好,特别是在计算资源有限的情况下。然而,在处理更复杂的序列任务时,LSTM 可能更具优势。对于非常长的文本序列,LSTM 和 GRU 建模能力仍然有限,无法有效地捕捉到所有重要的信息。因此,有学者借鉴人脑处理信息过载的方式,提出了注意力机制。

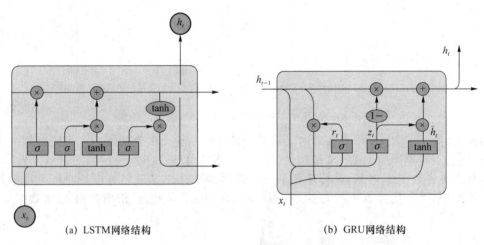

(a) LSTM网络结构   (b) GRU网络结构

图 8.43　RNN 改进模型的网络结构

2. 注意力机制

先来看看图 8.44,我们首先会注意图片上的哪些部分呢? 通常第一眼看到这张图片时,我们会注意到中间的建筑群和右侧的树,而忽略其他细节,比如最左侧的桥,如图 8.45 所示。这是因为人脑需要处理过载的信息时,通常会把注意力放在一些重要的部分。

注意力机制(Attention Mechanism)是深度学习领域中的一种重要技术,尤其在处理序列数据(如自然语言处理、时间序列分析等)时表现出色。它模拟了人类在处理信息时的注意力分配过程,使模型能够聚焦于输入数据的重要部分,从而提高整体性能和效率。注意力机制源于对人类视觉的研究。在认知科学中,由于信息处理的瓶颈,人类会选择性地关注所有信息的一部分,同时忽略其他可见的信息。这种机制使人们在面对复杂环境时,能够高效地处理关键信息,忽略无关信息。在深度学习中,注意力机制通过为输入数据的不同部分分配不同的权重

图 8.44　一张风景图片

图 8.45　人在风景图片上的注意力区域

（或注意力分数），使模型能够识别并专注于最重要的信息。

　　增加注意力层后，翻译系统在翻译某个字时会把注意力放在应该关注的某些输入文字上。如图 8.46 所示，将中文"小猫不想穿过马路因为它太累了"翻译为英文，在将"它"翻译为"it"时，注意力层会给输入的中文"小猫"和"它"更高的权重，图中用粗线来表示"小猫"和"它"对翻译结果"it"的影响更大。也就是说，注意力层学习到了"它"指的是"小猫"而不是"马路"。通过聚焦于输入数据的重要部分，注意力机制能够显著提高模型的准确性和效率。此外，注意力权重可以用来解释模型的决策过程，增加模型的透明度，更高的注意力权重代表模型在得到某些输出时主要关注了哪些输入。

　　在自然语言处理领域，比如机器翻译、文本摘要、情感分析等任务中，注意力机制帮助模型

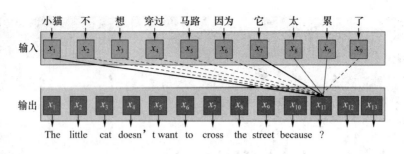

图 8.46　翻译系统中注意力机制的示意图

关注文本的关键部分。在计算机视觉领域，比如图像分类、目标检测和图像字幕生成等任务中，注意力机制使模型能够专注于图像的关键区域。在语音识别领域，注意力机制帮助模型关注语音信号的重要部分，提高语音识别的准确性。注意力机制可以作为注意力层，与其他神经网络模型结合使用，提高模型性能。注意力机制也可以作为模型主体使用，基于自注意力机制的 Transformer 模型革新了自然语言处理任务的处理方式和效果，大模型则是在 Transformer 架构的基础上进一步发展的产物，其通过增加模型的规模和复杂度，不断提升了模型的性能和应用范围。

3. Transformer

图 8.46 展示了在一个实际的翻译任务中注意力层是如何发挥作用的，注意力层会选择性地关注输入数据的一部分，通过计算输入数据各部分与当前任务的相关性，为它们分配不同的注意力权重，从而实现信息的选择性处理。注意力机制需要考虑所有输入与当前输出的关系，并且还需要考虑上一时刻的输出。在图 8.46 中，翻译"it"需要考虑所有的输入"小猫不想穿过马路因为它太累了"和之前的输出"The little cat doesn't want to cross the street because?"，计算是按序进行的，得到上一时刻输出才能做出下一时刻的预测。因此，注意力机制无法并行计算，这大大限制了模型的应用场景。为了解决这个问题，有学者提出了自注意力机制，通过计算输入数据之间的相关关系，它允许模型在处理序列中的每个元素时，都能够关注到序列中的其他元素，从而捕捉序列内部的依赖关系。自注意力机制与注意力机制相比，最大的特点是，自注意力机制不需要考虑输出，只需要考虑输入数据之间的关系，这使得模型高度并行化，大幅提升了模型的可扩展性。通过并行地计算序列中所有元素之间的注意力权重，可以更有效地处理大型序列。每个位置都可以独立地与其他所有位置进行交互计算，这在计算上更为高效，如图 8.47 所示，翻译中文"它"时，只需要考虑全部输入的数据，并不需要考虑任何时刻的输出数据。

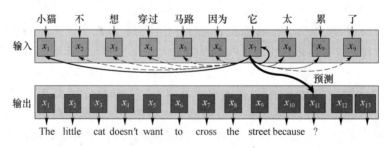

图 8.47　翻译系统中自注意力机制的示意图

图 8.48 是 Transformer 模型结构图,模型由编码器(Encoder)和解码器(Decoder)组成,每个编码器和解码器都由多层堆叠的自注意力层和前馈神经网络层构成。自注意力层通过计算每个位置与其他位置之间的相关性来捕捉上下文信息,而前馈神经网络层则用于进一步处理特征。

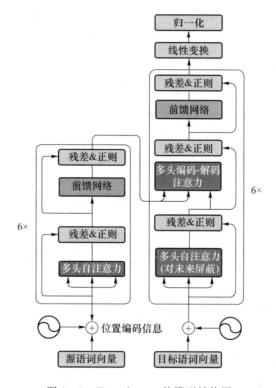

图 8.48　Transformer 的模型结构图

Transformer 模型自 2017 年由 Vaswani 等人提出以来,已经成为自然语言处理领域最具影响力的模型之一,Transformer 模型基于自注意力(Self-Attention)机制,摒弃了传统的 RNN 结构,为处理序列数据提供了一种全新的视角。目前,自然语言处理领域最成功的模型大多是基于 Transformer 架构的大模型,如 GPT 系列(GPT-3、GPT-4 等)、BERT 等。这些大模型通过在大规模文本数据集上进行预训练,学习到了丰富的语言知识,并在各种自然语言处理任务中取得了显著的效果。

本 章 小 结

机器学习是当前人工智能的核心内容,学习人工智能要以机器学习为重点。机器学习的本质在于让计算机从数据中学习规律和模式,并利用这些知识和模式进行预测、决策以及自主学习特定知识和技能。

深度学习是现阶段机器学习的主要形态,它通过构建多层神经网络来模仿和学习人类大脑的工作机制,以此来处理复杂的模式和数据,特别是那些传统机器学习方法难以处理的非线性问题。传统机器学习方法需要手工设计特征,而深度学习方法可以使用神经网络自行学习特征。

　　深度学习有多种模型结构，适用于不同任务。比如卷积神经网络的卷积操作和池化操作可以提取图像二维空间特征并减少数据量，特别适合处理大规模图像；序列模型可以学习时序数据的长期依赖模式，特别适合处理自然语言。

　　本章的教学目的是使学生理解机器学习的基本概念和基本原理，了解机器学习中的关键要素、主要任务和典型算法；建立对基于神经网络的深度学习的正确认知，了解深度学习的主要模型，以及注意力机制、Transformer 等大模型核心技术。

思 考 题

　　1. 请阐释机器下棋、模式识别与人工智能的关系，并分析机器学习的作用。

　　2. 如何全面认识智能函数的构成？智能函数的输入、输出与智能问题的关系如何？请阐述智能函数的组成部分、复合函数的作用、模型形式的变化等。

　　3. 机器学习前后智能函数如何变化？如何基于智能函数、最优决策、训练数据集等阐释机器学习？

　　4. 请根据经典机器学习模型与深度学习模型的特点，列举它们可以解决的具体任务。

　　5. 为什么卷积神经网络特别适合处理大规模图像？你觉得卷积神经网络模型还能如何继续改进？

　　6. 为什么序列模型被广泛应用于自然语言处理任务？你觉得序列模型还能如何继续改进？

　　7. 深度神经网络是越深越好吗？

　　8. 什么是泛化性，影响泛化性的主要因素有哪些？

　　9. 机器学习与人的学习在推理方式上有哪些异同？

第 9 章
人工智能开发框架与平台

人工智能取得的技术飞跃离不开其各类软件库、开发框架以及各种开发平台的支持。人工智能软件库和开发框架作为技术的基石,为研究者与开发人员提供了丰富的算法实现、数据处理工具以及优化方法,极大地加速了人工智能技术的创新与应用进程。它们不仅能降低复杂算法的开发难度,还能促进研究成果的快速迭代与转化,使得人工智能技术能够在多个领域展现出前所未有的潜力和价值。

作为初学者,在人工智能开发平台上动手实验是一件颇具挑战的事情,而"人工智能技术的研发需要什么软件和硬件?""如何开发和使用人工智能算法?""应该使用哪个人工智能基础开发框架/平台?"等问题是需要先回答的。本章将围绕这些问题进行讲解。9.1 节简单介绍人工智能开发平台和人工智能行业产业链,9.2 节主要讲解人工智能基础开源软件库的基本概念和特点以及典型软件库,9.3 节讲解人工智能基础开源框架的概念与功能以及常见深度学习开源框架,9.4 节介绍人工智能基础开发平台等相关知识。

9.1 人工智能开发平台

人工智能开发平台是一种基于云原生分布式计算架构的软件平台,旨在为开发人员提供人工智能应用开发所需的各种资源。这些资源不仅包括各类人工智能算法、软件库、开发框架以及各种开发工具,还包括相应的计算资源,如各类 GPU、AI 加速器和 CPU 等。人工智能开发平台的主要目标是帮助开发人员快速、高效地构建和部署人工智能应用,降低开发成本和技术门槛。

图 9.1 给出了人工智能行业产业链。处于产业链上游的是人工智能基础层,包括各类硬件设备,和数据服务,如芯片、传感器、大数据、云计算等等。处于产业链下游的是人工智能应用层,包括各种人工智能应用产品和应用场景。而位于产业链中游的是人工智能技术层,主要为各种通用人工智能技术和算法模型。通用人工智能技术包括机器学习技术、自然语言处理技术、计算机视觉技术等。各种算法模型,包括深度学习算法、知识图谱、大模型等。而这些算法和模型的设计、开发、训练等等通常都离不开人工智能开发框架与平台的支撑。因此,人工智能开发框架与平台在人工智能领域具有重要地位。

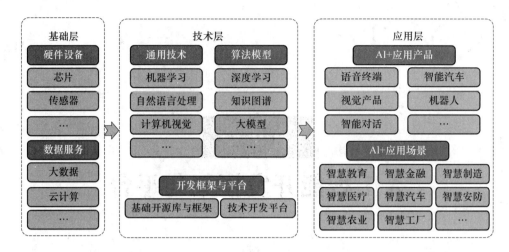

图 9.1　人工智能行业产业链

借助开发框架提供的算法开发接口，平台提供的各种设计好的模型，以及相关的数据集、算力等，开发人员就可以快速地设计新的模型，构建新的应用，而无须从最底层一步一步进行开发。可以说，人工智能开发框架与平台加速了人工智能新技术的不断更新和迭代。

9.2　人工智能基础开源软件库

9.2.1　基本概念和特点

人工智能基础开源软件库提供了丰富的算法实现，贯穿人工智能算法的整个生命周期。而开发和使用一个人工智能算法的过程包含数据准备、算法设计、算法训练、模型推理、模型部署等多个环节，如图 9.2 所示。

图 9.2　人工智能算法开发和使用过程

当要解决一个实际的人工智能任务时，如图像分类、人脸识别等，首先需要准备大量的训练数据样本，用于后续模型的训练。然后根据具体的任务，开发人员编写程序，设计算法。通常，设计的算法往往包含了很多的参数，其取值还未确定。接下来，就要用准备好的训练数据来训练算法，目的是将未确定的参数通过训练将其值确定下来，最终得到训练好的模型。而这个过程，通常被称为模型的学习。模型训练好以后就可以进行性能测试，看看这个模型对于其他输入的测试数据是否也能得到合理的输出。模型通过输入样本得到结果的过程，通常也被称为模型的推理。如果发现模型推理的效果不好,则需要不断调整训练数据、算法或模型的超参数,重复这个过程,直到模型推理的性能达到要求。最后,就是将训练好的模型部署到实际的人工智能应用中。

而人工智能基础开源软件库往往会为开发人员提供大量数据集以及对数据的预处理算法。此外,也会提供大量的、已经设计好的算法或模型,而无须开发人员自己重新开发。同时,软件库也提供了训练和推理的接口,开发人员直接调用就可方便地完成模型的训练或推理。可见,人工智能基础开源软件库为开发人员应用已有的人工智能算法来解决实际问题提供了非常大的便利。

人工智能基础开源软件库具有以下特点:

首先,人工智能基础开源软件库汇集了功能相似的各类人工智能算法;

其次,它提供了统一的操作接口,即使算法不同,但调用的方式方法往往是一致的;

最后,开发人员可以直接调用这些接口,快速完成模型的训练或推理,提升了解决实际问题的效率。

随着人工智能的快速发展,有大量的基础开源软件库被发布出来。下面列举了一些典型场景下的软件库名称:

(1) 机器学习软件库,如 SciKit-Learn、DLib 等;

(2) 计算机视觉库,如 OpenCV、Scikit-Image、PIL 等;

(3) 音频处理库,如 LibROSA、Wave、PyAudio 等;

(4) 数据分析与处理库,如 Numpy、SciPy、Pandas、MatplotLib 等。

当然,还有许许多多用于解决其他任务的开源软件库,在这里不再一一列举。总之,开发人员直接调用这些软件库提供的操作接口就可以对数据完成复杂的操作,而无须关心处理的细节。

下面我们以机器学习开源软件库 SciKit Learn 为例,来了解一下它的功能。

9.2.2 SciKit-Learn 基本介绍

SciKit-Learn 是当前流行的机器学习开源软件库之一,是基于 Python 编程语言发布的开源软件库,简称为 sklearn。图 9.3 是其网站界面,用户可从网站上下载安装。

SciKit-Learn 主要在数据和算法两个层面提供了大量模型和操作接口。在数据层面,它不仅提供了各种测试算法性能常用的数据集,还提供了各种常见的数据预处理算法,例如,有些用于训练的个别数据可能因为采集的问题有缺失,但它提供的相关算法可以取近似值进行补全。在算法层面,SciKit-Learn 提供了各种常用的人工智能算法,如无监督学习算法、有监督学习算法、半监督学习算法等。

无监督学习算法包括聚类算法、降维算法、盲源信号分离算法等。有监督学习算法包括各种分类算法、回归算法等。每种算法的原理可查阅相关资料学习,但无论哪种算法,SciKit-Learn 都提供了统一的调用接口。

对比图 9.2 中给出的人工智能算法开发过程中的各个步骤,SciKit-Learn 提供的功能几乎全部覆盖。首先,对于数据准备阶段,SciKit-Learn 提供了各种数据集,以及各种数据预处理算法。其次,在算法设计阶段,SciKit-Learn 已经为人们提供了各种算法的具体实现,无须开发人员再去设计。再次,在使用这些算法时,开发人员只需针对算法模型的结构设置一些必要参数即可,如神经网络的层数。这些必要的参数通常称为超参数。最后,对于算法训练和模型推理,各种模型的测试性能计算,SciKit-Learn 同样也提供了相应的接口,开发人员直接调用即可。因此,开发人员通过 SciKit-Learn 提供的各种算法的调用接口,可以快速地完成训练和测试等工作。

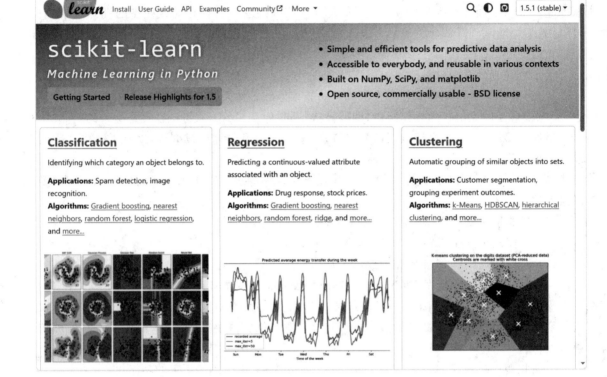

图 9.3　SciKit-Learn 网站界面

下面先了解一些 SciKit-Learn 主要提供的数据集,如表 9.1 所示。

表 9.1　SciKit-Learn 主要提供的数据集

类型	来源	加载方式	规模
小型标准数据集	SciKit-Learn 自带	datasets. load_ * () * 表示数据库名称,如 boston、iris 等	数据集较小,主要用于模型的应用示例和验证
真实世界数据集	在线下载	datasets. fetch_ * () * 表示数据集名称,如 20newsgroups、olivetti_faces 等	数据集较大,需要时会自动下载
算法生成数据集	用户通过设置参数生成	datasets. make_ * () * 表示生成数据集的分布,如 blobs、circles、moons 等	用户设置参数,规模可大可小,数据集的复杂性可控
其他类型数据集	svmlight/libsvm 格式的数据集或从 openml.org 下载等	load_sample_images ( )、load_svmlight_files()、fetch_openml()等	规模有大有小,其中 openml.org 是机器学习公用数据库,包含了各种数据集

这些数据集主要用于对模型进行性能测试,或展示算法示例效果。下面以 SciKit-Learn 提供的鸢尾花数据集(IRIS)为例来介绍一下数据集的结构和特点。

鸢尾花数据集共包含了三种常见的鸢尾花,分别是山鸢尾(Setosa)、变色鸢尾(Versicolor)和维吉尼亚鸢尾(Virginia)。每朵花的信息通常称为一个样本,每个样本以花朵的花瓣长度和宽度,以及花萼的长度和宽度四个属性作为特征,如图 9.4 所示。

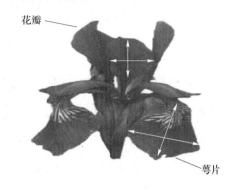

图 9.4　鸢尾花样本特征

图 9.5 给出了鸢尾花数据集的逻辑结构。三类鸢尾花每类有 50 个样本,共计 150 个样本。每个样本所属的种类称为样本的类别或标签。本例中显然只有三种标签,为了便于计算机处理,我们通常将分类标签进行编号,如 0、1 和 2,来代表实际的标签。

编号	萼片长度	萼片宽度	花瓣长度	花瓣宽度	分类标签
1	5.1	3.5	1.4	1.0	山鸢尾
2	4.9	3.2	1.4	1.3	山鸢尾
...					
50	6.4	3.5	4.5	1.4	变色鸢尾
...					
150	5.9	3.0	5.9	1.8	维吉尼亚鸢尾

样本（左侧纵向标注）　特征　标签

图 9.5　鸢尾花数据集逻辑结构

基于鸢尾花数据集,人们就可以验证各种分类算法或聚类算法的性能。其实,SciKit-Learn 提供的各种数据集结构基本是类似的。图 9.6 给出了 SciKit-Learn 提供的手写数字数据集和人脸数据集,分别用于训练和验证手写数字识别模型和人脸识别模型。其中,手写数字图像高度和宽度均为 8 个像素,因此每个样本的特征是 64 维,即由 64 个像素的灰度值构成。而人脸数据集每个图像的高度和宽度均为 64 个像素,每个像素的灰度作为一个特征,因此每个人脸图像样本的特征维度是 4 096。

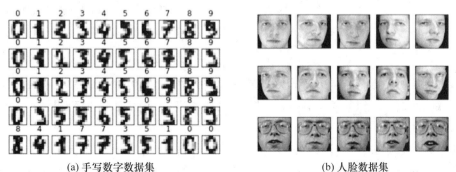

(a) 手写数字数据集　　　　　　　　　　(b) 人脸数据集

图 9.6　SciKit-Learn 数据集示例

SciKit-Learn 提供的机器学习算法也是非常丰富的。通常,各种算法提供了统一的调用接口。如通过调用 fit() 函数,可以完成相应算法的训练,通过样本的特征和标签,最终得到训练好的模型。通过调用 predict() 函数,可以完成模型的推理,得到针对输入数据的识别结果。

图 9.7 给出了通过 SciKit-Learn 进行机器学习算法训练与模型推理的过程。

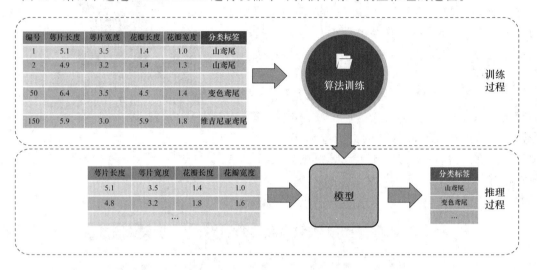

图 9.7　SciKit-Learn 机器学习算法训练与模型推理过程

如图 9.7 所示,首先准备好训练样本,然后选择 SciKit-Learn 中的某个模型,调用其标准接口进行训练,得到训练好的模型。接下来,就可以通过模型的预测接口将测试样本输入模型中,得到最终的推理结果。前面的过程通常称为训练过程,后面的过程通常称为推理过程。训练过程中使用的样本称为训练样本,推理过程中使用的样本称为测试样本。通过推理过程,开发人员也可以统计算法的实际性能。

通过以上的介绍,相信读者对使用 SciKit-Learn 进行训练和推理的过程有了基本的了解。也可以自己安装 SciKit-Learn,探索其提供的各种人工智能算法,体验更丰富的功能,从而解决简单的人工智能问题。

9.3　人工智能基础开源框架

9.3.1　基本概念与功能

人工智能基础开源框架同人工智能基础开源软件库类似,也为人工智能算法开发流程中的各个步骤,如数据准备、算法设计、算法训练、模型推理,甚至模型部署等,提供了各种丰富的调用接口。

与人工智能基础开源软件库不同的是,人工智能基础开源框架往往通过统一的编程方法来实现底层处理逻辑,提供更底层的编程接口,开发人员需要通过调用框架提供的编程接口,自行设计或搭建算法或模型。也就是说,开发人员往往是通过人工智能基础开源框架来自行设计算法,而不像前面介绍的人工智能基础开源软件库,直接提供了已经开发好的具体算法或模型。

因此,利用人工智能基础开源框架,用户可以设计和训练各种新的模型,以更好地适配待解决的各种具体任务。

下面列举在人工智能领域常见的两类人工智能基础开源框架。

(1)自动驾驶开源框架

主要用于研究各种自动驾驶算法。如百度发布的 Apollo、Autoware Foundation 构建的 Autoware、Intel 等机构联合发布的 Carla 等,用户基于这些开源框架可以构建各式各样的自动驾驶算法,并可进行性能验证。

(2)深度学习开源框架

用于设计各种深度学习模型。如国外谷歌发布的 TensorFlow,Facebook(2021 年 10 月更名为 Meta)发布的 PyTorch,国内百度发布的 PaddlePaddle,华为发布的 MindSpore,一流科技发布的 OneFlow 等等。用户基于这些开源框架,可以构建各式各样的深度学习模型,并通过框架提供的接口进行训练、验证、部署、推理等操作。

虽然当前人工智能领域深度学习开源框架有数十种之多,但他们的功能基本是类似的。

首先,不管哪种框架,都规定了使用该框架开发深度学习模型的方式和方法,统一了模型的开发过程,通常称之为开发范式。

其次,框架实现了底层的处理算法和逻辑,如卷积操作、激活函数等各种基元函数的实现,梯度优化方法等等。

最后,框架提供了对这些底层处理算法的调用接口,用户无须再从最底层实现,而是通过调研这些开源框架的底层接口,就可以构建各式各样的深度学习模型,这些接口包括数据处理、模型设计、训练配置、算力调度、过程控制、损失计算、模型保存等等。

图 9.8 所示的代码就是一个基于华为的 MindSpore 深度学习框架,设计的一个经典的卷积神经网络模型 LeNet5。虽然读者可能看不懂具体的代码含义,但是一个复杂的深度学习模型,通过深度学习开源框架,只需要二十余行代码就可以设计出来,足以说明使用这些框架进行模型设计的高效性和便捷性。

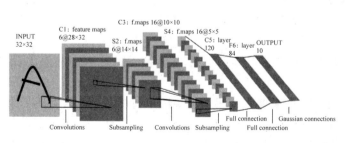
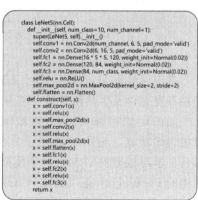

图 9.8　LeNet5 网络模型及实现代码

9.3.2 百度深度学习开源框架——飞桨

下面简单介绍一下百度的深度学习开源框架——飞桨，英文名称为 PaddlePaddle。它是国内最知名的深度学习开源框架之一，自 2018 年发布后，截至 2024 年 7 月已升级到 3.0-beta 版本。图 9.9 给出了其网站界面。

图 9.9　百度深度学习开源框架飞桨网站界面

通过飞桨的官方网站可以看到，它可以在微软公司的 windows 操作系统、苹果公司的 macOS 操作系统，或开源的 Linux 操作系统等多个平台上运行。支持的算力硬件包括英伟达的 GPU，国内的昆仑芯、海光、寒武纪以及华为的昇腾等等，当然也可以运行在各种 CPU 上，只不过模型的训练或推理可能会比较慢。

开发人员可根据自己的硬件环境，选择相应的安装方法，在相应的设备上进行安装和配置。

基于飞桨框架，百度给出了飞桨开源组件的各种使用场景，包含核心框架、基础模型库、端到端开发套件及工具组件等几部分，如图 9.10 所示。

如图 9.10 所示，模型开发和训练组件中，飞桨核心框架支持用户完成基础的模型编写和单机训练功能。此外，还提供了分布式训练框架 FleetAPI、云上任务提交工具 PaddleCloud 和多任务学习框架 PALM。对于模型部署组件，提供了针对不同硬件环境的支持方案。模型资源中的 PaddleHub 是飞桨预训练模型应用工具，提供超过 400 个包括大模型在内的开源预训练模型，覆盖文本、图像、视频、语音、跨模态等多个人工智能领域。开发者可以轻松结合实际业务场景，选用预训练模型进行部署，快速完成模型验证与应用开发。而 PaddleX 是飞桨低代码开发工具，以低代码的形式支持开发人员快速实现深度学习算法开发及产业部署。

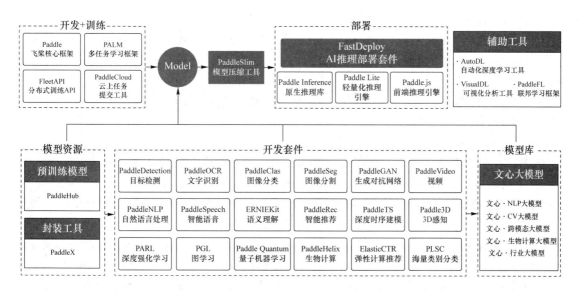

图 9.10　百度飞桨开源组件使用场景概览

实际上,各种深度学习开源框架几乎都提供了丰富的开发套件和模型,供用户方便调用,从而减少了开发、训练和部署的难度和成本,使得人工智能的入门门槛越来越低。

9.3.3　其他常见深度学习开源框架

除了前面介绍的百度飞桨框架,下面再介绍一些当前常见的深度学习开源框架。

(1) 谷歌深度学习框架 TensorFlow

TensorFlow 是当今深度学习领域最流行的框架之一,由谷歌于 2015 年推出,它拥有完整的数据流向与处理机制,同时还封装了大量高效可用的算法及神经网络搭建方面的函数,因此主要用于进行机器学习与深度神经网络研究。

TensorFlow 基于计算图进行运算,具有高度的灵活性,支持在 macOS、Linux、Windows 系统上开发,可以在 CPU 和 GPU 上运行,其编译好的模型可以部署在各种服务器和移动设备上,而无须执行单独的模型解码器或 Python 解释器,其编程接口支持 Python、C++、Java、Go、Haskell、R 等。

谷歌同时也发布了 TensorFlow Mobile 版本,适用于 Android 和 iOS 等移动平台和嵌入式设备。2017 年 11 月,谷歌再次发布了 TensorFlow Mobile 的升级版本 TensorFlow Lite,其可以更好地支持移动端应用。

(2) 微软深度学习框架 CNTK

2016 年 1 月,微软公司正式开源了由微软研究院开发的计算网络工具集 CNTK。CNTK 同样支持 CPU 和 GPU 模式。和 TensorFlow 一样,CNTK 把神经网络描述成一个计算图的结构,叶子节点代表输入或者网络参数,其他节点代表计算步骤。

CNTK 最初在微软内部使用,导致现在用户比较少。但就框架本身的质量而言,CNTK 的性能突出,擅长语音方面的处理。CNTK 提供命令行操作,允许用户定义自己的深度神经网络,并且已经集成了很多经典的算法。使用 CNTK 可以解决类别分析、语音识别、图像识别等等。CNTK 支持各种神经网络模型,使用简单的配置文件即可配置特定网络,具有较强的可扩展性。支持 CPU、GPU 及 CUDA 编程,自动计算所需的导数。

（3）Keras

Keras 于 2015 年发布，是一个用 Python 编写的高级神经网络 API，其将 TensorFlow、CNTK 或 Theano 作为后端。Keras 的开发目的是支持快速的实验算法，能够以最小的时延把设计的模型转换为实验结果。由于它具有用户友好、高度模块化、可扩展性等特点，所以可以进行简单而快速的原型设计。同时支持卷积神经网络和循环神经网络，以及两者的组合，可以在 CPU 和 GPU 上无缝运行。

（4）亚马逊深度学习框架 MXNet

MXNet 最早来源于 cxxnet、minerva 和 purine2 等开源库的各位作者的合作，在 2016 年 11 月，亚马逊宣布将 MXNet 作为 Amazon Web Services(AWS)的深度学习框架。MXNet 允许混合符号和命令式编程，其核心是一个动态依赖调度程序，可以动态地自动并行化符号和命令操作。MXNet 便携轻巧，可有效扩展到多个 GPU 和多台机器。

MXNet 提供 NumPy 类编程接口，NumPy 用户可以轻松地采用 MXNet 开始深度学习。同时具有灵活的编程模型，支持命令式和符号式编程模型以最大化效率和性能。MXNet 具有良好的可移植性，可运行于多 CPU、多 GPU、集群、服务器、工作站甚至移动智能设备，同时支持多种主流编程语言，包括 Python、Java、C＋＋、R、Scala、Clojure、Go、Javascript、Perl 和 Julia 等。

（5）Facebook 深度学习框架 PyTorch

2017 年 1 月，Facebook 人工智能研究院(FAIR)团队在 GitHub 上开源了 PyTorch，并迅速占领了 GitHub 热度榜榜首，而其历史可追溯到 2002 年诞生于纽约大学的 Torch。Torch 使用简洁高效的 Lua 语言作为接口，但由于该语言过于小众，因此 Torch 的流行度不高。在 2017 年，Torch 的幕后团队推出了 PyTorch。PyTorch 不是简单地封装 Lua Torch 提供 Python 接口，而是对 Tensor 之上的所有模块进行了重构，并且新增加了最先进的自动求导系统，成为当时最流行的动态计算图框架。

PyTorch 动态计算图的思想简洁直观，更符合人的思考过程，其源码也十分易于阅读。开发人员可以任意地修改前向传播，随时查看变量的值，从而使调试更加容易。PyTorch 在当前开源的框架中，在灵活性、易用性、速度这三个方面都能达到非常高的性能。其设计追求最少的封装，尽量避免代码重复。

PyTorch 的灵活性不以速度为代价，在许多评测中，PyTorch 的速度表现十分优越。框架的运行速度和程序员的编码水平有很大的关系，但是同样的算法，使用 PyTorch 实现更有可能达到最快的性能。PyTorch 让用户尽可能地专注于实现自己的想法，即所思即所得，不需要考虑太多框架本身。

（6）华为 MindSpore 框架

在 2018 年，华为发布了其人工智能发展战略，并同时发布了华为全栈全场景人工智能解决方案，其中最主要的就是华为的基于昇腾基础软硬件平台，包括昇腾处理器、Atlas 系列硬件、异构计算架构 CANN、人工智能框架 MindSpore 及人工智能应用使能 ModelArts 平台等，已初步构建了一个完整的人工智能产业生态。其中，MindSpore 作为华为新一代全场景人工智能计算框架于 2019 年 8 月正式推出，2020 年 3 月开源。MindSpore 是一种适用于端、边、云场景的新型开源深度学习训练、推理框架，为华为研发的昇腾(Ascend)人工智能处理器提供原生支持，以及软硬件协同优化。

（7）一流科技深度学习框架 OneFlow

2020 年 7 月，一流科技正式开源深度学习框架 OneFlow。OneFlow 是一个开源、高性能、可扩展的深度学习框架,为用户提供了一个高效、方便和灵活的开发平台。该框架是基于 Python 和 C++的,可以支持 GPU 和 CPU 并行计算,并同时支持静态图和动态图的模式,适用于各种类型、规模的深度学习任务。OneFlow 有个很好的特色就是 PyTorch 框架下编写的程序可以非常方便地移植到 OneFlow 框架下。

9.4　人工智能基础开发平台

9.4.1　基本概念和功能

众所周知,当前人工智能的三大核心要素是模型、数据和算力。随着模型的参数越来越多,需要训练数据越来越大,对算力资源的需求越来越高,在一台普通的计算机上进行模型训练变得越来越难。因此,人们构建了人工智能基础开发平台,将模型的开发、训练、推理以及所需的数据等等都统统放到平台上,而平台实际上由计算机集群构成,具有大存储和大算力,可以很好地支撑这些需求。

以阿里巴巴达摩院推出的通义千问大模型为例来分析其模型的大小以及训练所需的数据量。通义千问大模型提供了 0.5B、1.5B、7B、57B、72B 等多个版本,1B 即 1Billion,也就是代表 10 亿神经网络参数。7B 版本的模型代表该版本的模型拥有 70 亿个神经网络参数,其训练所需要的文本数据量为 2.4T 个 token,这里的 token 大家可以理解为一个英文单词或汉字,2.4T 相当于 2.4 万亿个词或字的文本。而我国四大名著之一《红楼梦》大约 108 万字,因此,可认为训练该模型的数据大约是 222 万本《红楼梦》的数据量。可见所需要的数据量是非常大的。因此,模型的训练通常需要在平台上进行。

通常,人工智能基础开发平台以模型为中心,用户可以在平台上对模型进行设计、训练和推理,训练和推理的数据也可以都放到平台中,如图 9.11 所示。平台提供了各种算力的支撑,如 GPU、CPU 等等。而无论什么模型,其训练的过程和推理的过程往往都需要算力的支撑,因此可直接使用平台的算力。

此外,人们还提出了 Maas 的概念,Mass 指模型即服务。利用平台上已经训练好的大模型,通过发布远程调用接口,直接提供各种人工智能服务。远程应用调用平台的服务时,

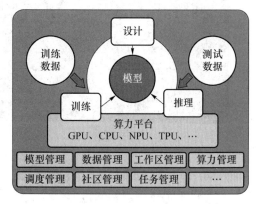

图 9.11　人工智能基础开发平台

平台利用自身的模型和算力进行推理,最后将推理结果返回给调用端。

通过以上的分析,大家可以了解到人工智能基础平台基本功能,大致包括以下几个方面:

第一,平台提供大量数据集,用户可以上传新数据,下载数据,或在平台上直接使用现成的数据集,来进行模型训练或测试。

第二,平台提供大量已设计好的,或预训练好的算法模型,用户可以自行重新训练,或直接使用,或进行微调,当然也可以自己设计新的模型。

第三,平台提供各种的算力支撑,用户可以直接在平台上使用算力进行模型训练、测试等,

而且很多平台都提供了一定时长的免费算力。

第四，平台提供相应的开发和运行环境，如 Jupyter 代码开发和执行环境、虚拟操作系统（Linux）等等，用户可以在云端非常方便地进行开发和运行程序。

第五，平台还有一个重要的功能，就是提供了社区互动，兴趣相同的人们可以在平台上相互交流，共同研讨，共同解决代码错误等等。

9.4.2　常见人工智能基础开发平台

在国内，常见的人工智能基础开发平台有阿里巴巴达摩院发布的魔搭社区 Modelscope，百度发布的飞桨 AI Studio，华为发布的 ModelArts，以及腾讯的 AI 开放平台等等。国外的平台有 HuggingFace，Kaggle，微软、亚马逊、英伟达等知名公司发布的 AI 开发平台等等。下面，我们选择一些有代表性的人工智能基础开发平台进行介绍。

（1）HuggingFace 平台

HuggingFace 中文被翻译成"抱脸"，被认为是国际上知名的 AI 平台之一，平台界面如图 9.12 所示。

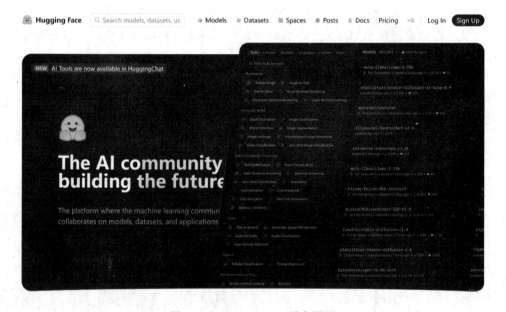

图 9.12　HuggingFace 平台界面

通过图 9.12 可以看到，HuggingFace 提供大量的模型、数据集供人们下载使用，也为所有注册用户提供了工作区。其提供的模型不仅包含各种自然语言处理任务的模型，也包括计算机视觉、音频处理等领域的模型，可满足各种机器学习需求。截止 2024 年 8 月，该平台上已有超过 35 万个 AI 模型，7.5 万个数据集，以及 15 万个可进行演示的 Demo 应用。用户在自己的工作区内还可以使用算力服务，来进行自己的模型开发和训练。

（2）魔搭社区 Modelscope

魔搭社区 Modelscope 由阿里巴巴达摩院发布，是汇聚各领域先进机器学习模型的平台，其提供模型探索体验、推理、训练、部署和应用一站式服务。魔搭社区直接对标的就是国外的 HuggingFace，所以同样也提供各种开源模型、数据集、用户工作区创空间等等，该平台界面如图 9.13 所示。

图 9.13　魔搭社区平台界面

魔搭社区也是国内最为活跃的人工智能基础平台之一,其提供的开源模型包含了人工智能领域的方方面面,如计算机视觉模型、自然语言处理模型、语音模型、多模态大模型、科学计算模型等。像计算机视觉模型,包括视觉检测跟踪、光学字符识别、人脸人体识别、视觉分类、视觉编辑、视觉分割等各种模型。像自然语言处理模型,包括文本分类、文本生成、分词、命名实体识别、翻译、文本摘要等各种模型。当然,用户也可以在平台上自行开发模型。

在魔搭社区平台上选择任意一个模型,都可以看到模型的介绍,对应的预训练好的模型文件,以及交流反馈等信息。如图 9.14 所示,这里选择的是由国内知名的人工智能公司智谱 AI 发布的 GLM4-9B 版本的大语言模型,其性能在同等规模的大模型中处于领先地位。

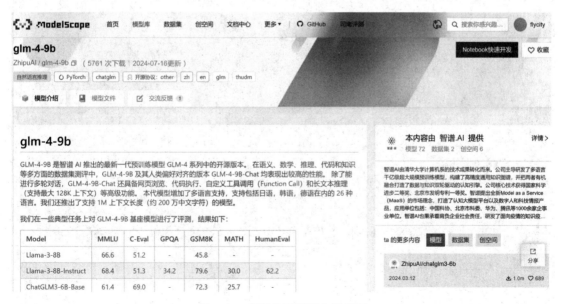

图 9.14　魔搭社区模型介绍界面

开发人员可以直接使用魔搭社区平台的算力进行模型的训练或测试。平台提供了 CPU 算力和 GPU 算法，如图 9.15 所示。通常，我们对一个小模型进行训练或推理时，免费算力足以支持。当然，如果还需要更多的算力，也可以在线购买使用。

图 9.15　魔搭社区算力选择界面

下面给出了在魔搭社区上使用通义千问视觉语言跨模态大模型，进行视觉问答的开发示例，如图 9.16 所示。实例中，采用的跨模态大模型名称为 Qwen-VL-Chat。

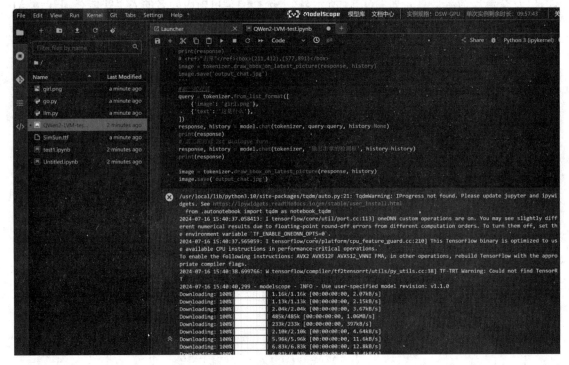

图 9.16　魔搭社区开发界面

本示例中,虽然代码不长,但其包括了自动从魔搭社区下载模型文件并加载,让模型对图片进行描述等问答操作。代码中,提交给大模型的如图 9.17(a)所示,模型给出的描述如图 9.17(b)所示,不难发现,模型生成的图片描述还是比较准确的。当然,还可以针对图片进行各种提问,模型将给出相关的回答。

图中是一个无脸的角色站在绿色的草坪上,黄色的太阳和白云在角色的左边,角色的右边是一个蓝色的背景。

(a) 输入图片　　　　　　　　(b) 生成描述　　　　　　　　彩图 9.17

图 9.17　输入图片和生成描述

读者也可以在魔搭社区平台上自己注册账号,测试平台提供的模型,体验和探索各种 AI 开发和应用场景。

(3) 百度的飞桨 AI Studio 平台

百度的人工智能基础平台飞桨 AI Studio 为开发人员提供了进行 AI 学习与实训的社区、文心一言等各种大模型开发和 AI 原生应用的能力,以及丰富的活动体验和开源资源。该平台的一个特点是,大多数模型是基于百度的 PaddlePaddle 框架进行设计和训练的。当然平台也支持其他框架构建的模型。

AI Studio 平台的功能与其他平台类似,在这里就不再重复介绍。但该平台还允许用户基于各种人工智能模型,构建具体应用并进行发布。因此,该平台上也部署了很多用户发布的有趣的人工智能应用,平台用户可以直接使用平台提供的这些应用和功能来完成相应的具体任务。

图 9.18 给出了 AI Studio 平台上某用户发布的一个 AI 绘画工作流的应用,该应用可以根据用户设置的参数和文本描述自动生成相应的图片。

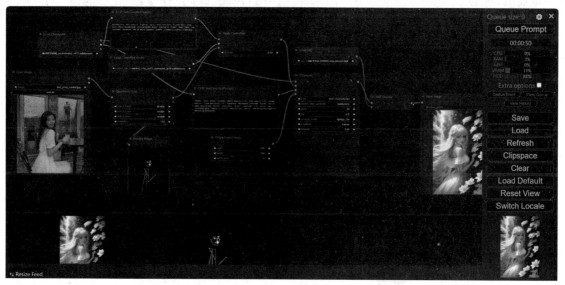

图 9.18　飞桨 AI Studio 平台应用示例

图 9.18 中,输入的原始图片为左侧的图片,工作流中保留了原始图像的动作姿态,通过输入的新人物的描述信息,变换了人物的发型、背景等,最终生产了右侧的图片。

在飞桨 AI Studio 中,每个用户都可以发布自己设计的人工智能应用,读者可以在这个平台上探索各式各样有趣的人工智能应用。

（4）华为的 AI 开发平台 ModelArts

华为的 AI 开发平台 ModelArts 提供的功能也和其他平台类似,包括数据的管理、模型的开发、训练的管理等等。ModelArts 支持各种框架构建的模型的训练,当然对华为自己发布的深度学习框架 MindSpore 支持最为丰富。另外算力方面,首推华为的昇腾算力,当然,也支持英伟达的 GPU 等算力。图 9.19 给出了 ModelArts 平台界面。

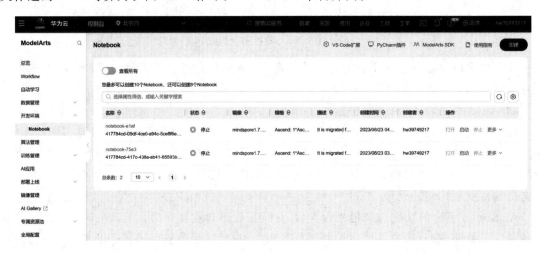

图 9.19　华为 ModelArts 平台界面

（5）Kaggle 平台

Kaggle 是一个国际知名的数据科学竞赛平台,于 2010 年在墨尔本创立,并在 2017 年被谷歌收购,现为 Google 云的一部分。图 9.20 给出了 Kaggle 平台界面。

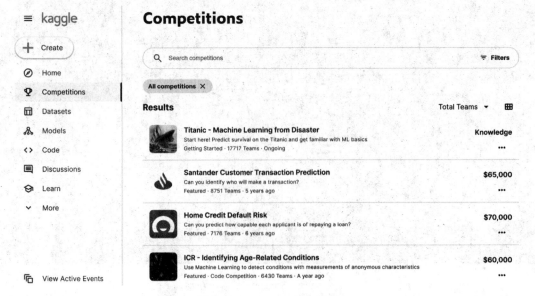

图 9.20　Kaggle 平台界面

通过图 9.20 可以发现,该平台除了提供各种数据集、模型,代码等,还为用户提供了参与各类数据建模和机器学习的竞赛机会。用户可以与全球各地的参赛者一决高下。这些竞赛涵盖人类社会的多个领域,包括表格数据、计算机视觉、自然语言处理、语音处理和生物医学等等。用户也可以使用平台的算力进行模型的设计、开发、训练和测试等等。

图 9.21 给出了 Kaggle 平台上一个正在进行的有奖竞赛。通过图 9.21(a)可知竞赛名称为 ARC Prize 2024,界面中的 Overview 给出了竞赛的内容,即开发一个 AI 系统来学习新技能,并解决实际的开放式问题。Kaggle 平台对每个竞赛都有详细介绍和讨论。此外,平台也提供了参赛队伍的实时排行榜。排行榜中有参赛队伍的名称、成员,提交测试结果的最好成绩以及提交次数等信息,如图 9.21(b)所示。

Kaggle 平台上的很多竞赛都提供丰厚的奖金,发布的竞赛内容很多也都是聚焦当前科学界的难点,或者是当前某个行业或领域内急需解决的问题。

(a) 竞赛基本信息　　　　　　　　　　　　(b) 竞赛排行榜

图 9.21　Kaggle 平台具体竞赛界面

本 章 小 结

本章首先介绍了人工智能开发框架与平台的基本概念和主要功能,然后重点讲解了三部分内容。(1)人工智能基础开源软件库。以常见的机器学习开源库 SciKit-Learn 为例,讲解了如何通过开源软件库接口调用完成简单的人工智能任务。(2)人工智能基础开源框架。讲解了其功能和作用,以及与基础开源软件库的区别,并以百度的飞桨深度学习开源框架为例讲解了开发人员如何设计和训练自己的神经网络模型。(3)人工智能基础开发平台。对HuggingFace、阿里巴巴达摩院的魔搭社区 ModelScope、百度的飞桨 AI Studio、华为的 AI 开发平台 ModelArts 以及数据科学竞赛和实践平台 Kaggle 等进行了具体介绍。

本章的教学目的是使学生了解基于人工智能开发框架和平台进行算法,以及系统实现的基本概念和基础知识,认识人工智能技术开发的主要工具和基本方法,使文科学生理解人工智能技术和产业发展的工程化特征。

思 考 题

1. 人工智能基础开源软件库和基础开源框架分别具有哪些特点？二者的区别是什么？

2. 开发和使用一个人工智能算法的过程通常包含哪几个步骤？

3. 人工智能模型设计好后，通常经过训练后才可用于实际的推理过程，那么训练的目的是什么？

4. 为什么需要人工智能基础开发平台？它通常具有什么特点？

5. 除了 CPU 算力和 GPU 算力，你还知道哪些算力资源？

6. 对于 7B 版本的大语言模型，假设每个参数存储占用 1 字节，试计算存储其所有参数所需要的存储空间。

7. 试基于 SciKit-Learn 训练一个手写数字识别模型，并进行性能测试。